U0866451

核心素养视野下数学“导研互动”课堂的解读与实施

黄肖慧 著

世界图书出版公司
广州·上海·西安·北京

图书在版编目（CIP）数据

核心素养视野下数学“导研互动”课堂的解读与实施 / 黄肖慧著. —广州：世界图书出版广东有限公司，2022.12
ISBN 978-7-5232-0057-5

Ⅰ. ①核… Ⅱ. ①黄… Ⅲ. ①数学教学—课堂教学—教学研究 Ⅳ. ①O1-4

中国版本图书馆CIP数据核字（2022）第255199号

书　　名	核心素养视野下数学“导研互动”课堂的解读与实施 HEXIN SUYANG SHIYE XIA SHUXUE “DAOYANHUDONG” KETANG DE JIEDU YU SHISHI
著　　者	黄肖慧
责任编辑	华　进
装帧设计	王　勇
出版发行	世界图书出版有限公司　世界图书出版广东有限公司
地　　址	广州市海珠区新港西路大江冲25号
邮　　编	510300
电　　话	020-34203432
网　　址	http://www.gdst.com.cn
邮　　箱	wpc_gdst@163.com
经　　销	新华书店
印　　刷	广州小明数码快印有限公司
开　　本	787 mm × 1 092 mm　1/16
印　　张	16.75
字　　数	321千字
版　　次	2022年12月第1版　　2022年12月第1次印刷
国际书号	ISBN 978-7-5232-0057-5
定　　价	49.80元

序　言

PREFACE

本人近10年的教学实践，是在对数学“导研互动”课堂的思考中度过的。从“生本课堂”到“素养课堂”，再到“导研互动”课堂，伴随着课程改革（以下简称“课改”）的进程，我的认识与理解也在不停地生长，直至日渐明朗。佐藤学先生曾说：“一切创造性行为都是发自不确定的语言，探索地进行着的行为。”先生的观点给予了我莫大的鼓舞！对数学“导研互动”课堂的认识，或许本身就是一种不断发展、变化着的理念吧。这些对课堂教学从无形到有形、从模糊到清晰的追求，还要从参与数学课程改革的经历谈起。

2003年，新课改在全国范围内拉开序幕。新课改推动着数学教学在内容标准、教学目标、教与学方式等方面发生着量与质的变化，旧的体系被打破，新的体系有待完善。这一年，乘着课改的东风，仅有4年教龄的我成为新世纪版教材的第一批课改实验教师，并有幸经历了1—6年级的大循环教学。与新课程共同成长的时光里，我感受到了课改冲击的力量，也见证了区域内小学数学课改探索在磕磕碰碰中迂回前进，课改课堂与传统课堂在博弈中共存，教师的教学观念与教学行为在阵痛与反复中成长。

触发我对传统课堂进行深刻反思的，是一次校内的学生全员口算竞赛活动。竞赛的规则是学生须在10分钟内准确地算出尽可能多的计算题，按得分论胜负。不用多说，大家都懂的，为了促使学生又快又准地完成计算题，为了使自己班的竞赛成绩在同行中出类拔萃，老师们能使出的招可谓八仙过海，但是本质上都可统称为“题海大战”。为了在比赛中获得佳绩，全体学生须付出多少精力和时间在机械、重复的练习中蹉跎？而这种技能的习得又有多少价值？在“数学=算术”的思想驱动下，数学课堂教学过多注重技能、技巧的讲解，孩子们被训练成解题机器。这是我们想要的课堂吗？“为分数而教”还是“为学生的发展而教”，数学教学的定位在哪里？

时任农林小学校长的丁必聪，是广东省劳动模范、广东省名校长工作室主持人，也是一位坚守课堂、笔耕不息的模范校长。他用最朴实的语言给予我最富能量的前进动力：以学定教，既要务实，也要创新。笃定了前进的方向，我全身心投入教学改革，在实践中理解教材，在理解中探索教法和学法，在探索中创造体验。让学生在每一节数学课中都能获得长足进步，成为我教学改革路上的不懈追求。

2003年至2008年，我先后在广东省、江门市、蓬江区等各级小学数学课改研讨会上执教多节展示课，教学方法“简朴而灵活”，教学手段“实用而多样”，获得时任广东省小学数学教研员曾令鹏主任及同行的赞誉。2005年，从区赛到市赛层层选拔，拔得头筹，我代表江门市参加全省的小学数学优质课比武，以优异的成绩获得一等奖。这节课密切结合了学生的生活经验，提供充分参与数学活动的机会。每个学生都积极投入到活动的探究过程——猜想、实验、判断、归纳，在疑惑中探索，在探索中思考，在思考中发现。“让学生在每一节数学课中都获得长足进步”在实践中有了具体的表达，“生本课堂”在实践中初见模型。这一路上，有赖于时任蓬江区小学数学教研员冯秀益主任的专业引领，使得我的教学思路由关注教学形式逐渐转向形式与内容相结合，由关注知识传授逐渐向获取知识与发现真理相结合，课堂在激发探索欲望、鼓励学生质疑反思、开辟创造性思路等方面取得突破。

2009年9月，我调入蓬江区教师发展中心（原蓬江区中小学教学研究室），成为一名小学数学教研员。在深入一线听课研讨的过程中，我发现区域内小学数学课堂大面积存在轻过程、重结论，轻参与、重讲授的现状，“穿新鞋走老路”现象普遍。我期待自己的工作能改变教师的教学行为，从“学”的视角重构数学课堂，使课堂变得简洁、优质，助力学生发展。2011年，《义务教育数学课程标准（修订版）》的颁布，是笃定教学改革思路的关键事件。我带领全区骨干教师研读课程标准，对数学课堂有了更清晰的认识。学生是什么？学生是成长之中的人，是帮助教师提高教学能力与教学水平的人，是必定超过教师并推动社会发展的人。课堂，是控制了学生，还是解放了学生？根据课程标准和学情，教师能否不再追求教学结构的完整，不再墨守预设，在开放的教学过程中，让学生真正参与学习、深度学习？课堂教学是一个双向互动的过程，教师的“导”与学生的“学”相辅相成，教师之“导”在教学中起关键性作用。这几年，我以校本教研为基地，以课例研究为切入口，组织蓬江区小学数学骨干教师开展了“问题解决”“图形与几何”等专题的教学研究，进一步阐述在“生本课堂”中如何发挥教师的主导作用，打磨出“平行四边形”“植树问题”等精品课例，指导周燕、李兆权、陈国柱等多位青年教师在省级、市级小学数学学科比武中勇夺一等奖的优异成绩。成绩的获得为持续研究注入了强大的动力，我们慢慢把一些教学观点内化于心，付诸实践外化于行，也成为我们的一种教育坚持和期待。

在研究过程中，我对教师之“导”也有了更明确的想法。“学生在哪里？将要到哪里去？怎么去？”成为每节课的哲学三问，因为我们深知做正确的事比正确地做事更重要。2014年，我们开始聚焦“学生将要到哪里去”的问题，只有弄清楚目标问题，教师之“导”才能真正发挥作用。在新课程标准的目标导向下，我主持的“小学生数学素养评价的实践研究”申报为广东省教育研究院立项课题。该课题通过研究小学生数学素养的内涵，从而建立课堂教学中实现数学素养提升这种长期的、发展性的目标，引导教师树立正确的数学教育质量观、学生观和评价观，转变教育教学行为和方式，促进学生数学素养的形成。2017—2021年，我遇到了学习的黄金契机。我先后被遴选为广东省龚孝华培训专家工作室入室学员、江门市普教系统“名教师”培养对象，参与了卷入式的教师专业成长学习；通过研究粤派教育和岭南文化特色，了解并吸收了江门市陈白沙先生深刻而独特的文化精髓和学术思想。陈白沙先生提出著名的“学贵知疑”教育理论，强调“提出问题”之于学习与成长的重要意义，倡导问题驱动，学生独立思考，提出见解。在先生的“学贵自得、学贵知疑”教育理论引领下，开始推进“学为中心，提升素养”的数学课堂。“素养课堂”倡导以学生为学习的主体，以“问题”为导向，使学生学习变被动为主动，探寻数学现象背后的本质，领悟数学思想与方法，积累数学活动经验，培育良好的数学素养。得益于广东第二师范学院熊焰教授、龚孝华教授、胡志武处长、于慧博士等多位专家的指导与鼓励，“素养课堂”的评价研究经过6年的研究沉淀，取得了丰硕的成果，获得广东省教育教学成果一等奖。

成果奖所带来的红利，不仅仅是对研究团队整体士气的激励，更重要的是在“素养课堂”的评价研究中，刷新了老师们的教学评价观，启发了我们“以评价撬动教学”的想法，生成了在“教—学—评一体化”的理念下指导教学的研究思路。从“怎么评”到“怎么教”，我研究的关注点再次回到核心素养如何在课堂中落地的问题。在实践过程中我们发现，“素养课堂”的操作存在策略提炼不到位、理论支撑不足等问题，这进一步迫使我们观察审视，从教与学的方式变革视角对教师之“导”进行深度探讨。探路的过程是艰辛的，在失败、彷徨、喜悦交集中度过，变革最终的成效很大程度上取决于我们——具有教学主导地位的一线教师。

2019年，本人以“基于支架式理论的小学数学‘导研互动’教学策略研究”申报了广东省教育科研“十三五”规划项目，开启了聚焦“导研互动”教学样态、内涵和操作要领的研究。而这些，本质上都是教与学方式的变革在课堂中落地的研究。在这段时光里，我有幸参加了广东省教育研究院鲍银霞老师的省名师工作室的网络研修。鲍银霞老师治学严谨，在她的带领下，全体学员进行了为期2年的“小学数学课堂教学中的学生参与”研究。该研究从“学”的视角，深入研究数学课堂教学中的学生参与问题，探索激发学生参与的有效策略，建立鼓励和促进学生积极参与数学学习活动的有效机制。这些宝贵的学习经历，为我开阔了研究视野，积累了研究方法，给课题的研究带来了深度的启发。课题于2021年11月顺利通过结题验收，而本人也因为一直以来对教育教学研究的执着和努力，荣幸被遴选为广东省“百千万人才培养工程”名教师培养对象，开启专业成长的新里程。

本书是广东省基础教育校本教研基地项目“‘一核双翼八路径’教学质量提升体系的实践研究”、广东省教育科研“十三五”规划项目“基于支架式理论的小学数学导研互动教学策略研究”的实践研究成果。在项目研究及著书达意的过程中，得到广东省江门市蓬江区教师发展中心苏振旋主任、周华章主任的无私帮助和拨冗指导，得到工作室团队学员们的友爱支持，在此表示感谢。由于本人水平有限，理论基础尚薄，对数学教育的认识浅表，书中难免有不当之处，敬请同行批评指正，提出宝贵的建议。

“因为有梦，所以兼程。”课题纵使结题，研究却从未停步。谨以此书，献给幸福的教育人，献给怀揣赤子之心的数学教育攀登者！

黄肖慧

2022年7月于江门

目 录
CONTENTS

第一章

“导研互动”数学课堂概述

第一节　数学教学现状和归因分析

恩格斯指出：“任何一门学科只有与数学结合，才可能有大的跨越与发展。”不管是从学生个体发展出发，还是学生科学素养的练就，数学学习都显得尤为重要。迈入新课改的第二十个年头，小学数学的课堂教学改革已经取得了一定的成效，学生的综合素养有了不同程度的提升。但是新课改在实施的过程中仍存在一些问题。

《基础教育课程改革纲要》提出：“在教学过程中注重培养学生的独立性和自主性，引导学生产生怀疑并进一步调查和探究，在实践中学习，倡导学生主动参与、乐于探究、勤于动手、大胆质疑。”其中所提的这种教学模式，在理论研究方面已经取得了巨大的发展，但实践发展在地区之间拉开明显差距，尤其在某些欠发达区域甚至止步不前，举步维艰，小学数学教学改革处于理论与实践脱节状态。观念保守、教法单一，重知识传授而轻能力提升、重教法而轻学法、重智力开发而轻人文关怀、重标准答案而轻思维发散等现象随处可见；有些教师试图改变教学行为，为释放学生的天性、激发学习主动性做出尝试，采取放羊式教法，结果矫枉过正，出现教师驾驭失控的局面，教学目标无法达成。以上种种，导致学生学习效率低下，每到中高年级，造成一拨学生成绩断崖式下滑。

一、教师层面的现状及归因分析

（一）重教法，轻学法——“讲完”即“学完”

笔者在教学常规检查和听课调研中发现，不少教师备课时往往更多地考虑怎样教，备课本中对教的程序和教师的语言做了详细的预设，但鲜有学情预测和课中随机生成调控的预案。教师的主角意识浓厚，“讲完”即“学完”，把教学过程看成学生配合教师完成教案的过程。由于教师课前忽视学情分析，设定的教学起点与实际教学起点不吻合，对教学过程中的难点没有充分的认知与准备，因此，课堂中难以看到富有生命活力的动态生成。在课堂上最理想的进程是完成教案，教师总是希望学生能够按照自己课前设计的教学方案去展开教学活动，当学生的思路与教案不一致时，教师往往千方百计地把学生“拽”回来。于是，课堂成了教案剧，教师是主角，学生是道具。整个教学过程看不到教师的随机应变，看不到对学生思维出现阻碍时的点拨。

（二）重模仿，轻探究——“操作”即“探究”

现行国内课堂教学模式的研究主要有“先学后教”“引导—发现”等教学模式，是“教师为主导”和“学生为主体”等教学理念的范式体现。笔者在听课中发现，有些教师组织课堂探究活动，虽有学生积极参与，课堂气氛看似活跃，但教学交往互动的主角是教师，探究问题的提出者还是教师，学生的动手操作只是根据老师的暗示做模仿和机械搬运，缺乏主动学习和深度思考，学生思维没有得到实质性发展。形式翻新的课堂“繁荣”始终徘徊在“一言堂式静态统一”状态，教师没能从“服务于学”的角度思考如何突破难点，搭建教学支架。教师认真教，学生认真学，透过这些现象，我们看到的却是背后的“假参与”和“假努力”。

（三）重问答，轻互动——“问答”即“互动”

以下两组数据来自我区10节公开研讨课，虽然是个案，但是从个别现象看本质，给我们的启发却不少。

表1–1　学生回答类型统计表

序号	学生回答类型	课时平均次数	占比
1	无回答	4	11.1%
2	机械判断是否	4	11.1%
3	认知记忆性回答	7	19.4%
4	推理性回答	20	55.6%
5	创造性、评价性回答	1	2.8%
6	主动提问	0	0
	合计	36	

数据显示，“推理性回答”占比超过一半，是课中主流的回答类型，说明教师们在设计问题时，关注了问题的思维性；“机械判断是否”和“认知记忆性回答”

合计占比30.5%，反映在近三分之一的回答中，学生处于低阶思维状态，是浅层次的行为参与；“创造性、评价性回答”平均次数是1次，而“主动提问”是0次，反映教师们在教学预设中很可能没有这个方面的打算，学生的批判性思维和问题意识没有得到足够的重视。

表1-2 学生回答问题方式统计表

序号	学生回答问题方式	课时平均次数	占比
1	提问前，先点名	6	11.1%
2	提问后，让学生齐答	21	38.9%
3	提问后，让学生举手回答	27	50%
4	提问后，叫没举手的学生回答	0	0
5	鼓励学生提出问题	0	0
	合计	54	

从上表可以看出，“提问后，让学生齐答”和“提问前，先点名”合计50%，这两种方式使绝大部分学生失去寻找恰当的方法以探究发现知识的机会，取而代之的是低认知水平的机械判断与记忆性回答，或在课堂上“大隐于市”，思维涣散，与世无争。

表1-3 教师理答方式统计表

序号	教师理答方式	课时平均次数	占比
1	打断学生回答，或教师代答	14	34.1%
2	对学生回答不理睬，或消极批评	0	0
3	重复自己的问题或学生答案	18	43.9%
4	对学生回答鼓励、称赞	2	4.9%
5	鼓励学生提出问题	0	0
6	教师追问	7	17.1%
	合计	41	

在教师理答方式中，“打断学生回答，或自己代答”高达34.1%，反映教师们的包办代替习惯比较突出，“重复自己的问题或学生答案”更是高达43.9%，可见教师们的理答方式单一，没有形成及时捕捉课堂随机生成以促进教学的技能，师生的互动交流处于低水平状态。“对学生回答不理睬，或消极批评”“鼓励学生提出问题”两组数据均为0，直接反映出在课堂上，创造性思维的培养令人担忧。

综上，数学课堂的现状是追求循着课前精心设计的教学程序，采用一连串的追问，牵着学生接受一个又一个结论。教师的问题设计往往过细、过窄，当学生对问题的回答正是教师所期望的答案时，对某个问题的讨论就画上句号。即便教师提出具有一定思维空间的问题，但因不能给学生充足的思考时间，客观上也无疑阻碍了学生思维的独立性与创造性发展，致使学生的思维存在严重的模仿性和依赖性。

互动需要“问答”，而师生“问答”中不一定有互动，“问答”只是师生互动的一种存在方式，当问与答的过程激发起经验、探究、理解、情感等共融共生，“问答”才是互动。以上关于问答方式的调查，反映了教师对角色定位的偏差。带着这样的理解与认知，以“知识传授者”的身份走进课堂，真正的师生平等互动与探究只是空想。

（四）重智力开发，轻人文关怀——“考好”即“学好”

钱学森认为：科学与人文是一枚硬币的两个面，缺一不可。数学教育活动承载着传授知识、启迪智慧、完善人格的重要功能。而在实际教学中，数学教学丰富、活泼的教学过程却被简化为“明算理，巧解题，考高分”的特殊认识活动，学生的情感、态度、价值观等良好人格的养成被长期漠视。在片面追求“考个好成绩”的风气影响下，“考好”即“学好”成为教学效果的合情推理，数学课变得机械、沉闷、程式化，缺乏生机与乐趣。为了提高成绩，学生在机械刷题和知识记忆中错过了探索和建构的快乐，缺失了数学理性精神的滋养，人生观、价值观的发展被放逐到边缘的境地。

（五）重课时设计，轻单元设计

在日常教学中，教师习惯于哺乳式的碎步教学，概念是一个个地教，法则是一个个地学，本以为一步一个脚印，让学生学得扎实，殊不知碎片式的教学却使学生迷失在局部。格兰特在《追求理解的教学设计》中提出：单课相对简单，时间太短，以至于无法考虑大概念的深入发展，也无法探究基本问题和实际应用。换句话说，单课时间太短，不能实现复杂的学习目标。实施课时碎步教学，教师备课的思路只考虑一个或相邻几个课时，教学目标被片面化为单一的知识技能目标，导致学生难以理解知识的来龙去脉，难以完整地经历知识的形成、发展和应用过程。究其原因，是由于教师教学观念滞后，整体教学观不强，没有运用系统、联系的观点看待教学，没有通过知识体系、数学思想等内在联系将教学内容加以整合，习惯于按部就班的传统教学思路。

二、学生层面的现状及归因分析

（一）学习兴趣不高

学习兴趣是影响学习效果和进程的重要因素。卢家楣教授曾经说：“如果学生对课堂没有任何兴趣，就不用去谈任何的教学效果了；如果学生感兴趣，教学也就成了。”

在一次蓬江区的数学学习现状调查中，数据显示只有45%的学生对数学感兴趣（其中“很喜欢”占9%、“喜欢”占36%），还有55%左右的同学对学习数学兴趣不大。喜欢做数学作业的同学约占51%，其中“很喜欢”的仅有11%，有接近15%的学生表示不喜欢做数学作业。学生学习的动力来源是由于“喜欢数学老师”的占23%，由于“喜欢数学学科本身”的只占10%，因为“考试想拿高分”而学数学的约有45%，还有8%的学生由于“家长或老师要求”才学数学。

通过调查发现，学生整体上对数学学科的兴趣不高，学习动力来源于外在的因素更多一些。而且，数学成绩较好的学生对待数学这门课程兴趣更高一些；而那些成绩不理想的，成就感体验不足，对学习数学的热情也相对较低。

（二）参与学习的深度不够

教学中经常会有这样的现象：学生把概念、法则背得很熟，基本习题也会做，但是如果题目稍有变式，学生就无从下手。

究其原因，一是学习方式决定了被动的学习习惯。学习停留在生硬背诵，没有充分理解，没有充分参与学习过程，知识的形成过程没有充分展开，知识网络化生长的时间和空间被片面地压缩。由于长期的被动学习，学生缺乏主动学习和深刻学习的习惯。二是师生互动缺少策略支持。师生之间、生生之间虽有互动，但因引导不足，缺乏“倾听、思考、表达”的策略支持，信息交流经常处在不畅通状态。学生缺少自主探索、合作交流、独立获取知识的机会。从根本上看，这是“教”为中心，忽视学生主观能动性因素造成的。

（三）“边缘学生”学习状态堪忧

长期以来，有一部分学生以“边缘人”的状态，默不作声地生存于课堂中。“边缘学生”在日常教学情境中被教师和其他同学排斥或遗忘，或者因自身原因拒绝参与教学活动，精神上或行动上游离到教学活动边缘。这些学生是一个极为复杂的群体，有课堂中常见的学困生、后进生、弱势学生等，也不排除有成绩优秀但课堂交往较为封闭的学生群体，具有一定的交叉性、独特性、隐蔽性。“他们几乎要从教师和同学的眼中消失，极少被注意到。其中，有的害羞；有的紧张；有的文静、成绩平平。他们认真完成作业但很少参与课堂、小组活动，也很少扰乱纪律。他们在教师的脑海中印象最不深刻。①”

有的学生因学习成绩后进难以跟上教学进度而边缘；有的学生因学习兴趣低，缺乏学习动力而边缘；有的学生则因性格内向，不敢公开表达自己，从而逐渐被边缘……这些现象的背后往往存在交往不畅的问题，根源在于他们经常得不到表达的机会，由此渐渐压制或掩饰自己的参与热情，更有甚者转化为一种不屑或轻蔑，日积月累，便不愿意再主动与他人分享自己的体验，真情实感被扭曲。“边缘人”的现实存在，是一种隐性的人才浪费，对学生个体的发展带来明显的阻力。

第二节 “导研互动”数学课堂的名词释义

研究中，笔者深入一线课堂，在支架式理论的视野下研究小学数学课堂实践，探究小学数学“导研互动”教学的样态、内涵、理论基础和操作要领，以期在实践中更新教学观念，转变教学行为，优化学习方式，从而促进小学数学教学的实践发展，培育数学核心素养。

“导研互动”数学课堂是核心素养视野下以“三导”“三学”为特征的课堂。以问题驱动学习，促进师生、生生多向互动，共同研学，使学生的主体作用发挥到最大值，实现师生共同发展。

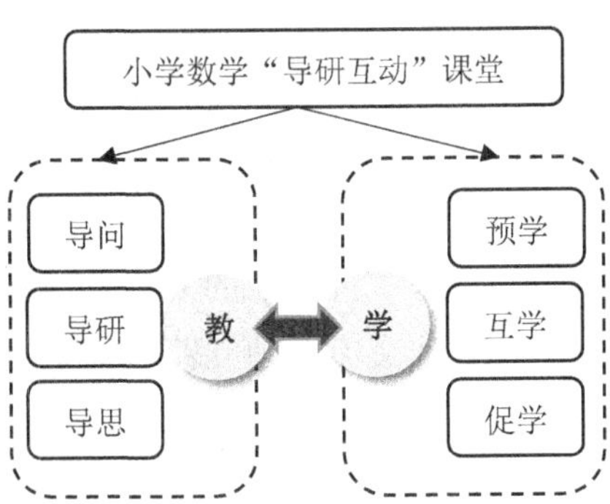

图1-1 小学数学“导研互动”课堂内涵结构

一、导——教学的师导

教师之导主要指“三导”，即导问、导研、导思，教学过程中发挥教师作为引导者、设计者的作用。具体包括：（1）指导学生在情境中提出数学问题；（2）引

①美巧德，布罗菲.透视课堂[M].陶志琼，译.北京：中国轻工业出版社，2002：204.

导学生经历独立探索或合作探究的过程，并一起面对遇到的困难，促使学生自主构建数学知识结构，解决数学问题；（3）引导学生梳理知识网络，自我反思总结，逐步提升思维。教师之“导”，重在精准预判、精设素材、巧设问点，为学生设计提出问题、分析问题、解决问题的学习路径；教师之“导”，重在合理，顺其自然、适切有度、高瞻远瞩，为学生搭建情境、问题、体验、评价等多种学习支架，发挥点拨、引领、提升的作用。

二、研——学生的研学

“研”指学生的学，通过“三学”，即预学、互学、促学，发挥学习的主动性、积极性、批判性和创新性，实现自主建构知识。“三学”涵盖自学、倾听、思考、表达等环节，主要包括：（1）自主预学，提出数学问题；（2）在倾听、思考、表达中互鉴互学；（3）建构梳理，促进学习能力的提高。学生之“三学”，重在探究中发挥主体作用，实现学习过程中师本和生本的和谐统一。

三、互动——以对话实践为形式的意义活动

互动，是以有意义的符号为基础的行动过程。本项目的互动，是通过主体与客体对话、主体与他人对话、主体自身内部对话，构建客体、自身与他人之间对话实践的意义活动，形成师生互动、生生互动、生本互动的语言、知识、思维、情感动态信息流，实现人与人、人与环境之间的信息、观点、态度和情感交换过程。教师作为实践的引导者、学习的评价者、信息的重组者，对课堂语脉进行重组、加工，创生认知性、文化性、社会性融于一体的数学课堂文化，促进学生的知识、智慧、品格三位一体整体发展。

图1–2 “导研互动”数学课堂文化场域

第三节 “导研互动”数学课堂的理论基础

一、核心素养观

21世纪人工智能时代已然到来，为适应终身学习、工作能力和个人发展的新要求，经济合作与发展组织（OECD）、欧盟委员会分别提出了“为了新千年学习者的21世纪技能和素养”“为了终身学习的核心素养”，国际上热议的“21世纪素养”或“21世纪技能”[①]由此而来。以“立德树人”为根本任务，以实现“创新型国家”为根本目标，2014年教育部研制印发《关于全面深化课程改革落实立德树人根本任务的意见》，提出“教育部将组织研究提出各学段学生发展核心素养体系，明确学生应具备的适应终身发展和社会发展需要的必备品格和关键能力”。确立了“核心素养”的教育目标，新一轮的课改（课程标准修订）也是从研究、提炼核心素养开始的。核心素养是新时代对数学教育的基本要求，也是教学改革与实施的方向和总纲。

（一）素养

“素养”一词最早见于《汉书·李寻传》“马不伏历，不可以趋道；士不素养，不可以重国”，指的是由训练和实践而获得的一种道德修养。《现代汉语规范词典》《辞海》对“素养”分别解释为“平素的修养”“经常修习培养”。此处，素养意为修习涵养。修习，有“修行、研习”之意。可见，数学素养教学的着眼点在于精神世界的熏陶，是在学习的过程中，把数学内化到人的身心与品质之中去，成为一种素质修养。

从多位学者的研究可以看出：知识、能力和态度是素养的重要组成部分。如经济合作与发展组织将“素养”界定为：“在特定情境中，通过利用和调动心理社会资源（包括技能和态度），以满足复杂需要的能力。”外国学者 Stein、Mc Henry、Lunde、Ryssy、Harstad 等人也提出“$C=(K+S)A$，即素养=（知识+能力）× 态度”；中国的张华教授认为，素养是一种高级能力，是基于知识、技能、态度的。[②]

（二）核心素养

近年来，核心素养问题成为一个热点话题。核心素养，从字面上理解，就是个体各项素养中核心的品质。世界各国相继界定了核心素养，较早提出核心素养

①张华. 论核心素养的内涵[J]. 全球教育展望，2016（4）：10–24.

②张华. 论核心素养的内涵[J]. 全球教育展望，2016（4）：10–24.

的是经济合作与发展组织，后来联合国教科文组织等国际组织以及一些国家也纷纷提出核心素养。唐彩斌教授指出：“尽管提法不完全一致，形成的基本共识是：核心素养是指未来社会发展和个人终身发展所需要的关键能力与人格特征。”①林崇德教授认为：“核心素养是学生在接受相应学段的教育过程中，逐步形成的适应个人终身发展和社会发展需要的必备品格和关键能力。”②从过往的研究中，我们可以找到核心素养的几个关键词——社会发展、个人发展、关键能力、品格，其描述始终聚焦人与自己、人与社会之间的关系。

2016年，在研究国外核心素养的基础上，教育部在《中国学生发展核心素养》中确定了核心素养的概念。“学生发展核心素养”主要指学生应具备的，能够适应终身发展和社会发展需要的必备品格和关键能力。它分为三个方面：文化基础、自主发展和社会参与。综合表现为人文底蕴、科学精神、学会学习、健康生活、责任担当和实践创新六大素养。③

（三）数学素养

国内外学者对数学素养的研究取得了不少成果。有美国国家数学督学理事会的七要素说：数学素养包括数学知识、数学思维、数学方法、数学思想、数学技能、数学能力、个性品质等七个方面内容④。有张奠宙等提出的三要素说：数学素养就是数学素质，也就是数学思维能力，亦即数学运算能力、逻辑思维能力和空间想象力，其核心则是逻辑思维能力。⑤朱德全提出四要素说：数学素养的养成是一个渐进内化数学经验的过程；数学素养的养成是在个体数学经验基础之上对数学“感悟”“反思”“体验”的结果。由此推知，数学素养与数学经验有关，有些数学经验，如问题解决的经验、发现数学的经验等本身就是数学素养，也有的数学素养源于个体对数学经验的“感悟”“反思”。“数学素养由数学‘思维块’、数学方法、数学思想、数学人文精神构成⑥。”何小亚提出五要素说：数学素养的构成要素包括数学运算，数学推理，数学意识，数学思想方法，对数学的情感、态度和价值观⑦。

---

①唐彩斌．从小学数学视角探讨核心素养的双重关系与四大意识[J]．小学数学教师，2016（7）：10-15.

②林崇德．21世纪学生发展核心素养研究[M]．北京：北京师范大学出版社，2016：22-23.

③郑毓信．数学教育视角下的“核心素养”[J]．数学教育学报，2016，25（03）：1-5.

④朱丽萍．加强课堂教学改革，提高学生学科素养[J]．安徽教育科研，2002（3）：57.

⑤张奠宙，李士锜，李俊．数学教育学导论[M]．北京：高等教育出版社，2004：54.

⑥朱德全．问题系统教学设计探究：数学处方教学设计原理归结[D]．重庆：西南师范大学，2002.

⑦何小亚．学生“数学素养”指标的理论分析[J]．数学教育学报，2015，24（1）：13-20.

以上说法所包含的具体内容差异较大，恰恰证明了数学素养表征的多样性以及个体的数学素养系统的复杂性。数学素养不是单一的数学知识，而是涵盖学生未来发展所必备的品格和能力、形成正确的价值观等内容。

在中国学生发展核心素养总体框架及其基本内涵的指引下，高中课程标准修订组，在颁布的《高中数学课程标准（2017年版）》中将数学核心素养界定为“数学学科核心素养是数学课程目标的集中体现，是具有数学基本特征的思维品质、关键能力以及情感、态度与价值观的综合体现”。具体包括数学建模、逻辑推理、直观想象、数学抽象、数学运算和数据分析六大素养。

（四）小学数学课程核心素养

《义务教育数学课程标准（2022年版）》指出，数学课程要培养的核心素养，概括来说就是“三会”：会用数学的眼光观察现实世界；会用数学的思维思考现实世界；会用数学的语言表达现实世界。对数学课程核心素养内涵的探究，应分学段讨论，下面主要讨论小学阶段的数学课程核心素养。

曹培英基于学科的本质与普适性，提出“小学数学核心素养体系应该由两个层面和六项素养构成。两个层面为数学思想方法和数学内容领域。六项素养为抽象、推理、模型、运算能力、空间观念、数据分析观念”[①]。《义务教育数学课程标准（2022年版）》明确指出：小学阶段，核心素养主要表现为数感、量感、符号意识、运算能力、几何直观、空间观念、推理意识、数据意识、模型意识、应用意识、创新意识。

核心素养具有整体性、一致性和阶段性，在不同阶段具有不同表现。小学阶段侧重对经验的感悟，而高中阶段的核心素养，则侧重于高中阶段学生所必备的具有数学特征的能力体现。对比高中阶段的六大核心素养与《义务教育数学课程标准（2022年版）》小学阶段核心素养，不难看出，二者之间有着内在的对应关系，模型思想、推理能力、运算能力、数据分析观念四个核心词分别对应数学建模、逻辑推理、数学运算、数据分析四项核心素养；数感、符号意识、量感统整为数学抽象；空间观念、几何直观统整为直观想象；应用意识与创新意识则建立在数学核心素养的全过程培养之上，具有普适性、连贯性，贯穿数学教育的始终。

---

①曹培英．小学数学学科核心素养及其培育的基本路径[J]．课程·教材·教法，2017（2）．

表1-4 核心素养在小学阶段的主要表现及其内涵[①]

表现	内涵
数感	数感主要是指对数与数量、数量关系及运算结果的直观感悟。能够在真实的情境中理解数的意义，能用数表示物体的个数或事物的顺序；能在简单的真实情境中进行合理估算，作出合理判断；能初步体会并表达事物蕴含的简单数量规律。数感是形成抽象能力的经验基础。建立数感有助于理解数的意义和数量关系，初步感受数学表达的简洁与精确，增强好奇心，培养学习数学的兴趣。
量感	量感主要是指对事物的可测量属性及大小关系的直观感知。知道度量的意义，能够理解统一度量单位的必要性；会针对真实的情境选择合适的度量单位进行度量，会在同一度量方法下进行不同单位的换算；初步感知度量工具和方法引起的误差，能合理得到或估计度量的结果。建立量感有助于养成用定量的方法认识和解决问题的习惯，是形成抽象能力和应用意识的经验基础。
符号意识	符号意识主要是指能够感悟符号的数学功能。知道符号表达的现实意义；能够初步运用符号表示数量、关系和一般规律；知道用符号表达的运算规律和推理结论具有一般性；初步体会符号的使用是数学表达和数学思考的重要形式。符号意识是形成抽象能力和推理能力的经验基础。
运算能力	运算能力主要是指根据法则和运算律进行正确运算的能力。能够明晰运算的对象和意义，理解算法与算理之间的关系；能够理解运算的问题，选择合理简洁的运算策略解决问题；能够通过运算促进数学推理能力的发展。运算能力有助于形成规范化思考问题的品质，养成一丝不苟、严谨求实的科学态度。
几何直观	几何直观主要是指运用图表描述和分析问题的意识与习惯。能够感知各种几何图形及其组成元素，依据图形的特征进行分类；根据语言描述画出相应的图形，分析图形的性质；建立形与数的联系，构建数学问题的直观模型；利用图表分析实际情境与数学问题，探索解决问题的思路。几何直观有助于把握问题的本质，明晰思维的路径。
空间观念	空间观念主要是指对空间物体或图形的形状、大小及位置关系的认识。能够根据物体特征抽象出几何图形，根据几何图形想象出所描述的实际物体；想象并表达物体的空间方位和相互之间的位置关系；感知并描述图形的运动和变化规律。空间观念有助于理解现实生活中空间物体的形态与结构，是形成空间想象力的经验基础。
推理意识	推理意识主要是指对逻辑推理过程及其意义的初步感悟。知道可以从一些事实和命题出发，依据规则推出其他命题或结论；能够通过简单的归纳或类比，猜想或发现一些初步的结论；通过法则运用，体验数学从一般到特殊的论证过程；对自己及他人的问题解决过程给出合理解释。推理意识有助于养成讲道理、有条理的思维习惯，增强交流能力，是形成推理能力的经验基础。

① 中华人民共和国教育部. 义务教育数学课程标准（2022年版）[M]. 北京：人民教育出版社，2022.

续表

表现	内涵
数据意识	数据意识主要是指对数据的意义和随机性的感悟。知道在现实生活中，有许多问题应当先做调查研究，收集数据，感悟数据蕴含的信息；知道同样的事情每次收集到的数据可能不同，而只要有足够的数据就可能从中发现规律；知道同一组数据可以用不同方式表达，需要根据问题的背景选择合适的方式。形成数据意识有助于理解生活中的随机现象，逐步养成用数据说话的习惯。
模型意识	模型意识主要是指对数学模型普适性的初步感悟。知道数学模型可以用来解决一类问题，是数学应用的基本途径；能够认识到现实生活中大量的问题都与数学有关，有意识地用数学的概念与方法予以解释。模型意识有助于开展跨学科主题学习，增强对数学的应用意识，是形成模型观念的经验基础。
应用意识	应用意识主要是指有意识地利用数学的概念、原理和方法解释现实世界中的现象与规律，解决现实世界中的问题。能够感悟现实生活中蕴含着大量的与数量和图形有关的问题，可以用数学的方法予以解决；初步了解数学作为一种通用的科学语言在其他学科中的应用，通过跨学科主题学习建立不同学科之间的联系。应用意识有助于用学过的知识和方法解决简单的实际问题，养成理论联系实际的习惯，发展实践能力。
创新意识	创新意识主要是指主动尝试从日常生活、自然现象或科学情境中发现和提出有意义的数学问题。初步学会通过具体的实例，运用归纳和类比发现数学关系与规律，提出数学命题与猜想，并加以验证；勇于探索一些开放性的、非常规的实际问题与数学问题。创新意识有助于形成独立思考、敢于质疑的科学态度与理性精神。

（五）核心素养理论对小学数学“导研互动”课堂的启示

俄国元帅苏沃洛夫指出：“数学是思维的体操。”这句直白且生动的名言被世人传颂至今。数学的价值不仅仅在实用层面，更重要的是在思维层面。学生在经历数学化活动之后，所积淀和升华的数学思维方式、数学关键能力、思维品质和人格特质，就是核心素养的精髓所在。

核心素养理论对小学数学“导研互动”课堂的研究有三重启示：

1. 准确把握小学数学“导研互动”课堂的广度和深度

对小学核心素养内涵与结构的分析，为我们提炼“导研互动”课堂的教学设计基本策略提供了前提条件，有效地保障了课堂实施的广度和深度。

首先，要注重同一素养在不同领域数学课程内容中的特殊性。

以“图形与几何”为例，在小学阶段包括“图形的认识与测量”和“图形的位置与运动”两个主题。不同主题所包含的核心素养有相同之处，也有不同之处。在进行教学设计的过程中，相同的核心素养在不同内容、不同年段之间相互关联，螺旋上升，而不同的核心素养也会突出其在相应部分中的特殊性（见表1–5）。

表1–5 “图形与几何”领域的对应核心素养

学习领域	主题	学习内容	对应的数学核心素养
图形与几何	图形的认识与测量	立体图形和平面图形的认识，线段长度的测量，图形的周长、面积和体积的计算	数学抽象，几何直观，量感，运算能力，推理意识
	图形的位置与运动	确定点的位置，认识图形的平移、旋转、轴对称	空间观念，几何直观，应用意识

2. 为探索“导研互动”课堂的教学研究提供方向

基于数学素养生成的“导研互动”课堂研究应关注两个方面：一是数学素养的生成机制问题；二是数学素养的教学策略问题。林崇德指出：帮助学生获得核心素养是为了使学生能够发展成为更加健全的个体，能够更好地适应未来社会的发展变化，为终身学习和终身发展打下良好的基础，并且能够达到促进社会良好运行的目的。因此，优化课堂教学策略是培养学生核心素养的重要手段。

优化课堂教学策略，善于关注学生的学习需要，关注学生学习数学的心理因素，不断调整课堂教学的进程，改进教学的内容与方法，使课堂教学更加有效。以核心素养基本理念为指引，在分析核心素养生成机制的基础上，提炼培养小学生数学素养的方法策略。

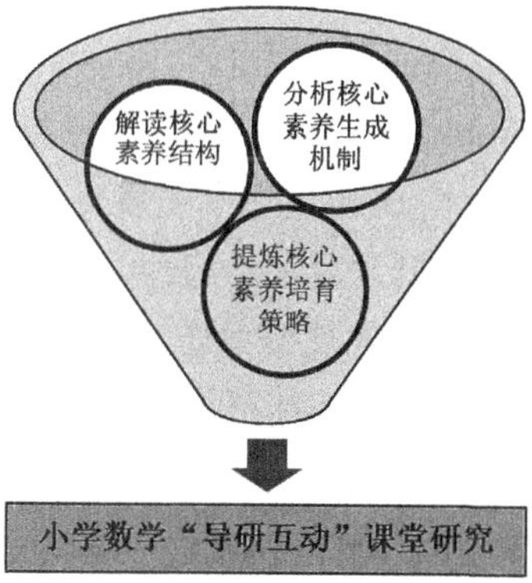

图1–3 基于数学素养生成的“导研互动”课堂研究图

3. 为制订“导研互动”课堂的评价方案提供参考

国际教育评价协会（IEA）发起的第三次国际数学和科学研究（TIMSS）和世界经济与合作组织发起的国际学生评价项目（PISA）后，国内外研究者对基础教育中学生的数学素养从概念、构成要素、评价内容等方面进行了探索。这些研究和实践探索，为本课题研究提供了一定的基础和借鉴。结合核心素养理论，“导研互动”课堂评价应关注以下三个方面的改进：

（1）改进纸笔测试，充实评价内涵

核心素养是一种复杂的学习结果，而现有纸笔测验评价大多局限于认知领域，难以充分评价学生的数学思考、问题解决能力以及隐性价值观层面等要素。作为一种传统的评价方式，纸笔测验在数学评价方法中多年占据首位，它有独特的优越性也有不足。针对纸笔测验在一定程度上不能客观地反映学生真实的学业水平的现状，须对纸笔测验进行优化改进，实现“五关注、五突显”：关注基础知识，突显趣味性；关注数学思考，突显探索性；关注问题解决，突显综合性；关注个体差异，突显开放性；关注情感态度，突显人文性。

（2）探索核心素养与表现性评价的融入运用，拓宽评价维度

评价应成为教学的一部分，评价过程就是学习的一部分，将评价融入课堂教学的全过程。探索核心素养与表现性评价的融入运用，就是通过创设问题情境，在解决实际任务的过程中，对学生进行观察分析，评价学生在创新能力、实践能力、合作能力以及科学的价值观等方面的发展情况。与卷面测试评价方法相比，表现性评价既可以给学生评分，也可以对学生的学习情况进行诊断，不仅评价学生“知道什么”，更评价学生“能做什么”，“做到什么程度”（包括学生对问题的理解水平，思维策略，表现出来的态度、信心，解决问题的能力等）。表现性评价克服了卷面测试只关注认知性能力的片面性，拓宽了评价维度。表现性评价形式主要应用于课堂回答问题、同伴合作交流、操作、实验、资料收集、作品展示等。

（3）善用成长档案袋，丰富评价方式

“导研互动”教学设计中的评价应该关注学生素养体系的动态发展，关注学生真正需要的能力的评价，关注由现实生活中生发出的真实的、有意义的内容的评价。建立“成长记录袋”是学生开展真实、有意义评价的一个重要方式，它能够反映出学生发展与进步的历程。善用成长档案袋，有利于关注个体差异，关注自我评价，反映探索过程及取得的进步，让学生体验成功的喜悦。建立成长记录袋，我们引导学生收集以下资料：学习评价表；在日常生活中发现的数学问题，解决问题的方案和过程，解决问题的反思；数学小论文，数学日记、最满意的作业……

二、深度学习理论

（一）深度学习

深度指触及事物内部和本质的程度。[①] 20世纪50年代，布鲁姆提出“学习有深

①余文森. 核心素养导向的课堂教学：深度化策略[M].上海：上海教育出版社，2017：206.

浅之分”，将教学目标分为了解、理解、应用、分析、综合、评价六个由浅入深的层次。学习者的认知水平停留在知道或领会的层次则为浅层学习，涉及的是简单提取、机械记忆符号表征或浅层了解逻辑背景等低阶思维活动，而认知水平较高的深层理解、应用、分析、综合和评价则涉及的是理性思辨、创造性思维、问题解决等相对复杂的高阶思维活动，属于深层学习。

1976年，费伦斯·马顿和马杰·萨尔乔正式提出深度学习的概念。近年来国内外很多学者对深度学习展开研究并进行论述。2016年初，人工智能阿尔法狗在围棋比赛中战胜了人类顶尖围棋高手更是激发了科技界、教育界等对深度学习的关注。21世纪初，我国学者何玲和黎加厚对深度学习内涵进行了界定，研究者们一致认为：深度学习是在记忆与理解的基础上，进行主动应用和分析，进而可创造和评价的一种深层认知的高阶思维活动[①]。

深度学习与浅层学习是相对而言的概念。浅层学习是以知识获取和记忆训练为主要特征的学习，而深度学习是一种以知识深度加工意义建构和深度思维为主要特征的学习[②]。学习者的认知水平停留在知道或领会的层次则为浅层学习，涉及的是简单提取、机械记忆符号表征或浅层了解逻辑背景等低阶思维活动；而认知水平较高的深层理解、应用、分析、综合和评价涉及的是理性思辨、创造性思维、问题解决等相对复杂的高阶思维活动，属于深层学习。数学深度学习，就是切入知识本质，理解知识内涵、重组知识结构和体会思想方法，以发展核心素养为目的的一种获取信息方式[③]。

表1-6 深度学习与浅层学习的区别

	浅层学习	深度学习
学习目标	知道、领会	运用、分析、综合、评价
学习动机	目标导向的学习（外部动机）；低情感投入、被动学习	有积极学习心向的主动学习（内部动机），高情感投入
学习方式	孤立地重复学到的知识，死记硬背、缺少反思	把新知与旧知关联起来，把抽象概念与日常经验联系起来；重视反思，使用元认知促进学习
学习结果	重视知识的积累，局限于认知层面的发展，指向低阶思维	重视知识的重构与运用，利用知识迁移解决复杂的真实问题，指向高阶思维

①李晓飞. 深度学习导向下小学数学交流策略的探究[J]. 中小学教师培训，2019（8）：68-72.

②朱德江. 小学数学深度学习课堂样态新探八讲[M]. 上海：华东师范大学出版社，2021：7.

③李晓飞. 深度学习导向下小学数学交流策略的探究[J]. 中小学教师培训，2019（8）：68-72.

(二)深度学习对“导研互动”数学课堂的启示

深度学习课堂，是对数学知识观和学习观的重建。与人工智能的“深度学习”不同，教育学领域的“深度学习”概念，应是指向“知识”和“学习”两个核心，是关于知识学习的目标和过程的问题；体现了“教”与“学”相辅相成、相融一体的特性。在深度学习课堂中，学生不再像机器一样孤独地学习知识，而是在教师的引导下，进行循序渐进的互动学习和深层学习，追求思维方式改变、学习方式改变、价值观念改变，形成数学核心素养。

深度学习是当前数学教学改革的焦点，但是中小学课堂缺乏深度学习，这是不争的事实。从“教什么”“怎么教”“怎么评”三个维度探究深度学习课堂的内涵，或许能帮助我们明晰“导研互动”课堂的一些特征：

1. 深度学习课堂教什么

首先，深度学习课堂基于知识结构化。布鲁纳认为，“学习的实质就是理解学科的基本结构”。结构化知识，突破以掌握简单的知识和技能作为教学“效益”的局限，使基本概念、基本定理、基本法则等形成结构体系，有助于数学知识的理解和储存，有助于记忆的长久保持，有助于学生对知识的灵活提取应用，做到触类旁通、举一反三。

其次，深度学习课堂指向学科文化。就数学学科而言，学科文化包括数学的思想、方法、数学语言、思维方式、数学家的足迹、数学审美、数学产生发展的历史、数学的广泛应用、数学的理性精神和人文情怀等。

2. 深度学习课堂怎么教

“求深”课堂创设合作探究活动的真实情境，以问题为导向，以渗透数学思想方法为目的，进行整体教学设计，引导学生的反思活动的教学；以学生为中心，经历“思维碰撞的过程”“暴露思维的过程”“建构模型的过程”，促进学生行为参与、认知参与、情感参与，全身心参与学习。

3. 深度学习课堂如何评价学习的深度

优化纸笔测试，增加数学思考、数学方法策略、学习情感价值观三个维度的测评。设计表现性评价任务，通过读数学、做数学、讲数学，评价学生对问题的理解水平，思维策略，态度、信心等。不仅评价学生“知道什么”，更要评价学生“能做什么”“做到什么程度”，构成“教—学—评”一体化的有机系统。

三、最近发展区理论

(一)最近发展区理论

维果斯基通过研究发现：教育可以对学生的发展起到很明显的帮助，但是如何实施教育、通过哪种方式去实施教育，在这之前首先需要确定学生的两种发展水平，分别是学生现有的发展水平和学生在教授或他人的帮助下可以达到的发展水平，而这两种水平之间的差距就是最近发展区，正确且适当地把握学生的最近发展区，可以有效提高学生的学业成绩[①]。

维果斯基对最近发展区的研究，不仅仅只是学生在某一年龄段的发展潜力，更关注学生发展潜力的深度。开始时，学生整体上大致趋向同一发展水平；有的学生理解能力和接受能力更强，在经过了学习和指导之后，达到了一个新的发展高度，个体之间的最近发展区的发展水平会产生差异。教师的主要职能就在于正确把握学生发展的水平，及时提供最适当的教育，让学生获得学习成效的最大化。

（二）最近发展区理论的内涵

1. 最近发展区是具有个体独特性的

每个学生都是具有独立意识和独立个性的个体，先天、后天因素都影响着学生个人的最近发展区，导致了他们的最近发展区各不相同，这也是同一个年级的学生会产生两极分化的原因。另外，学生的最近发展区不是固定不变的，而是在不断地动态变化。经历新知学习之后，新的知识结构就会形成现有的发展水平，下一个阶段的知识就变成了最近发展区。在同一年级中，学生的最近发展区呈现共性与差异共存的状态，从认知水平正态分布规律推断，最近发展区的差异不会特别大。在教学过程中，教师可从全班同学共有的最近发展区出发，实施最适当的教育。

2. 最近发展区强调“教学最佳期”

维果斯基认为：当教学处于学生现有发展水平之下的发展是无效的教育，只有在现有发展水平之上的教育才是有效的教育，而在这个过程中，存在一个教学最佳期。教学最佳期，指的是存在某一年龄阶段、某一知识生发期，如果在这一阶段给予学生适当的学习机会及适当的帮助，学习成果则最有可能达到最佳。

3. 最近发展区强调教学应该走在学生发展的前面

维果斯基认为教学一定是促进学生的发展的，并且教育一定要走在学生发展的前面，以学生现有的发展水平为基础，起到引领学生的作用，才是真正有效的教育。教育所起到的作用主要在于他引导了学生学习的方向和速度，教育绝不能与学生的发展持平甚至落后于学生的发展[②]。

---

①徐美娜.“最近发展区”理论及对教育的影响与启示[J].教育与教学研究.2010，24（05）：14-16+23.

②王进峰.“最近发展区”在物理概念教学中的应用[J].物理通报.2012（10）：31-33.

（三）最近发展区理论对“导研互动”课堂“学”与“教”关系的启示

什么样的教学才是有利于核心素养培育的教学？有利于核心素养培育的教学，其外在的表征必定是教与学的方式真正发生改变。转变教学方式，释放出“学”的空间，以高水平的“教”平衡“学”与“教”的关系。

基于建构主义理论和维果茨基“最近发展区”理论的“导研互动”教学，体现了“学”与“教”方式的真正转变，强调在“最近发展区”内开展教与学。其中，学生在教学支架的引导、支持下跨越“最近发展区”，达到潜在发展水平；教师则在“最近发展区”内提供恰当的学习支架，帮助学生跨越“最近发展区”，并学会自主学习。从理论上，“导研互动”教学可以解决学习者在学习中建构的机会和条件等问题；实践中，对教师之“导”的研究，就是研究学习支架促进小学数学教学的策略，支持教师的“教”与学生的“学”。（见图1-4）

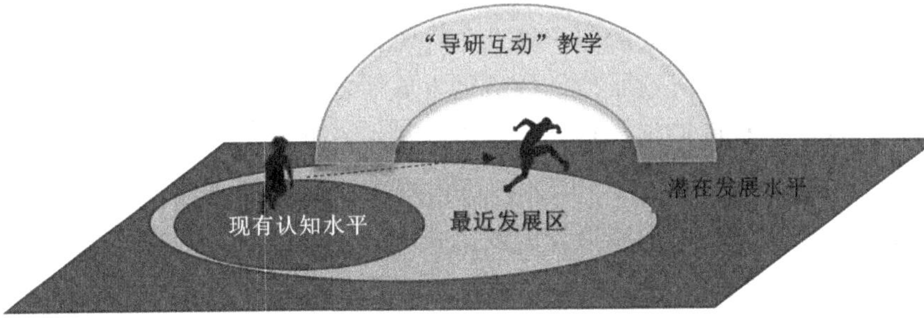

图1-4 “最近发展区”示意图

四、整体教育观

（一）整体观的概念

在辞海中“整体”解释为整个集体或整个事物的全部，整体观就是从全局出发考虑问题的思想意识。《易经》中提出：“有天地，而后万物生长。盈天地之间唯万物①”。这是中国古代整体观的萌芽。

百度百科中指出，自然界本身是一个整体，人和其他的生命、生物都是其中的一部分。如果这个整体或某一部分受到损害，那么其他方面也将受到影响，整体则因之破坏。《黄帝内经》认为，人体各器官既有不同，又有联系，组成一个有机体。如果人体的某部分有病变，那么身体的整个健康状况就会受到影响。反之人体的总体免疫力下降，又会诱发局部器官的病变。“天人合一”整体观就是研究中医学的基本指导思想。

①刘长林. 中国系统思想[M]. 北京：中国社会科学出版社，1990：58.

关于“整体”，哲学的思想体系提出两部分含义：一是由若干个对象或者单个客体的若干成分按照一定的结构形式构成的有机统一体；二是指事物的各内在要素相互联系，构成有机统一体及其发展的动态过程。

（二）数学整体观

整体观本质上是一种哲学思想，与系统论、复杂性理论一脉相承。整体思维是复杂理论的一种思想方法，复杂理论是系统科学发展的延续，是在后现代思潮的文化氛围中，对长期流行的机械论还原论的反思，以非线性科学为基础产生的一种理论①。整体观在应用与发展的过程中扩展到数学领域，再引入教育领域，对于教育研究有着很大的启示，专家学者纷纷对数学整体观给出了自己的不同见解。

章建跃认为，概念一个个地学，定理一个个地教，学生只注意到单一的知识点，不能将知识进行前后联系，这样很难对知识进行迁移，教学也难以有的放矢，使知识成为一片“网络”②。汪宗兴在章建跃博士观点上提出了自己的认识，他认为数学整体观包含“学术整体观”和“文化整体观”。学术整体观是指在解题思维上整体考虑问题的意识；文化整体观是指从整体性上认识数学内容的意识③。孔凡哲教授认为数学整体观就是人们对数学整体性（数学结构）概括性认识④。陈焕然认为，数学教学系统是复杂的，教师、学生、教学手段与方法、教学条件、教学环境是相互联系、相互作用的，共同构成一个动态的、有机的整体。数学教学中的整体观大体包括教与学的统一性、教育目的与教学目的一致性、智力因素与非智力因素的关联性、各层次学生的平等对待性、各种教学方法的互补性等⑤。

以上学者主要从三个方面对数学整体观进行了阐述：一是数学知识结构的整体性；二是解题中整体考虑的思维方式与解题方法；三是数学整体教育观下的教与学整体推进。综上所述，数学整体观是以数学知识的内在逻辑联系为起点，把数学的精神、思想和方法置于课堂教学的中心位置，为学生构建研究问题的基本思路，培养学生自主构建知识的能力。借鉴前人对数学整体观的概念阐述，结合自身教学实践，笔者认为数学整体观就是以知识结构为载体，以数学的思想方法、精神品质为内涵，通过教与学的统一协调整体推进，让学生整体把握数学知识、感

①王北生．当代教育基本理论论纲[J]．北京：人民教育出版社，2012.

②汪宗兴，胡彪．基于数学整体观谈初始问题的设计方法[J]．数学教学研究，2015，34（09）：21-25+42.

③汪宗兴．给予数学整体观谈等腰三角形的教学[J]．中学数学教学参考：中旬，2016（06）：2.

④孔凡哲．在数学问题的解决中培养整体观念的教学途径[J]．学科教育 1995（03）：7-9.

⑤陈焕然，龙毅．论数学教学的整体观[J]．湖南商学院学报，1998，2（03）：83-85.

悟数学本质的一种思想方法。作为一种学术思想方法被提出和应用，整体观不是各“元素”的线性相加，起到的作用也不仅是1+1=2，而是整体之和要大于部分之和。

（三）数学整体观的基本内涵

1. 教与学的一致性

“教学一致性”由美国教育心理学家科恩（Cohen，S.A.）提出，他将一致性概念用以表述预期的教学过程和结果与教学设计是否相匹配①。美国教育评价专家韦伯对“一致性”作了更全面的分析与定义，为日后“一致性”的进一步研究奠定了基础。韦伯指出：一致性是指“两种或多种事物间的吻合程度，各个事物或要素融合成一个和谐的整体，并指向同一概念的理解②”。

从汉语中“教”与“学”的历史发展的角度看，教学的语义经过了四个关键发展阶段。

一是“教学即学习”。“教学”两字连用，最早见于《尚书·兑命》：“教学半”。《学记》引用它作为“教学相长”的经典依据，指出“学然后知不足，教然后知困，知不足然后能自反，知困然后能自强也。故曰：教学相长”。

二是“教学即教授”。受德国教育家赫尔巴特“五段教学法”的启发，“怎样教”在20世纪初成为教育界的热门话题。“教授”一词逐渐被接受，“教学”的语义演变为“教授”。

三是“教学即教学生学”。受美国教育哲学家杜威“学生中心”思想的影响，我国教育家陶行知先生针对当时的教学现状，在1917年主张把“教授”改为“教学”，这样“教学”又有了第三种语义“教学生学”。

四是“教学是教师教和学生学的统一活动”。苏联教育家凯洛夫主编的《教育学》中对“教学”的定义是：“教学过程一方面包括教师的活动（教），同时也包括学生的活动（学）。教和学是同一过程的两个方面，彼此不可分割地联系着。”我国古代典籍对“教”作出了阐述，如《学记》“教也者，长善而救失其者也”，《荀子·修身》“以善先人者谓之教，以善和人者谓之顺”，《中庸》“天命之谓性，率性之谓道，修道之谓教”等对教学的论述。中西方对“教学”的论述，主要体现为：“教”的核心——为什么教，教什么，怎么教；“学”的落脚点——为什么学，学什么，怎么学。

---

① Cohen，S.A.Instructional alignment：Searching for a Magic bullet[J].EducationalResearcher，1987，16（8）.

② Webb，N.L.Alignment of Science and Mathematics Standards and Assessments in Four States[R] Council of Chief States School Officers. Washington，DC：National Institute for Science Education（NISE）Publications，1999.

至今，我国教育学或教学论教科书的辞典对“教学”的解释一直保持着这样的含义：教学是教师教和学生学的统一活动。教与学的关系式是辩证统一的，课堂经历了“教会”“学会”“会学”三个发展阶段，“师长”变“学长”，教师变教为启，变教为帮，学生成为学习的主人，变被动接受为主动探索，以教促学，以教导学。教师的教建立在学生的学的基础之上。

2. 知识结构的整体性

学习是一个自主建构知识的过程，学生通过教师的教，实现新知与旧知的顺应同化，融合到自己的知识体系中，从而形成新的认知结构。在解决问题的时候，影响学生的知识来源不仅仅来自课堂，更多的是生活经验，尤其是数学问题与生活实际相结合的时候，学生的思维受生活实际影响明显。布鲁纳强调：“任何学科都拥有一个基本结构，掌握学科的结构就是允许许多事物有意义且以相互关联的方式来理解该学科，习得结构就是学习理解事物是如何相互关联的。”①在数学知识结构的建构过程中，通过直观操作、描述分析、抽象概括、实践应用等认知结构化加工，最终形成学生的知识技能、过程方法、情感态度、思想价值等多层面数学素养结构②。经过学习所拥有的知识体系与实际生活结合共同构成了学生的知识的整体结构③。数学是研究数量关系与空间形式的学科，知识与知识之间是相互依存的。主要体现在以下三个方面：

一是知识展开结构的整体性。某一部分数学知识展开的过程，存在着结构上的相似性，形成一个整体结构。例如“数与代数”部分，在认识各个领域的数时，都是按照数的意义、数的四则运算以及四则运算的规律展开，沿着整数、小数、分数（百分数）的内容安排，遵循同样的展开逻辑，这就是数的认识的知识展开结构。

二是知识形成的过程结构化。同一类知识有着类似的形成及推进过程，称之为知识形成的过程结构。例如，教材中各种探索规律的教学一般都按“发现猜想—验证猜想—归纳概括—反思完善”的过程推进；认数教学一般按照“材料感知—认识新数—巩固新数—运用新数”这一过程推进；运算教学则一般按照“提出问题—探索算法—理解算理—归纳法则—内化算法”这一过程展开。④

①布鲁纳.教育过程[M].邵瑞珍，译.北京：文化教育出版社，1982.

②席爱勇，吴玉国.学理分析：让结构化学习深度发生[J].中小学教师培训，2018（4）：54-57.

③董海涛，王雅莉.基于教材整体观，设计前后联系的教学过程——“生活中的变量关系”教学设计[J].中学教研（数学），2020，42（02）：32-34.

④王冬娟.“结构教学”的内涵、价值和基本原则[J].小学数学教育，2017（4）：21-24.

三是知识获得的方法结构化。数学知识的获取过程经常存在着相同的方法结构。例如，学习整数四则运算时，通常都采用“相同数位对齐—相同计数单位运算—规范运算顺序—计算结果定位”的思维方法；学习平面图形的面积计算时，通常采用“抓特征—巧联系—试转化”的思维方法，这就是知识获得的方法结构。

在学习过程中，合理的知识结构是学生获取新知、独立解决问题的基础和关键，知道某个知识点在网络结构中的地位与作用，以及该知识怎样与其他知识发生联系，有助于深刻理解，使得学习更有效率。

(四) 整体观理论对“导研互动”数学课堂的启示

1. 聚焦类知识结构，让知识系统化

发展学生，教师先行。为激发思维，调动学习潜能，拓展学习空间，教师要有明确的教学目标与方向，对数学学科知识系统、教材编排意图有清晰的、整体的概念。正如美国教育学家、心理学家布鲁纳认为：“学生对所学材料的接受，必然是有限的。怎样才能使这种（有限的）接受在他们以后一生的思想中有价值？对这个问题的回答是：不论我们选教什么学科，务必使学生理解该学科的基本结构。……掌握学科的结构以理解这个学科，可以使许多其他的东西与该学科有意义地联系起来。简而言之，学习结构就是学习事物是如何联系的。”为此，我们鼓励教师以“宏观+中观+微观”的视角理清教学整体结构，熟悉教学内容所承载的精神、思想、方法等教育功能。

宏观视角：纵向理清年级与年级之间，单元与单元之间，单元与课时之间，课时与课时之间的关系，横向上理清数与代数、空间与图形、统计与概率、综合与实践四大领域之间的联系。

中观视角：对单元中的知识内容进行具体的板块研究，明确本单元所学的基本概念，考虑根据学生实际是否需要重组内容，重新进行课时分配，确立课时教学内容及教学目标。

微观视角：针对不同课时的学习任务，设计与之协调的关键性活动和教学方法，预设必要的设问和重要环节。

如整个小学数学阶段，“图形的认识”教学按照“体—形—体”的结构进行编排。低年级，从立体图形入手，在整体感知“体”的基础上，逐步研究“面”，中年级建立“形”的概念，高年级研究立体图形的特征，形成了“体—形—体”的编排结构，使“几何度量”的学习，贯穿于整个小学阶段，形成“一维—二维—三维”的结构体系，见表1-7。

表1-7 小学阶段“量的度量”知识结构

内容	长度概念（一维）	面积概念（二维）	体积概念（三维）
学习方法结构	直接比较（观察重叠：一条边） 间接比较（工具测量：一条边）	直接比较（观察重叠：二维方向的两条边） 间接比较（工具测量：一个面）	直接比较（观察重叠：三维方向的三条边） 间接比较（工具测量：一个物体）
知识形成结构	感知概念—形成长度度量工具和统一单位—延伸更大的长度单位	感知概念—形成面积度量工具和统一单位—延伸更大的面积单位	感知概念—形成体积度量工具和统一单位—延伸更大的体积单位

2. 聚焦数学单元教学设计，重视课程整体重建

维果斯基认为，教育一定要走在学生发展的前面。教师的“教”不能走一步算一步，而是要“有备而来”，前瞻性地备教材、备学生，做好单元整体教学设计。数学单元教学设计是运用系统方法，对某个教学单元所涉及的各种课程资源进行有机整合，对教学过程中的各个部分做出整体安排的一种构想，即为达到整个单元教学目标，对教什么、怎样教、达到什么目标等所进行的教学策划①。

单元整体教学设计从数学核心素养和学生认知发展整体规律出发，将课程目标细化为单元教学目标，表现性评价和数学文化的渗透贯穿整个教学过程。

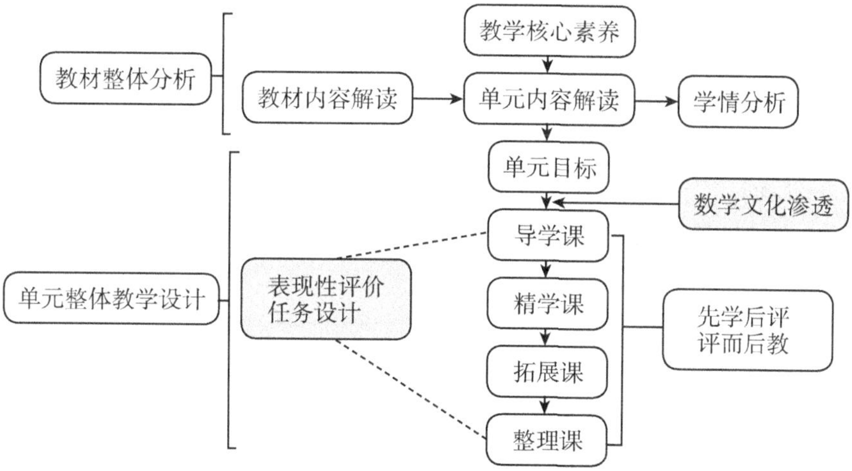

图1-5 单元整体教学框架

①李晓东．把握主题，整体设计——例说初中数学单元教学设计的基本策略 [J]．数学教学与研究，2016，10：18-26.

单元教学突出“整体”，导学课从整体上把握单元内容，主要解决“为何学此单元”及“期望学会什么”。精学课是整合单元里提炼出来的知识重点，通过评价任务开展研究；拓展课是学生根据任务自主搜集资源，分享课内外学习，实现内化与迁移。这两个阶段主要解决“何以知道学会了”“你需要怎样的学习”。整理课是自主梳理单元知识，归纳提升，形成知识脉络，主要解决“你真的学会了”“你会管理自己的学习吗”。

重建数学单元教学设计中的课程整体理念，可以从以下两个方面入手：

第一，结合单元教学设计制订单元教学目标。在进行单元教学设计的过程中，教师要尽可能结合“四基四能”进行整体设计，让学生能够在完成学习任务、奠定数学基础知识与基本能力的情况下，再进一步感悟基本数学思想，积累基本的数学活动经验。教师要帮助学生从科学价值、应用价值和文化价值等层面深度认识数学，发展学生的应用意识和创新意识等。

第二，结合单元教学设计实现教学方法的灵活性。课堂教学中，教师常用的教学方法有讲授法、引导探究法、问题驱动法、小组合作法、情境教学法等。但是，不论哪种教学方法，都不能孤立使用。教师应该针对不同单元的教学内容、教学要求、教学目标来灵活地选择合适的教学方法，以体现单元教学设计中的课程整体理念。

五、皮亚杰的发生认识论

以运算水平为标准，皮亚杰将儿童的认识发展分为四个年龄阶段：感知—运动阶段（sensorimotor stage，0到2岁）、前运算阶段（preoperational stage，2到7岁）、具体运算阶段（concrete operational stage，7到11岁）、形式运算阶段（formal operational stage，11到16岁）。这里所说的运算（operation，又译运演），并非我们日常生活中的计算，而是一种认识活动，皮亚杰用它表示儿童认知活动的不同阶段模型。

（一）感知—运动阶段

感知—运动阶段（0到2岁），儿童语言还没有出现。但在20世纪初，学者们发现，在还没有掌握语言技能之前儿童已经具有智慧。皮亚杰指出，“这一时期智慧的作用是取得实际效果。”[①]在这一阶段，当儿童看见一个物体或一个人时，他能具有这一物体或这个人的表象，如果把物体移开或者让此人离开儿童的视野范围，

①J·皮亚杰，B·英海尔德．儿童心理学[M].北京：商务印书馆，1981：5.

儿童就不能再现此物或此人的形象。可见，象征性功能（或者说表象）在此阶段还没有出现。

（二）前运算阶段

皮亚杰将前运算阶段（2岁到7岁）划分为两部分：前概念期（2岁到4岁）与直觉期（4岁到7岁）。

前概念期（2岁到4岁）的标志之一是符号功能的凸显，最明显的表现为用语言来表达的形式。与1岁大的婴儿不同，2岁的儿童会用词语或物体代表其他事物，而不仅是模仿大人们的说话发音，儿童的话语言具备了符号意义，逐步完成了“语言——客观事物”的一一对应。儿童能够迅速吸收大量关于客观世界的认识，还能对已有的认识进行整理、重组。皮亚杰认为，并不是语言促进了认识的发展，而是认识促进了语言能力的进步①。

到直觉期（4岁到7岁），儿童认识事物很大程度上仍依赖最显著的表面特征，仍没有达到逻辑思维的水平。皮亚杰设计了一系列儿童心理学实验，如大家熟知的关于体积与数量守恒的实验。体积守恒实验中，主试将较大、较矮的玻璃容器中的液体全部倒入另一个较小、较高的玻璃容器中，再让儿童判断液体前后是否等量。儿童可以感知到第二个容器中的液体明显上升，3—4岁的儿童认为液体变多了，5—6岁的孩子注意到了杯子的形状不同，表达出现犹豫不决，但他们正确作答的比例仍较小，8岁以上的儿童能正确判断出液体前后是等量的。

大量实验结果显示：4岁到7岁的儿童使用的仍是直觉思维，他们还不完全具有守恒的观念。因为前运算阶段的儿童还没有完全发展出“去中心化”和“可逆性”这两种认识操作，而这两种认识操作对超越直觉推理水平是必不可少的。②

（三）具体运算阶段

守恒观念的出现是具体运算阶段（7岁到11岁）的一大标志，儿童在此阶段能更好地整理已经获得的关于世界的认识。从前运算阶段到具体运算阶段的过渡主要表现在三方面：（1）以低级结构为对象抽象出高级结构；（2）系统整体的协调，具体运算阶段之前各种散乱的联合被整理、重组产生自我闭合的系统；（3）整体系统的协调通过顺应作用实现，当顺应作用使系统平衡成为自我闭合系统时，新系统将与旧系统有显著的区别。③。

① 于珺. 皮亚杰发生认识论述评［D］. 长春：吉林大学，2014.

② 于珺. 皮亚杰发生认识论述评［D］. 长春：吉林大学，2014.

③ 于珺. 皮亚杰发生认识论述评［D］. 长春：吉林大学，2014.

前运算阶段的儿童和具体运算阶段的儿童，两者的推理在承前启后中发展，相同之处是都需要依赖熟悉的具体事物进行推理。不同的是，前运算阶段的儿童并不能理解传递性，而具体运算阶段儿童能够在具体情境中理解运算结构，因而此阶段的儿童能够通过传递性和可逆性组织并丰富推理过程。例如，告知儿童A幢有15层高，B幢的层高与A幢相同，同时，C幢的层高与B幢相同，他们可以根据三者之间的传递性推断出A=C。具体运算阶段儿童能够理解从A到C的过程中，数量是保持不变的。但具体运算的局限在于：（1）离开熟悉的情境或具体事物，儿童不一定能成功设想推理的结果；（2）相比按照一定的组合原则组成，具体运算阶段的儿童更关注通过执行组成步骤来实现运算或推理。

（四）形式运算阶段

形式运算阶段（11岁到16岁），儿童的归纳推理能力有所发展。最突出的标志是假设-演绎推理，另外把客观事物的形式与本质的相对分离、形成系统化问题解决方法也是形式运算的特点。

要求解方程3x+6=21，就要求儿童具有假设-演绎的思维，具体运算阶段的儿童无法理解未知数如何参与到运算当中，他们认为先知道x的具体内容才可能解答。而形式运算阶段儿童则能理解x是组成等量关系的一部分，x的具体内容正是我们要求解的，通过对等式的演绎可以求出未知数的解。

形式运算阶段的儿童有能力通过观察现象与结果的联系，建立假设，然后设计实验，系统地检验假设是否正确。皮亚杰和英海尔德实施钟摆实验，让儿童寻找物体摆动速度的影响因素。实验的设计是：拿一条绳子，一端系着重量不同物体，另一端固定在支架上。形式运算阶段儿童表现出良好的假设-归纳推理能力，他们首先考虑绳子的长度，然后通过变换绳子的长度来检验假设是否正确；当发现物体摆动的速度还是不同，再提出第二个假设，如重量等其他的因素，在多轮实验之后，最终总结出绳长、物体重量、推动物体的力、释放物体的高度，是影响物体摆动速度的四个关键因素，并尝试总结出几个因素变化所引起结果变化的规律。

（五）发生认识论对“导研互动”数学课堂的启示

1. 认识发生于学习者与学习空间的相互作用

学习空间是认识发生的外部支持条件，指的是能够提供认识发生所需要的场景、氛围及其他物化支持条件，涵盖课堂人际关系建设、教学情境、教学资源、教具学具等。可见，教师应依据学习目标、学习活动、认知规律特点等，将教学过程的内部组件进行有序组织与设计，提供实效性的学习材料，精心预设驱动问题，以建立满足教学需求的中介关系，构建学习发生依赖的学习环境，帮助学生与客体建立连接，为学生养成自主学习、合作学习的学习方式提供外部支持。

2. 让儿童成为发现者

皮亚杰认为传统教育中死记硬背的方法过度依赖言语指导，儿童总是被动接受知识灌输而难以提起对书本知识的学习兴趣，而且儿童在幼年时对言语指导的接受程度是极其有限的。

“导研互动”课堂提倡以发现式教育替代死记硬背，因为儿童都是天生的学习者和探索者。把知识作为结论直接传授给学生，也许短期内可换取较理想的学业表现；如果让儿童自主学习，并在互动交流中合作探究，他们将在获得多方位刺激的学习空间中更好地建构认知图式，收获更长远的学习效果。

在过去的研究历程中，我们一直认同并践行发现式教育，在“导研互动”教学研究中开展“说数学，写数学”的探索，指导学生把自己的学习体验写成数学日记、数学小论文，多篇数学小文章发表在《数学小灵通》《小学生数学报》等国家级、省级报章杂志上。文章见报培植了学生浓浓的学习能效感，激励了学生探究数学、应用数学的信心，驱动学生树立了远大的学习志向。

下面这篇数学日记，展现的就是互动学习所触发的认知发生及良好学习体验。

一次错误中的收获①

广东省江门市蓬江区农林小学　四（6）班　杨志坤

（指导老师：黄肖慧）

今天，我们学习了解决问题——“连乘”。做练习的时候，黄老师要求我们仿照例题，自己编一道连乘题目。

老师先给我们出了一道例题：

小鹏家每人每天吃早餐用了2元，照这样计算，他们一家4口7天吃早餐一共用多少元?

我一看，这真是一个又轻松又有趣的任务。拿起笔，一口气就把题目编出来了：生产小组每人生产16个零件，照这样计算，5个人4天一共生产零件多少个?

正当我得意洋洋地把题目向全班展示时，我的好朋友蒋景文却嚷开了：“老师，我认为第一个已知条件应该改为‘生产小组每人每天生产零件16个’。因为

①此文发表在广东省教育学会小学数学专业委员会主办的刊物《小学数学》。

例题里的单一量是跟人数、天数直接相关的，而杨志坤编的单一量只跟人数直接相关，这样题目根本解答不了。”我听了，赶忙看题，对呀，我怎么没注意到这个问题呢?

这时，同学们开始窃窃私语。

最爱提问题的绮琪同学发声了：“在连乘的题目里，是不是所有的单一量都带两个‘每’字呢”

黄老师微微一笑，把目光投向了我们：“同学们，是不是这样的?”

丁零零——下课铃声响了。黄老师布置大家课后再研究研究。

课后，我认真地把这两种连乘题目进行了对比：

（1）生产小组每人每天生产16个零件，照这样计算，5个人4天一共生产零件多少个?

（2）学校买了5盒皮球，每盒12个，每个皮球6元，一共要付多少元?

观察已知条件，我们可以看到它们的相同点是都有单一量，第（1）题的单一量是“生产小组每人每天生产16个零件”，第（2）题的单一量是“每个皮球6元”。但是它们的单一量又有着自己的特点。

第（1）题的单一量同时跟“天数”和“人数”两种数量有直接关系，一个都不能少，同时总量也是随着这两种数量的变化而变化，这类连乘应用题的特点是总量跟随两种数量的变化而变化；列式可以是16×5×4或16×4×5，即使乘数位置变换，数量关系也能说明白。

而第（2）题的单一量却只跟“个数”有直接关系，总量最终也只随着“个数”的变化而变化，因为“盒数”的增减实际上也就是个数的增减。这类连乘应用题的特点是总量只跟随一种数量的变化而变化；像6×5×12这样的解答方法，虽然计算结果没错，但要从数理上解释解答过程，似乎不容易，因为“每个皮球6元”与“5盒皮球”不是直接相关的一组量。

经过这节课，我不但牢固地掌握了这两种连乘题目的结构特点，而且学会了从错误中总结经验教训。同学们，其实错误并不可怕，充分利用错误还可以让你进步得更快呢!

以上文章，体现出“导研互动”课堂的“发现”教育特征。教学过程有效引发学生积极主动地观察、比较、分析，最后梳理结构，反思提升。

第二章

“导研互动”数学课堂的样态要义与价值追求

第一节 “导研互动”数学课堂的样态要义

“导研互动”数学教学，呈现“三导”“三学”为特征的教与学样态。以问题驱动学习，促进师生、生生多向互动，共同研学，体现了“教为主导”与“学为中心”辩证统一的师生“双中心”教学观；形成了交往互动、信息重组、知识整合的新型教学特征，有效提升学生的数学素养。小学数学“导研互动”课堂样态的基本学教结构如下：

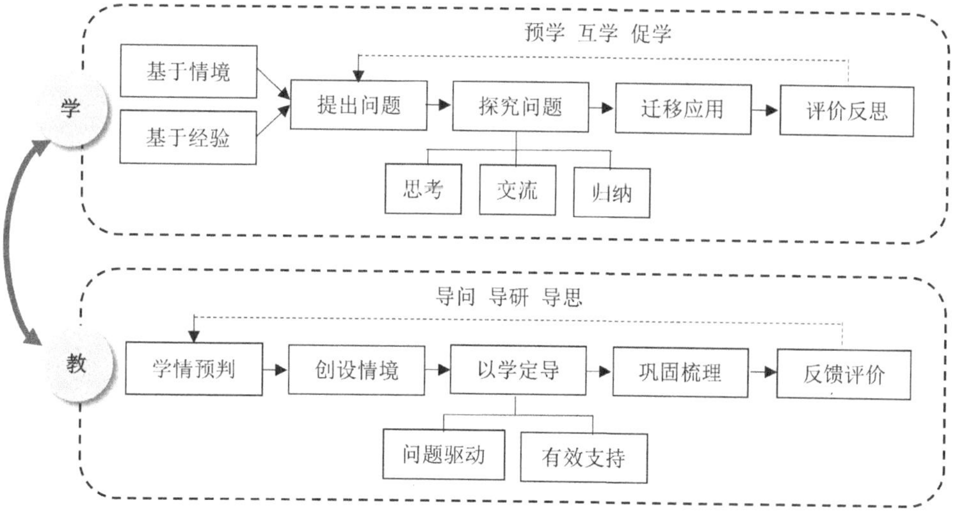

图2-1 小学数学“导研互动”课堂的学教结构

“导研互动”的课堂样态，一般分为五个主要环节：

一是教师依据课程目标和教学内容，对学生进行学情预判，为达成教学目标、突破教学难点做好充分的准备。

二是基于学生的认知起点和数学活动经验，创设教学情境，引导学生自主提出问题或师生共同提出问题。这些问题应是促进学生认知参与、指向知识核心的关键性问题。

三是组织问题探究。教师以任务驱动激发学生的思考、交流，为学习提供有效支持，促使学生自主构建数学知识结构，解决数学问题。师生、生生在倾听、思考、表达中互研互学，实现人与人、人与环境之间的信息、观点、态度和情感交换。

四是巩固迁移。此环节既是巩固新知，也是对知识迁移应用，引导学生梳理知识网络，适当在学习方法、数学思想、数学文化等方面拓展延伸，促进学生的知识、智慧、品格三位一体整体发展。

五是组织学习评价与反思。引导学生从学习任务分解、学习策略、学习成果、学习态度与信心等方面进行梳理、提升、汇报，并为下一阶段学习提出新问题、新目标；教师依据学生的学习质量和学业表现制订新的教学计划。

第二节 “导研互动”数学课堂的价值追求

“导研互动”数学课堂，彰显了数学知识本质和重建教学关系的需要，也响应了新一轮课程改革对培育学生核心素养的必然要求。“导研互动”数学课堂该有怎样的价值追求，培养怎么样的学生？怎样培养？因此，形成了“求简，求真，求深”课堂的思辨。

一、求简：回归简约的数学

数学本身就是简约的。曾经的喧嚣与繁华落幕，呼唤更为朴实的课堂。

（一）用简洁的数学形式表达是科学的需要

布鲁纳的认知教学理论提出：任何学科的内容都可以用更为经济、富有活力的简约方法表达出来，从而使学习者易于掌握。毕达哥拉斯认为，数学的语言本身就是简洁的，勾股定理就是最好的证明。笛卡尔和布莱尼茨等学者指出：大自然本身蕴含着内在的规律，这种内在规律反映到我们的头脑，就是以简约数学原理的形式表现出来，人类可以预测大自然，就是因为有了数学原理的分析和大自然的内在规律。拜读苏联教学论专家巴班斯基的教学过程最优化理论，更深深感受到“简约”作为一项重要原则，在指导教学设计、教学内容的选择、教学策略、教学评价的实施等方面的重要作用。学生拒绝数学，认为数学是枯燥的、无趣的，那是因为题海战术蒙蔽了学生的双眼，使他们难以发现数学文化之美，过多的、复杂的数学活动让数学成了“替罪羊”，同时也伤害了学生的学习情感。

战国晚期的《学记》有记载：“约而达，微而臧”。可见，“由繁到简，由博到约”的教育思想自古就是教育的至理。郑毓信教授认为，数学的模式外在表现就是简约形式，同时具有丰富的数学规律。张维忠教授认为，数学是严谨简洁的学科，数学的语言是非常简练的，数学家们可以凭借这种语言的简练来表达抽象的数学定律和原理，而如果用其他一般语言来表述会产生很多废话，显得累赘，同时又无法传达出数学的精妙之处。一席话，带来了诸多的启示，数学的学习认知活动就是“抓住事物的本质属性，剔除事物的非本质属性的过程”；“求简”就是复杂的问题简单化，找到适合孩子亲近数学、学好数学的教学方式。

（二）脱繁入简是教学研究趋势

石中英教授的《教育哲学》，道出了人的存在与教育之间的关系：“人的存在是有限的，不仅人的生命是有限的，而且由此导致了人的发展空间和发展能力也是有限的……这是任何一个有着反思能力的人所共有的感受。超越这种有限性，从而达到一种无限的境界，是人近乎本能的渴望。”这不正是当前的教学现状的症结所在吗？当代数学教育中，在有限的学习时间内让学生获得尽可能多的发展，已然成为教师的职业基本功和终极追求，更有甚者，通过挤压其他活动时间、延长学习时间来换取学习成绩。学生有着太多的“不能承受之重”，产生厌学情绪，严重影响了教学的有效性；教学过度行为也导致教师身心疲惫，过早地出现职业倦怠。

“求简”就是对这种教育做“减法”，要留给学生更多可以支配的时间和空间，回归朴实课堂。选择简约科学的教学方式，成为数学教育的核心所在。

二、求真：让真实的学习发生

通过教育教学实践不难发现，传统纸笔测试不能完全反映学生真正的数学能力。可贵的数学高分下隐含着照本宣科的学习方法，解决实际问题能力低下、创新意识不足是目前学生的普遍症状。只能照本宣科，不懂运用变通；只能纸上谈兵，不擅解决实际问题与提出新问题，就是表面达成教学目标的学习，是伪学习。

在明朝思想家王阳明看来，真实的学习是知行合一而非伪学习。“未有知而不行者，知而不行，只是未知。”知行本身是一体的，知是行的主意，行是知的功夫；知是行之始，行是知之成。与思哲相遇，而后顿悟：“求真”课堂，贵在知行合一。让真实的学习发生，就是“返人性自然的璞，归学习本原的真”。

（一）把学生看成真实、完整的人

杜威在《学校与社会》中指出，儿童有四大本能：制作本能、交际本能、艺术本能、探索本能。教育，意即儿童本能的生长。真实的学习，就是对人性的顺应、保护和激发。子思《中庸》：“天命之谓性，率性之谓道，修道之谓教。”教育就是尊重儿童作为完整人的特性的改造。正如2000多年前柏拉图对教育的注解：“教育分三个层次，第一个是激发，第二个是启蒙，最终为觉悟。”“教”是为了更好地服务于“学”，而不是教师表演，学生配合。陶行知进一步指出：“教”的法子要根据“学”的法子。

“求真”课堂，需要教师尊重学生的成长，适当“让学”，给学生学习空间。佐藤学说，“学生在思考、讨论问题时，教师不要轻易打断。……有了充裕的学习空间，小组合作学习的联系才能变得更紧密，学习能力才能得以真正提高。”佐藤学更指出了真实学习的重要性：“随着人工智能时代的到来，如果不能培养学生探究、协作学习的能力，学生很难在未来社会的竞争中找到立足之地。”研读《静悄悄的革命》，思考的大门悄悄地打开了：让“教”于“学”，实现“学会”向“会学”的转变，学习才会真实发生。

（二）在问题情境中借助问题解决的实践促进学习的发生

心理学家皮亚杰认为，学习者必须积极从事真正的学习，只有学习变得真实，学生才能够将新知识与之前的理解联系起来。什么是真正的学习？建构主义认为，把现实世界带入课堂学习环境是促进学习的关键。可见，学习就是通过真实情况下的问题解决，使得学生形成人际关系能力，形成批判性思维，形成提出新问题的技能。真实的问题情境让学生全身心投入，“知之者不如好之者，好之者不如乐之者”，“心”在课堂，学习才会真实发生。

三、求深：追求数学学科的本质价值

2016年，由谷歌旗下公司团队开发的阿尔法狗围棋大胜围棋职业九段选手，其主要工作原理是“深度学习”。深度学习的概念，源于三十多年来计算机科学和人工智能的研究。

计算机、人工智能是怎样模拟人脑的深层结构和抽象认知开展深度学习的？人对知识的学习过程究竟是怎样的一个脑活动过程？面对人工智能的挑战，教师该赋予未来的数学课堂什么样的价值？文献资料显示，布卢姆早在1956年就提出“学习有深浅层次之分”，并将教学目标分为了解、理解、应用、分析、综合、评价六个由浅入深的层次。学习者的认知水平停留在知道或领会的层次则为浅层学习，涉及简单提取、机械记忆符号表征或浅层了解逻辑背景等低阶思维活动；而认知水平较高的深层理解、应用、分析、综合和评价则涉及理性思辨、创造性思维、问题解决等相对复杂的高阶思维活动，属于深层学习。1976年，美国学者马顿和萨尔约明确提出了表层学习和深层学习的概念。

“求深”课堂，是对数学知识观和学习观的重建。与人工智能的“深度学习”不同，教育学领域的“深度学习”概念，应是指向“知识”和“学习”两个核心，是关于知识学习的目标和过程的问题；并体现了“教”与“学”相辅相成、相融一体的特性。学生不是像机器一样孤独地学习知识，而是在教师的引导下，进行循序渐进的互动学习和深层学习，追求思维方式改变、学习方式改变、价值观念改变，形成数学核心素养。

深度教学是当前数学教学改革的焦点，但是中小学课堂缺乏深度教学，却是不争的事实。探究以下三个问题，或许能明晰“求深”课堂的内涵：

（一）“求深”课堂教什么

首先，“求深”课堂基于知识结构化。布鲁纳认为：“学习的实质就是理解学科的基本结构。”结构化知识，突破以掌握简单的知识和技能作为教学“效益”的局限，使基本概念、基本定理、基本法则等形成结构体系，有助于数学知识的理解和储存，有助于记忆的长久保持，有助于学生对知识的灵活提取应用，做到触类旁通、举一反三。

其次，“求深”课堂指向数学学科文化，包括数学的思想、方法、数学语言、思维方式、数学家的足迹、数学审美、数学产生发展的历史、数学的广泛应用、数学的理性精神和人文情怀等。

（二）“求深”课堂怎么教

“求深”课堂创设合作探究活动的真实情境，以问题为导向，以渗透数学思想方法为目的，进行整体教学设计，引导学生的反思活动的教学；以学生为中心，经历“思维碰撞的过程”“暴露思维的过程”“建构模型的过程”，促进学生行为参与、认知参与、情感参与，全身心参与学习。

（三）“求深”课堂如何评价学习的深度

优化纸笔测试，增加数学思考、数学方法策略、学习情感价值观三个维度的测评。设计表现性评价任务，通过读数学、做数学、讲数学，评价学生对问题的理解水平，思维策略，态度、信心等。不仅评价学生“知道什么”，更要评价学生“能做什么”“做到什么程度”，构成“教—学—评”一体化的有机系统。

第三章

“导研互动”数学课堂的策略要点

第一节　以“整体”视角制订单元教学目标

一、现状

以课时为单位组织教学是数学课堂传统的做法，教师备课习惯以一节课为基础，“一课一备”“走一步想一步”是备课的常态，缺乏对学科知识结构性的关注，漠视课堂教学认知生成性的特征。

1. 教师备课缺乏整体视角

数学学科内容具有结构性、逻辑性，教材采用单元组织的形式，把同类型知识点编排在同一自然单元中，在不同年段采取拾级而上、螺旋上升的难度编排。当前，教师备课时对教学目标的关注普遍存在形式化倾向。单元目标只是贴在备课本里的“一张皮”，教师在进行某一课时的教学设计时，操作则是“另一张皮”。教师一般很少会考虑该课时内容在单元中的关系结构及知识脉络，各课时教学之间的联系松散，各自为政，从而削弱数学知识的内在联系，使教学碎步走，学习碎片化。

2. 教师对数学知识核心内容的认识不足

数学学科中的基本概念、基本计算法则、基本数量关系、基本数学思想方法等都是数学教学的核心内容。这些核心内容如同一根根中轴线，纵向贯穿于跨年段的同类型数学知识单元之中，起着穿针引线的关键作用。教师需要从宏观角度对单元核心内容进行重点把控，方能引导学生深刻理解数学核心知识，形成数学学科素养。当前，由于对数学知识核心内容的认识不足，绝大多数教师按照教学用书中的建议机械划分课时进行教学，导致课时教学用力平均，学习探究安排不合理，学生在学习历程中对核心知识、关键概念的体验不足，难以形成结构化的认知。

3. 课堂结构松散，“按部就班”

当前，大多数教师在授新课时按照“复习旧知—新知探究—练习巩固—练习巩固”的模式铺设教学步骤，在练习课和复习课中采用大量重复性的基础知识和基础技能训练填满课堂。这样的课堂结构，固然能使学生在稳定而充实的教学结构中扎实地掌握数学知识，但是不可避免地存在课堂结构松散，探究学习的开放性不够，学力提升的关注度不足等弊端，无法保障教学的生成性与深刻性。

单元整体教学要求教师跳出“走一步想一步”的微观视角，从整体单元视角对教学进行较为宏观的规划。

二、意义

《义务教育数学课程标准（2022年版）》指出：改变过往注重以课时为单位的教学设计，推进单元整体教学设计，体现数学知识之间的内在逻辑关系，以及学习内容与核心素养表现的关联①。

新课标倡导从“整体”角度进行教学目标与内容设计。“整体”视角的单元，不限于教材的自然单元，还包括内容、思想方法上呈现序列承接关系的结构单元。

小学数学单元整体教学，就是审视数学教材的自然单元，将有内在知识联系的单元内容构成整体，或以数学思想方法为主线组织专题类单元，确定单元教学目标、设计教学活动，并且根据学生的认知规律，组织系统化、科学化的课堂教学。通过单元整体教学，实现有限的课时内为学生搭建深度学习的平台，引导学生形成学习方法，培育数学核心素养。

“整体”视角的单元教学目标设计，是指在整体分析数学内容本质和学生认知规律的基础上，综合考虑知识之间的逻辑顺序和关系结构，合理整合教学内容，以单元的数学知识和核心素养表现来确定单元教学目标的过程。

三、依据

数学整体单元设计的依托是课程标准，目标是发展学生数学核心素养。从内容维度把握知识序列，设定知识技能目标；从过程维度统摄数学思想、方法策略，设定过程与方法目标；从情意维度挖掘数学文化、意识，设定态度与价值观目标。一线教师要站在整体高度，审视数学单元教学内容，挖掘数学本质，先对整个单元分析设计，后把单元内容合理分配到具体课时，进而在单元基础上进行具体课时的动态教学设计②。

---

①中华人民共和国教育部. 义务教育数学课程标准（2022年版）[M]. 北京：人民教育出版社，2022.

②侯学萍，陈琳. 小学数学单元教学的整体设计 [J]. 教学与管理，2018，10：43-45.

四、流程

“整体”视角的单元教学目标设计，可参考以下流程。

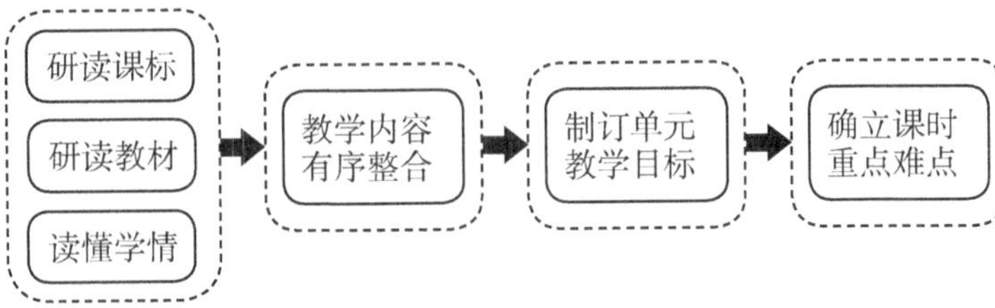

图3-1 “整体”视角的单元教学目标设计流程

在撰写单元教学目标的过程中，须做到研读课标、研读教材、读懂学生，“三读”结合。基于教材教法分析、学生学习基础和认知特点的分析，对教学内容做整体上的适当重组优化，更方便教师“用教材教”，学生“用教材学”。然后，结合对教学内容三维目标的梳理进行单元目标制订，在单元教学目标的规划下，进行课时教学重点、难点的分解。单元教学目标是全程导航图，课时目标是路标牌，教师只有站在“三读”的高度下整体规划，确定教学目标，单元教学才可到达预期的终点。

常言道：“教什么”比“怎么教”更重要。然而，对“教什么”的把握，往往不是一件容易的事。小学数学教材，是人类在漫长的生产实践、社会发展中沉淀积累形成的认识成果。解读教材，仅仅“读”教材的教学内容，是远远不够的。基于小学生数学素养的视角研读教材，应始于学生的认知规律和起点，梳理教材编排的结构，把握数学知识的本质内涵，读懂背后蕴含的数学思想。这是学生有效学习，核心素养落地的前提条件。下面以人教版五年级数学上册“确定位置”为例，谈谈如何读教材。

（一）研读课标

《义务教育数学课程标准（2022年版）》(以下简称“课标”）是解读数学教材和课程结构的纲领性文件，是教材编写、教学、评价的依据。“课标”应该成为每一位小学数学教育工作者的工具书，成为数学教学工作中的行动指南。然而，教学实践中数学“课标”被束之高阁的现象屡见不鲜，教师对“课标”理解偏差，造成数学素养无法落实的现状，也是不容忽视。“导研互动”课堂的单元教学目标设计，从研读“课标”开始。

2011年版课程标准对“位置”的教学有这样的描述：

在具体情境中，能在方格纸上用数对（限于正整数）表示位置，知道数对与方格纸上点的对应（例37）。

说明：需要先在方格纸上标明正整数刻度，希望学生能够把握数对与方格纸上点（行列或者列行）的对应关系，并且知道不同的数对之间可以进行比较。这个过程有利于学生将来直观理解直角坐标系。

关于“位置”的教学，2011年版课程标准还有明确的表达：一是在方格纸上标明正整数刻度；二是建立数对与点的对应关系。

2022年版课程标准对“图形的位置与运动”的学业要求有变化，指出：

“图形的位置与运动”包括确定点的位置，认识图形的平移、旋转、轴对称。学生结合实际情境判断物体的位置，探索用数对表示平面上点的位置，增强空间观念和应用意识。教学目标界定为：（1）能根据参照点的方向和距离确定物体的位置；会在实际情境中，描述简单的路线图，形成几何直观；（2）能在方格纸上用有序数对（限于自然数）表示点的位置，理解有序数对与方格纸上点的对应关系，形成空间观念。

综上，新旧两个版本的课程标准均对教学目标“有序数对与方格纸上点的对应关系”有清晰可见的阐述，2022版课程标准更明确提出了与该教学内容对应的数学核心素养培育点。可见，只要扎实地读“课标”，就能使数学素养有明确的落脚点。

（二）研读教材

知识之间有着千丝万缕的纵向联系，要研读教材的纵向联系和知识结构。数学素养视角下的教材解读，既要重视对各个知识点的理解，又要关注对教材整体结构的把握。以整体为本，理解各个知识点与整体的联系，形成知识网络，才能找到学生的最近发展区，为数学素养的落地服务。

在一线的教学实践中，对知识点进行点状教学、忽视知识整体联系的现象普遍存在。不少教师缺乏宏观意识，系统分析教材的能力薄弱，这是一个无法回避的问题。

为了准确把握“确定位置”在教材中的地位作用，以人教版教材为例，其知识结构梳理如下：

表3–1 “位置”教学内容结构列表

	教学内容	教学目标
一年级上册	第二单元　位置	认识“前后”“上下”“左右”的基本含义，初步感受相对性；会使用这些方位词描述物体间的相对位置。
三年级下册	第一单元　位置与方向（一）	认识八个方向；根据给定的东、南、西、北中一个方向，辨认其余的三个方向，用这些词语描述物体所在方向；知道平面图上方位的绘制方法，能解决简单实际问题。
五年级上册	第二单元　位置	认识数对，用数对（正整数）表示物体的位置；能在方格纸上用数对表示物体位置；知道数对与方格纸上的点存在对应关系。
六年级上册	第二单元　位置与方向（二）	根据平面上一个点的位置说出它相对于观测点的方向与距离，会根据一个点相对于观测点的方向与距离确定这个点的具体位置，会描述简单的路线图；通过方向与距离来表示平面上的位置，初步感受坐标法的思想。

关于“位置”，教材从低年段到高年段，由浅入深安排了四次螺旋上升的学习，逐步渗透和培养空间观念。低年级对物体位置的描述，借助生活经验，并以生活化语言为主；中年级逐步向规范的“方向”用语过渡；高年级学习数对的引入以及综合性、多维度的表示方法，使物体位置的确定由生活经验向数学表达转变，从而发展数学思维，培养空间观念，为学生将来学习平面直角坐标系、极坐标系、空间坐标系打下良好的基础。

“确定位置”属于小学阶段空间与图形领域中“位置与方向”的教学范畴，处于义务教育的第二学段，教学路径是把物体抽象成点，将点转化成数对，建立点与数对的关系。在第三学段，将学习用代数式表示点与点之间的关系。因此，本课既是第一学段用上下、前后、左右等描述物体相对位置的拓展，又是第三学段学习平面直角坐标系的基础，本节课在整个知识体系中起着承上启下的作用。本课中，对于数对的作用，如果学生的体会仅仅停留在为了表示生活中物体的位置，是远远不够的；让学生建立数对与点的关系，感知数对产生的价值，是课前思考的焦点。

（三）读懂学情

学生在低年级认识了上、下、前、后、左、右、里、外；在中年级学习了东、南、西、北和东南、东北、西南、西北八个方向描述物体的位置；队列中的物体位置用“第几排第几个”来表示，学生也积累了一定的生活经验，但是表达意识不强，思考不够全面。要精准表达物体的位置，表示物体的动态和运动中的位置，是将生活经验上升为数学表达，是思维方式上质的飞跃。因此，充分利用信息技术手段，启发学生观察、分析、思考、交流，多感观参与学习活动，是突破重难点的关键。

（四）联系辨读

出于尊重孩子的年龄特点，小学数学教材很多时候在呈现数学知识时，给数学知识穿上了“生活化的外衣”，将数学知识融合在现实背景或游戏活动中。这样的编写方式，在一定程度上给老师们准确把握知识本质增加了难度。

“确定位置”的内容看似简单，却蕴藏着更为丰富、饱满的数学价值，引入数对就是要认识平面坐标系，而平面坐标系的根本作用在于表示函数图像。

如果教师对教材解读表面化，在例1花费过多的时间，而对例2的处理不详，也就是“把物体抽象成点，将点转化成数对，建立点与数对的关系”这一过程交代不清，势必会干扰数学本质的揭示，对日后学习坐标几何等数学基本方法没有助益作用。

教材是教师教学的依据，是学生学习的材料，它凝聚了专家和一线骨干教师的智慧和心血。然而，“教材无非是个例子”（叶圣陶），既有亮点，也有不足。对学生而言，学习什么才是有价值的？作为学生学习材料的教材，编排方式是否顺应了学生的认知特点、所选素材是否有利于学生发展思维、学习形式是否有利于学生积累活动经验……以上种种，需要教师在教学中结合实际深入思考，还需要教师具备敢于创造性使用教材的勇气和能力。

以“确定位置”为例，本课要求学生在方格纸上标明刻度，弄清数对与方格纸上点的对应关系。但是，教材对以上目标的落实却存在明显的局限。纵观新课与练习，没有一道题目提出在方格纸上标刻度的要求；除了第20页“做一做”中的两道题外，综合练习中出现的几乎是清一色的“方块”与“数对”的对应关系：用数对表示方格，用数对标注国际象棋子所处的方块，用数对表示水果图片所处的方块位置等，都是不教自明的“常识”。最大的问题在于，此类练习无法概括出数形结合，对日后初中学习坐标几何等知识并无衔接功能。因此，教学中要以辩证的眼光研读教材，适当处理教材。

（五）明确单元教学目标

综上，笔者用“望远镜”对本节课的内容进行宏观把握，纵向联系了三个学段的知识脉络，做到了三个注重：一是注重信息技术的有效应用，化不见为可见，化静态为动态，为抽象为具体，从而激发探究欲望，启发数学思维；二是注重从学生已有的生活经验出发，从情境中发现问题、归纳问题从而建立数学模型；三是注重数形结合，通过形式多样的活动搭建数对与平面坐标图中点的一一对应关系，使抽象的知识变得直观而富于思维含量。

“确定位置”的单元教学目标确定如下。

知识技能：结合具体情境认识数对，并能在方格图上用数对表示位置，知道数对与方格纸上点的对应。

数学思考：经历确定位置的探索过程，由具体座位图抽象成用行、列表示的平面图的过程，渗透坐标的思想，发展空间观念。

问题解决：在丰富的现实背景中，获得提出问题和解决问题的感性经验，体验使用数对的必要性和简洁性，增强用数学的眼光观察世界的意识。

情感态度：感受数学知识的价值和数学文化的魅力。

五、“整体”视角制订单元教学目标操作例谈

那么，如何开展小学数学单元整体教学设计呢？下面以人教版数学教材六年级上册“认识比”为例，从单元结构分析、认知基础分析、形成整体序列三个维度展开阐述。

（一）单元结构分析——建构以核心概念为中心的逻辑结构

在“认识比”单元中，“比”无疑是单元核心概念，人教版教材对“比”的定义是：两个数的比表示两个数相除。从实验版教材“两个数相除又叫作两个数的比”到修订版教材“两个数的比表示两个数相除”，可见“两个数相除”与“两个数的比”既有联系，也有区别。比有自身的特点、意义和价值，修订版教材更加强调两个量之间的“倍比关系”。

单元结构分析，就是要明晰单元例题之间的教学路径，理清单元内容在不同学段的起源与发展。

1. 明晰单元各例题之间的教学路径

解读例题，了解单元内容各例题之间的教学路径，是一种解构行为。解读过程中，要思考以下问题：单元的核心内容、核心概念是什么？本单元一共有多少个例题？各例题之间有怎样的教学关系？例题的问题情境想表达什么？……

下面是人教版数学教材六年级上册“比”的单元例题分析。

表3-2 "比"单元例题分析

单元内容	课时	例题	内容	联系
比	第1课时	情境	比的意义	比的意义是本单元核心概念，比、比值和各部分名称，为本单元的学习奠基
	第2课时	例1	比的基本性质及比的化简	在推理验证中理解、掌握比的基本性质，并能正确地运用比的基本性质化简比，知道化简比和求比值的不同
	第3课时	例2	按比分配	运用比的意义，解决按照一定的比进行分配的实际问题，提高解决问题的能力
	第4课时	练习十二	整理复习	整理复习的功能主要是对学习过程和学习内容进行阶段性回顾与整理

分析教材中例题之间联系及教学目标，有利于教师整体规划课时，制订具有联系、结构化的教学目标。

2. 理清单元内容在不同学段的起源与发展

审视与研读知识在单元、年级、学段的分布，意在了解整个小学阶段"比"相关内容的呈现序列，梳理知识之间的起源与发展。下面以人教版数学教材"比"及其相关知识学习为例，说明其在不同学段的起源与发展。

表3-3 "比"及相关知识序列

模块	学段	年级	单元内容	教学序列	起源与发展
比及相关知识	第一学段	二下	表内除法（一）	除法的初步认识	起
				除法各部分名称及含义	
				用2—6乘法口诀求商	
				问题解决	
			表内除法（二）	用7—9乘法口诀求商	
				问题解决	
		三上	倍的认识	求一个数是另一个数的多少倍	
				求一个数的几倍是多少	
				问题解决	
			分数的初步认识	几分之一	承
				几分之几	
				分数的大小比较	
				分数的简单计算	
				问题解决	

续表

模块	学段	年级	单元内容	教学序列	起源与发展
比及相关知识	第二学段	四下	四则运算	加、减法的意义和各部分的关系	承
				乘、除法的意义和各部分的关系	
				括号	
		五下	分数的意义和性质	分数的意义	
				分数与除法	
				真分数与假分数	
				分数的基本性质	
				最大公约数与约分	
				最小公倍数与通分	
				分数与小数互化	
		六上	分数除法	倒数的认识	
				分数除以整数	
				分数除以分数	
				分数混合运算	
				问题解决	
			比	比的认识	转
				比的基本性质	
				比的化简	
				按比分配	
			百分数（一）	百分数的意义	拓
				求百分率	
				百分数的应用	
		六下	百分数（二）	成数	
				税率	
				利率	
			比例	比例的意义	
				比例的基本性质	
				解比例	
				正比例与反比例	
				比例尺	
				图形的放大与缩小	
				问题解决	

（1）起——“比”起源于除法与“倍”

两个数的比表示两个数相除。追溯到二年级下册“除法的初步认识”，除法意义中的“包含除”的商，表示的就是两个数的比，如把8条红金鱼每2条放在一个鱼缸里，需要几个鱼缸？这正是两个同类量的比的原型。

“比”既表示同类量的比，又表示不同类量的比。其中，同类量的比和“倍”有着密切的关系。例如鸡有10只，鸭子有15只，可以用15÷10表示鸭子数量是鸡的多少倍，也可以用15比10表示鸭子数量与鸡的只数比；可以用10÷15表示鸡的只数是鸭子的几分之几，也可以表示鸡的只数与鸭子只数的比是10比15。可见，“比”起源于除法与“倍”。

（2）承——分数相关知识是“比”的重要承托

从“分数的初步认识”到“分数的意义”，再到“分数除法”，通过两年的学习，学生逐步理解分数意义和性质，也能够联系分数的含义解答求一个数是另一个数的几分之几等实际问题，这些都是学生理解比的知识的重要承托。通过分数相关知识的学习，有助于学生沟通分数、除法与比的联系，丰富和加深对分数和除法的理解，进一步提高分析和解决实际问题的能力。

（3）转——迁移转化是学习“比”的关键

“比”借助除法之势，由“倍”导入，通过迁移转化为两个同类量的比，进一步推广至不同类量之比。但是“两个数相除”与“两个量的比”并不等价，表现为：一是除法中的包含除有“比”的内涵（两个同类量的比），而均分除只指向一个量，不含有“比”的内涵；二是“比”是两个变量之间的不变关系，重点表现一种状态，而除法是一种运算，趋向运算的形式和结果，“比”只有求比值时才利用除法进行运算；三是“比”与除法均源于度量，如长度、面积、时间等都可度量，量与度量单位的度量结果表现为“比值”或“商”，同时，“比”还可以表示浓度、颜色、质地等不可度量的比，即两个不同类量的比。

（4）拓——“百分数”与“比例”是“比”的拓展与深化

“比”可以扩展为变量之间的正比例函数关系，而“百分数”的学习，又使除法、分数、比、百分数、比例形成了紧密的关系网，让我们看清了“比”的前世今生。

从整体上理清单元内容在不同学段的起源与发展，有助于教师建立知识之间的联系，形成教学中的概念结构、方法结构、思想结构，进一步揭示教学规律，走向深度学习。

（二）认知基础分析，建构“学为中心”的认知结构

美国认知教育心理学家奥苏贝尔曾说过：如果不得不将教育心理还原为一条

原理的话，我将会说，影响学习最重要的原因是学生已经知道了什么，我们应当根据学生原有的知识状况进行教学。

学生不是带着零认知走进课堂，他们已有的知识背景、数学活动经验和对生活现象的理解等因素将会影响学习的效果，这就需要教师密切关注学生的认知基础，并据此展开有针对性的教学活动。要了解学生的认知基础，不能仅仅依靠过往教学经验，还需要一定的调研。常见的调研方式包括学前测试、访谈、课堂观察、作业分析等。

以“认识比”为例，我们采用了访谈的方式对40位六年级学生进行前测。测试题目是：

1. 你知道“比”吗？举例子说说生活中见过的“比”。

2. 下面两杯蜂蜜水，哪一杯更甜？你是怎么判断的？

第一杯：蜂蜜20mL，水80mL

第二杯：蜂蜜10mL，水40mL

3. 下面两个比，有什么差别？

足球赛比分是1∶0　　　　蜂蜜与水的比是1∶4

第1题测试结果显示，约68%的学生能列举“比”的例子，24%的学生列举了体育赛事的比分，还有约8%的学生把“比”与“比例”混为一谈。第2题，只有15%的学生能说出蜂蜜与水的“比”，用“比”解决问题；另有32%的学生利用分数的知识解答；约有20%的学生用差比关系解决问题；37%的学生无法解决问题。第3题，只有5%的学生能联系“倍比”“相除”关系解释这两个比的差别。

从以上测试数据可见，学生对“比”的认识绝大多数停留在生活层面，对“比”的意义缺乏清晰的本质的认知。在新授教学中，教师应摒弃过去对“比”概念的字面形式解读，着力解决两个问题：（1）引导学生理解“两个数相除”与“两个数的比”之间的区别与联系；（2）体会为什么要学习“比”，体会“比”的本质与价值。在这一过程中，从“除法—份数—分数”大单元关系结构中，突出“每一份相等”“份数对等”的关系尤为重要。

（三）形成单元整体教学序列，建构深度学习的序列结构

在单元结构分析、认知基础分析的基础上，可以揭示重构整体教学序列的必要性。在单元整体教学背景下重构教学序列，以“双关联”铺陈深度学习的路径，用课型的重新规划搭建“学为中心”的课堂格局，从而提升整体效益，落实深度学习。

1. 以“双关联”铺陈深度学习的路径

认知心理学家布鲁纳认为：“学习就是认知结构的组织和重新组织……只有抓住联系，才能更好地把握结构、理解结构、生成意义。”以“双关联”铺陈深度学

习的路径，一是指把儿童的认知规律和数学知识逻辑顺序相关联，二是实现数学知识内在本质的有效关联。

把儿童的认知规律和数学知识逻辑顺序相关联，就是在重构教学序列时，要关注数学知识的生长点和连续性，也要关注儿童的认知基础和经验基础，理清认知序列，找到促进自主建构、激励思维生长的有效通道，实现知识逻辑顺序与儿童认知序列匹配程度的最大化。

实现数学知识内在本质的有效关联，就是依据教学目标，对知识的呈现和编排作系统化的处理，使之由易到难、层次分明、由简到繁，在知识的广度和深度上给学生提供探索的空间。

2. 整体规划课型搭建“高阶思维”的课堂格局

搭建“高阶思维”的课堂格局，有时候需要重新整合学习材料，重组教材原有序列；有时候需要调整教学进程，调整教学内容的呈现方式，形成整体教学序列。呈现方式上，我们把整个单元重新规划为导学课、主题研学课、精练课、整理拓学课四种课型（见图3-2）。

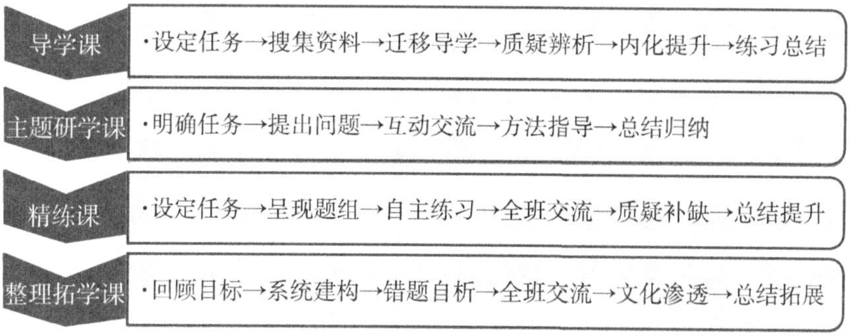

图3-2 单元整体教学课型规划图

导学课侧重于整体了解学习目标和确定学习任务，通过目录浏览、搜集资料、导学解疑等方式展开，以攻破核心概念、单元承重知识点为目的。主题研学课侧重于借助学习主题深入体验知识应用，以培养问题解决意识与能力为目的。精练课通过任务引领、题组精练、质疑补缺等方式展开，以培养想学、会学的学习主体为目的。整理拓学课侧重于知识系统整理和认知建构，强调“关联、文化、发展”的建构要求，以培育数学高阶思维为终极目标。

根据上文对“认识比”的单元结构分析和学习基础分析，重新整合学习材料，优化教材原有序列，结合单元整体教学的课型结构，对该单元教学序列作重新整合如下：

表3-4　统整后序列

课型	教学内容	设计意图	课时
导学、精练课	除法与比	从“同类量”的比到“不同类量”的比，实现由“倍”扩展为“相除关系”，实现了“比”“除法”“分数”概念之间的关系沟通，实现知识的贯通理解，为本单元的学习奠基	1
导学、精练课	商不变性质与比的基本性质	比的基本性质与商不变性质、分数基本性质有着内在的联系，本课时通过架起新知与旧知的结构之“梁”，促进学生主动联结、自我建构，实现知识结构化	1
主题研学课	蜜糖水中的数学	按比分配，实质是在解决问题中加强对比的意义的再认识，是对“比”表示量与量之间关系的再认识。选取贴近学生实际的情境，重视转化为分数乘除法问题，创设多元的思维路径和策略方法，体会多角度的数学思考和转化的思想方法	1
整理拓学课	历史文化中的“比”与知识树中的“比”	重在渗透数学文化，对学习过程和学习内容进行有重点和针对性的回顾，以知识树为载体，突出自内而外的自主建构，使学生形成方法结构、认知结构，实现思维结构化	1

通过统整，优化编排，新序列与原有教材序列课时相同，但是每课时的知识内容不尽相同。以“除法与比”作为单元引入，导学课紧扣“倍比→两数相除→两数的比”主线，引导学生贯通理解“比”的含义；以“商不变性质与比的基本性质”深度剖析除法与比的密切联系，进一步形成知识网；以“蜜糖水中的数学”作为主题研学，体会比的应用；以“历史文化中的比与知识树中的比”整理知识结构，拓展“比”的容量，培育学习意识与能力。

实践证明，统整课型以数学知识展开序列为依托，从联系中找新旧知识的切入口，强调了数学知识结构的形成；单元整体教学设计加强了自主学习、深度学习，彰显归类与概括、应用与感悟、提炼与内化，为高阶思维的养成提供了良机。

小学数学单元整体教学指向教师整体性、模块化的教学，指向学生自主性、结构性的学习。以单元整体教学策略触动深度学习的发生，前提依然是教师做到精准分析学情，科学制订单元整体目标，精心选择教学策略和方法，整体设计教学过程和评价。如是，可达成对学生整体思维和结构化思维等高阶能力的培养，使学习触动心灵、提智强能。

（本篇内容发表于《天津教育》，有节选）

案例

"小数的意义和性质"单元教学设计[①]

(一)研读课标

"小数"系列知识在数与代数领域的各阶段教学目标分析

年级	教学内容	教学目标定位	单元教学目标
三年级	小数的初步认识	唤醒学生经验中的小数;初步感知小数与分数之间的联系	(1)结合购物、测量等具体情境理解小数的意义,体会小数的特征,感受到小数的计数单位更小,更精准;在理解小数和应用小数的过程中培养数感。 (2)能认、读、写简单的小数,掌握比较小数大小的方法。 (3)结合购物情境,探索简单的小数加减法的算理和算法,能够解决简单的生活问题。 (4)将具体情境和小数相结合,培养学生求真务实、乐学善学的意识。
四年级	小数的意义和性质	追求小数概念的数学理解;建立"小数是十进分数的另一种表现形式"的概念	(1)把小数和分数联系起来,帮助学生进一步理解小数的意义,初步构建计数结构;会读写小数,掌握比较小数大小的方法,培养数感。 (2)了解小数的性质,并能够根据性质对小数进行改写;探索小数点位置移动引起小数大小变化的规律,并能够应用规律解决运算、单位换算等简单问题;能够结合计数单位对性质和规律做出解释,培养抽象能力。 (3)了解小数的换算以及求近似数的方法和价值,能够解决简单的问题,发展应用意识,进而培养学生学会学习的意识,提升科学精神和实践能力。
四年级	小数的加减法	感悟小数加减法的本质与整数完全一致,即相同计数单位相加减	(1)在具体情境中引导学生自主探索小数加、减法的计算方法,并能正确地进行加、减及混合运算。 (2)使学生经历计算、比较、归纳、推理等活动,理解整数运算定律对于小数同样适用,并会运用运算定律进行一些小数的简便计算,进一步发展学生的数感,增强计算的灵活性。 (3)使学生体会小数加、减运算在生活、学习中的广泛应用,进一步体验数学与生活的联系,感受学习数学的意义和价值,增强学习数学的信心。

①此案例由江门市蓬江区棠下镇桐井小学周燕老师提供。单元来源:人教版四年级下册第四单元。

续表

年级	教学内容	教学目标定位	单元教学目标
五年级	小数的乘除法	感悟小数乘除法的本质是相同计数单位的累加和细分	（1）使学生理解和掌握小数乘、除法的算理和计算方法，能正确进行计算和验算。 （2）使学生掌握用“四舍五入”法截取积（商）是小数的近似值，能根据实际情况合理运用“进一法”和“去尾法”截取商的近似值。 （3）使学生理解整数乘法运算定律对于小数同样适用，并会运用这些定律进行小数乘法的简便运算。 （4）让学生在解决有关小数乘法的简单实际问题过程中，理解估算的意义，初步形成估算意识，提高解决问题的能力。 （5）让学生经历自主探索小数乘法计算方法、理解算理和解释算法的过程，体会转化的数学思想，初步培养学生学习的迁移能力和推理能力。 （6）使学生初步认识循环小数、有限小数和无限小数，能借助计算器探索规律，并应用规律解决问题，能应用小数除法及其他运算解决一些实际问题。

（二）研读教材

教材地位作用

从数学知识体系的纵向来看，本单元内容是在一年级学生认识人民币时初步接触小数、三年级“分数的初步认识”和“小数的初步认识”的基础上进行教学的，是学生系统学习小数的开始。从数学知识体系的横向来看，小数的知识设置在四年级的下学期，学生已经完整地学习了自然数的知识、学习了整数的四则运算，在四年级的“数与代数”内容中处于重要地位。

单元数学目标

（1）理解小数的意义，认识小数的计数单位，会读、会写小数，会比较小数的大小。

（2）掌握小数的性质和小数点位置移动引起小数大小 变化的规律。

（3）会进行小数和十进复名数的相互改写。

（4）能够根据要求会用“四舍五入法”保留一定的小数数位，求出小数的近似数，并能把较大的数改写成用万或亿作单位的小数。

（5）结合生活情境，感受生活中的数学，学习生活中的数学，解决生活中的数学问题。

（6）在交流、合作中体验学习数学的乐趣，培养学生独立思考，积极向上的数学热情。

单元知识结构

小数的意义和性质

教学内容	教学要点
①小数的产生和意义（例1）	了解小数的产生，认知小数的计数单位及相邻两个计数单位的进率
②小数的读法和写法（例2、3、4）	通过情境的创设，结合整数帮助学生掌握小数的数位顺序，会认、读、写小数。培养学生类推、比较的学习方法
③小数的性质（例1、2、3、4）	通过创设生活中的情境，帮助学生明确小数中0的作用及含义。发现其规律特点，并能运用此规律解决生活中问题
④小数的大小比较（例5）	运用数学知识解决生活中的问题,培养学生的数学思想
⑤小数点移动引起小数大小的变化（例1、2、3）	明确小数点的移动所带来的变化，引导学生合作、交流、探讨，从而完成发现问题→理解问题→解决问题的过程
⑥小数与单位换算(例1、2)	运用小数点移动引起小数的大小变化来解决问题，完善学生学习数学的过程，培养学生的数学情感
⑦小数的近似数(例1、2、3)	丰富四舍五入法的学习，结合学生已有知识经验引导学生交流合作完成，培养学生合作学习的意识，体验数学乐趣

（三）学情前测

1. 教师调查

找近两年教过四年级的老师，既要找教学经验丰富的，也要找教龄不长的年级教师，询问在这个单元的学习中，学生会出现哪些学习上的困难和普遍的错误，教师在教的过程中有什么困惑和疑难。

2. 学生调查

通过问题调查了解学生对所学内容的知识基础和生活经验，以及学习过程中可能遇到的困难等。

对学生已有生活经验的调研

题号	内容:填空
(1)	8.4元=(　　)元(　　)角
(2)	0.25元=(　　)角(　　)分
(3)	24元7角8分=(　　)元
(4)	5角=(　　)元
(5)	6分=(　　)元
(6)	小红身高1.6米,1.6米=(　　)米(　　)厘米
(7)	3分米=(　　)米
(8)	47厘米=(　　)米

对学生已有知识经验的调研

题号	内容:填空
(1)	$\frac{7}{10}$还可以写成(　　)
(2)	$\frac{39}{100}$还可以写成(　　)
(3)	0.53还可以写成$\frac{(\quad)}{(\quad)}$
(4)	0.8还可以写成$\frac{(\quad)}{(\quad)}$

教师和学生的问题大部分是具有共性的，根据掌握中的信息，在备课中加以考虑，在教学中提前干预，有的放矢地制订相应的教学目标，设计合理的学习路径。

（四）课前思考

1. 小数的存在意义

从数学发展的过程来看，历史上是先产生分数再出现小数的，两者都表示不足整数的情形。那么既然已经有了表示不足整数的分数，为什么还要创造小数呢？这就涉及小数的存在意义。巩子坤教授说过这样的一段话：“《九章算术》里面用的都是分数，没有出现小数。人类的测量活动，最先产生的也是分数、无理数，而不是小数。小数的出现，要比分数晚得多。小数可以说是人类按照自然数的十进制计数原则创造出来的数，它具有十进制自然数的所有特征，也满足十进制自然数的运算法则，因而用起来十分方便。”这也是为什么各版本教材都是先编排分数的初步认识，让学生积累一定的认知基础以后再来学习小数的原因。由此我们可以认为小数的产生和存在意义是：小数是通过十进制记数法，将不整的情况转化成如同整数一样的书写形式，便于计算和运用。这里包括两个方面，一是十进制计数法，二是书写形式。

2. 关于知识的联系

数学知识有着脉络清晰的逻辑起点，它不是一个个单独的个体，而是由无数的知识点串成的知识体系，在不同的知识点中，都能找到连接新旧知识的生长点。

“小数的意义”这一知识的生长点在哪里？它与已有的哪些知识有密切联系？从教材编排上看，人教版教材首先在三年级上册安排了“分数的初步认识”，又分别在三年级下册与四年级下册安排“小数的初步认识”与“小数的意义”，这两阶段的“认识小数”相对应的认知水平要求是明显不同的：“小数的初步认识”是结合具体情境直观地认识一位小数的含义，借助具体量来初步感知小数与分数间的关系，从而唤醒学生经验中的“小数”。在我的理解中，我更愿意把“小数的初步认识”当作系统学习“小数”的准备课。因为“小数的初步认识”一课还没有真正切入到小数的本质内涵上来，更侧重于为学生呈现经验认识的东西，这种认识仅仅是一种直观层面的连接，不具有结构化与抽象归纳的特征。

到了第二学段“小数的意义”则是系统学习小数知识的起始课，本课虽然也强调结合具体情境，以丰富的感性材料作支撑，但绝不仅仅停留于此，而是在认知水平上要求通过抽象与概括，关注数学知识的内在逻辑结构，构建完善的小数模型，帮助学生建立“小数是十进分数的另一种表示形式”的概念，即“一位小数表示是十分之几的分数，两位小数表示的是百分之几的分数，三位小数表示的是千分之几 的分数……”(注：小学生认识小数之初，小数只指有限小数，本文所指的小数，都是有限小数）。这是追求“小数”概念的数学理解。

基于以上分析，对于四年级下册“小数的意义”的教学，教师应当把握：注重小数的数学层面上的理解，引导学生从三年级的“情境认知”上升到“数理认识”的水平。

3. 关于知识的本质

小数并不是由分数改写而产生的，而是自然数的十进位值制计数规则加以扩展的结果。也就是小数以“1”为基本单位，计数单位向大的方向延伸得到单位为十、百、千……的整数，而向小的方向延伸得到计数单位为0.1（相当于1/10）、0.01（相当于1/100）……的小数，所以小数本质之一是十进制数，是对整数的延伸。此外小数也是一类特殊的分数，是分母为10的n次方的分数的另外一种表示形式，由此也兼具了分数等分的特征，因此小数的数学本质也是单位的细分。

4. 怎样教学才能让学生深刻理解小数的意义

学生对数学概念的理解程度有肤浅与深刻之分。如果仅仅知道“分母是10、100、1000……的分数可以用小数表示”这句结语，学生的认识是肤浅的。只有在遇到陌生的、富有挑战性的问题时，学生能够主动地尝试从意义出发进行分析，进而解决问题，才是深刻理解概念的标志。如果让学生解决“0.3 元=（ ）角”，显然无法检测学生是否已经深刻理解了小数的意义。因为解决这一问题，学生主要依赖的是生活经验。但如果让学生解决“0.3小时=（ ）分”，那么学生必须借助小数的意义，这样才能检测出学生对概念的理解程度。怎样教学才能让学生深刻理解小数的意义呢？

笔者认为，学生的概念学习需要经历一种经验性的活动过程。在小数意义的建构过程中，教师应该引导学生亲自操作和体验中主动沟通小数与十进分数的联系，让学生经历利用直观模型进行单位细分、寻找小数的过程，理解计数单位与位值的意义。

（五）教材对比

1. 对人教版教材的分析

教材借助米尺这一实物，根据米、分米、厘米的十进关系，让学生初步理解“1”与一位小数、两位小数、三位小数之间的十进关系。接着在“做一做”里，通过对线段、正方形10等分、100等分，让学生写出分数和小数，借助不同的图形观察发现：只要是把一个整体平均分成10份、100份，都可以用分母为10、100的分数或者一位小数、两位小数表示，借分数沟通小数的十进关系。教材呈现层层递进的状态，让小数的十进关系在逐步抽象中明晰。米尺可以直观表现十进关系，作为“小数的意义”学习的材料是合适的。

要注意的是，第一学段小数的认识用的是米尺，第二学段也用米尺，学生在学习过程中，容易产生一种印象：小数是分数的改写，小数可以转化成分数，而无法准确抽象概括出小数的意义。因此，在教学中，教师可以在长度单位这一实物模型外，于适当阶段辅以另一种素材以加深学生对意义的理解。例如，拓展到面积模型（正方形）、数线模型（数轴）等，来对小数的模型进行抽象概括，在对分数认识的基础上引申出小数的意义，打通小数和分数之间的联系。

2. 对北师版教材的分析

与人教版教材相比，北师版教材也提供了“元角分”和长度的学习材料，但后续采用的是建立在现实情境基础上抽象的图形表征。思维层次上明显提高了要求，增强了思维的挑战性。如让学生独立探究“在1张正方形纸片上表示0.1”。这是沟通小数与分数关系的关键活动，也是学生从直观经验上升到数学理解的重要过程。但本操作过程需要有两个层面知识和思考能力的支撑：

一是对小数与分数之间关系的初步认同；二是分数意义的初步理解，即能够以实物或图形表示出某个分数的能力（此处是把一张正方形纸片平均分成10份）。因为本活动是在课的起始部分就进行了，对学生的思维来说具有很强的挑战性。第二个思维活动落在“思考0.01如何在正方形纸片上表示出来”。这是一位小数到两位小数的扩展，是深入理解小数意义的又一关键活动。而当需要学生思考“1里面有几个0.1，有几个0.01；0.1与0.01有怎样的关系”等问题时，虽有直观图形作支撑，但更多是数学层面上的抽象分析与思考，对学生思维的挑战性更强。

正方形模型的使用与人教版三年级“小数的初步认识”时所使用的素材有了层次上的区别，更为普遍与抽象。值得注意的是，如果在学情前测中体现出学生已经遗忘了小数与分数的关系，那么“表示0.1那样大的一块”就会缺少了必要的认知支撑，导致无所适从。因此教学中就要为学生提供思维的支撑点，退回到孩子已有的经验中来，例如：用这张正方形纸代表1元，要表示0.1元那样大的一块，你认为该怎么做？这样，学生就可以借助熟悉的“1元=10角”的知识，来表示“0.1元那样大的一块”，从而让新知与旧知顺利对接。

3. 两版教材的练习分析

两种版本的教材的练习中，北师大版教材反复出现了带小数，这是对前面探究内容的补充与完善，也是对学情前测中的问题的铺垫。人教版教材在练习中出现了“线型模型”——在数轴上表示所列小数，为学生的后续学习提供了支撑。

（六）重组教材

人教版教材以米尺作为学习素材帮助学生理解小数的意义，学生能直观清晰地观察到每一个具体的小数与十进分数的关系，学习相对顺利。但这种“顺利”

的背后没有了学生动手操作、亲身体验“做”小数的过程；让其感悟小数是不断累加计数单位而成的，没有给学生提供思考的空间。特别是在探究计数单位和相邻计数单位之间的进率时，教材没有任何的提示，直接显示知识点，留给教师思考的余地和空间。

如何对教材进行整合，创造性地开发和运用教材，帮助学生理解计数单位和相邻计数单位之间的进率，让静态的教材内容转化为动态的探究过程呢？笔者倾向于采用直观图——正方形的面积模型这一素材，即在表示整数“1”的正方形中，思考“1里面有几个0.1，0.1里面有几个0.01”的问题，进而理解相邻计数单位之间的进率是10。

接下来要思考的问题便是：能否用同一个可结构化的学习材料（面积模型的直观图），将三个知识点（小数的意义、计数单位、计数单位之间的进率）连点成线、有机结合呢？从知识联系的角度来看，由于小数实质上是十进分数的另一种表示形式，所以选择面积模型也能够沟通小数和十进分数的本质联系。因此实际教学中以北师大版中正方形的面积模型为素材，让学生在发现十进制的自身规律和内在结构的基础上进行系统化、结构化的学习，然后将人教版的米尺素材放入基础练习，进一步凸显核心概念的普适性和引领性。此外还可以在人教版原有练习中补充北师大版的带小数的模型练习。

基于以上思考，在整体遵循教材逻辑顺序的同时，进行适当的整合与拓展，形成本单元整体框架：

课时	整合前	教学要点
1	小数的产生和意义	了解小数的产生，认知小数的计数单位及相邻两个计数单位的进率
2	小数的读法和写法	通过情境的创设，结合整数帮助学生掌握小数的数位顺序，会认、读、写小数。培养学生类推、比较的学习方法
3	小数的性质	通过创设生活中的情境，帮助学生明确小数中0的作用及含义，发现其规律特点，并能运用此规律解决生活中的问题
4	小数的大小比较	运用数学知识解决生活中的问题，培养学生的数学思想
5	小数点移动引起小数大小的变化	明确小数点的移动所带来的变化，引导学生合作、交流、探讨，从而完成发现问题→理解问题→解决问题的过程
6	小数与单位换算	运用小数点移动引起小数的大小变化来解决问题，完善学生学习数学的过程，培养学生的数学情感
7	小数的近似数	丰富四舍五入法的学习，结合学生已有知识经验引导学生交流合作完成，培养学生合作学习的意识，体验数学乐趣

课时	整合后	教学实施建议
1	小数的意义	（1）唤醒旧知，借助直观模型图理解一位小数、两位小数的意义 （2）迁移类推，借助直观模型图理解三位小数的意义 （3）与整数计数沟通联系，构建认数体系
2	小数大小比较小数的性质	（1）小数大小比较——探求本质，构建联系 （2）小数的性质——比较中猜想，直观中验证，归纳中总结 （3）小数的改写和化简——联系实际，巩固拓展
3	小数点移动引起小数大小的变化	（1）观察、比较、分析、交流，在解决问题中初步感知规律 （2）借助经验，迁移类推，交流、总结、归纳规律 （3）运用规律解决问题，应用规律，感受规律的价值 （4）寻根问底，探寻原因——“计数单位变了，但计数单位的个数没有变”
4	小数与单位换算	（1）以解决问题为目标，感受统一计量单位的必要性 （2）迁移、转化，探究单名数与复名数之间的互化 （3）联系计数单位，梳理知识——“计量单位变了，计量单位的个数也发生了变化”
5	小数的近似数	（1）在认知冲突中猜想尝试，在迁移类推中寻找方法 （2）反思质疑，借助直观图寻找近似数的取值范围，理解精确度 （3）分层练习，巩固算法，解决问题，感受小数近似数的意义

（七）核心活动设计

活动一：在数的体系中认识小数

活动主旨是“准确定位——以进率模型建立小数与十进分数之间的联系”。做法是将小数放在数的体系中，让孩子们感受到数之间的联系与区别。通过“1”与“0”两个数字的变化，将整数系列中的十进制、数位、位数等知识激活，并顺利地迁移到小数。

活动二：在数形结合中认识小数

活动主旨是“凸显核心——以计数单位为核心丰富认数的经验”。做法是以数形结合的方式，将小数具体化、形象化，并让学生在相互比较与寻找联系中感受，在不同中看到相同，在变化中看到不变，能有效地促进学生的理解。

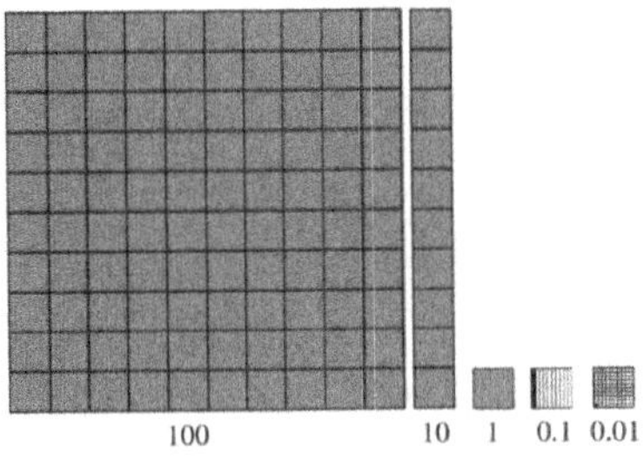

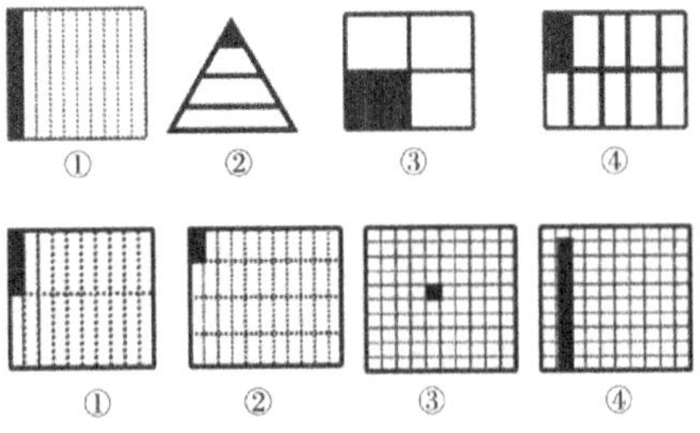

第二节 以“问题”驱动学习探究的进程

法国自然主义教育家卢梭认为：“儿童天生就具有探究问题的欲望，教师应该把学生引入问题边缘，鼓励学生自己去思考，从而培养学生思维能力和解决问题的能力①。”这就是说儿童拥有与生俱来的探究世界的欲望。建构主义理论认为，主体要想完成对所要学习的知识进行意义建构，就要求达到对这类知识所体现的事物本质和规律进行深入理解，意味着让学习者进到现实生活中去体验，而不是仅仅靠聆听他人对该类经验的总结和介绍。

复旦大学数学系张荫南教授（2004）提出问题驱动数学，并且指出问题驱动中的问题并不是练习题或实际问题，它是朴素的、原始的、简单的，能推动数学家去创造数学的本原性的问题。

同理，“导研互动”课堂中的“问题”，不仅仅限于一道题目或一个实际问题，而是以“核心问题+问题串”形式存在的问题情境。教师设置问题情境，将教学内容设计成“核心问题+问题串”，把学生带入问题边缘，通过引导学生解决问题，培养独立思考和解决问题能力。

一、问题的特征

（一）关键性

“导研互动”课堂中的“问题”具有关键性，是教学过程中最具思维价值、最有利于深度学习及最能揭示数学本质的问题。它既可以是教师针对数学知识的本质内涵所提的问题，也可以是为学生指明探究知识的路向，而在关键环节中提出的导向性问题，还可以是教师在学生认知歧异处所进行的追问性问题。围绕核心问题开展“导研互动”教学，才能起到牵一发而动全身的教学效果。

例如，在设计“认识百分数”一课的问题时，我们可以先找到其核心问题——百分数是特殊的分数，既然有了分数，为什么还要学习百分数呢？这个核心问题包含了本课的重点、难点：百分数与分数有什么异同？分数对学生来说是熟悉的，百分数也是生活中常见的。两者的异同，是学生容易忽略或是思考浅表之处。本课的任务就在于通过给予充分的思考探究空间，引导学生从观察写法、读法、书写形式的不同，聚焦两种数本质意义的联系与区别转化，从而深化理解百分数的特殊所在——只能表示倍数关系，而分数既能表示倍数关系也能表示具体数量。

（二）情境性

在“导研互动”课堂中教学中，问题情境直接影响问题的质量，恰当的问题情境能够激发探究的兴趣，有利于学生主动理解、分析问题，恰当的问题情境是

①熊梅.启发式教学原理研究[M].北京：高等教育出版社，1998：69.

“导研互动”课堂教学的前提条件。因此，问题应注意与现实生活相联系，与已有的数学活动经验相适应，与教学目标相匹配。

例如“平均数”一课，本课是在学生已经具备一定收集和整理数据能力基础上进行学习的。平均数来源于生活，也服务于生活，从生活实例出发，让学生充分体会平均数产生的必要性，显得尤其重要。我们先从学生喜欢的投球比赛入手，创设三（1）班和三（2）班的“1分钟投篮挑战赛”情境，并设计两次人数不同的赛事，提出问题：假如你是裁判，会如何裁决比赛的胜负？

（1）投篮人数相同时，1班胜还是2班胜？

（2）投篮人数不同时，又怎么分出胜负？

“学起于思，思源于疑”，通过情境性问题的创设，激发学生的探究欲望。引导学生对三种裁决方法进行比对优化：用投球数最多的同学成绩进行比较，还是用投球数最少的同学成绩进行比较？又或是用总数或平均数进行比较？由此深度理解：在人数不同的情况下，平均数最能代表整体情况，使学生切实感受到用求平均数的方法来解决问题的合理性，也产生了学习“平均数”的需求。

（三）层次性

问题设计除了要考虑关键性和情境性，还需要有梯度，即层次性。这是从思维角度考虑的。教师要关注问题设计层次的理据，以课程目标、单元目标、课时目标分解为基础，分析学生在面对新知学习时思维的层次及特征，方能设计具有层次性的问题，对学生的思维产生引导、启发和提升。具体做法是将课时学习目标分解成若干个小目标，每个小目标以关键问题形式呈现，即支架问题。每个支架问题再分成若干个子问题，使学生通过尝试、探索、实验、合作、交流等，解决一个个问题，最终沿着问题支架一步步攀升，在问题探究的过程中建构新知识。如“长方形与正方形的周长”一课的问题支架。

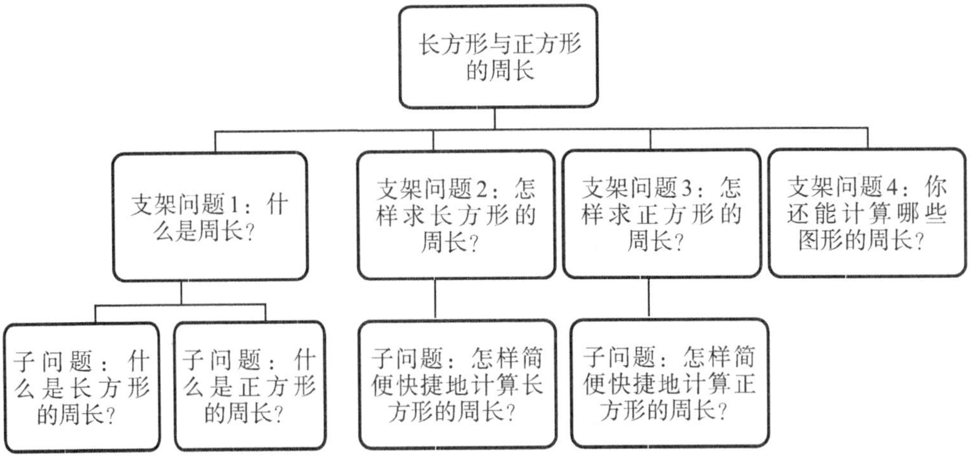

图3-3 “长方形与正方形的周长”问题支架

（四）开放性

开放性强调在设计问题时，要给学生的能力发展空间留白。要注重问题设计中的“可拓展点”，使学生有创造的机会，使不同的学生根据自身认知条件和需求，借助“可拓展点”做进一步的发挥与完善。

例如“负数”一课，由于负数在生活中大量存在，学生对负数已经有了相当的经验储备。因此，本课的问题设计首先是经验的唤醒与激活：“关于负数，你已经知道些什么？”通过交流与分享，一一激活学生已有的经验储备，生活中的负数的基本含义，负数的读法与写法等，都在这一过程中逐步解决。

其次是意义的表征与建构：“你能用自己喜欢的方式，表达对3个“-3”的理解吗？”由于学生对负数的现实意义已经有了一定的积累，如何引导学生从负数的现实感受上升为数学理解，借助一定的数学方式呈现出自己的思考，是本节课的教学重点，也是学生自我建构负数意义的主要载体。事实证明，这样的问题虽然开放，且具有相当的挑战性，但学生借助独立思考，调动原有的生活经验和数学经验，加以小组内的相互分享和对话，完全可以胜任这样的学习任务。唯一存在的问题是，并非所有学生都能够完成对负数意义的深度建构，不同的学习个体由于经验储备、数学能力和学习方法的差异，往往会呈现出不同的理解和表征水平。但是，恰恰是这样的差异，为生生之间、师生之间的对话与建构，提供了现实的可能与真实的起点。差异所带来的认识之“势能差”，让对话得以真实、自然地展开，学习方能真正发生。教学中，必要的练习还是要有的，将练习有机整合在学生的分享与师生对话之中。比如，“你能读出温度计中的度数吗？”“你能借助数据，猜出它们是图中哪个点的高度吗？”带着这些问题，边学边练、学用结合，练习不再孤立，课堂也显得更完整。

二、“问题”驱动的策略

（一）设计问题情境驱动深度学习的发生

数学来源于生活，并应用于生活。恰当地运用生活现象、生活情境引入新知，可以唤起学生强烈的求知欲，促使学习热情的持久效应，从而获得最佳学习效果。

设计问题情境，需要注意以下两点：第一，问题情境的设计应将知识与日常生活相结合，与学生的最近发展区相匹配，促使学生能够感受数学、发现数学，与数学形成心理上的亲近。另一方面让学生意识到数学是来自现实生活，进一步在日常生活中使用数学知识，解决为什么学习数学的问题。第二，问题情境的设计应有助于激发数学思维，引出数学有核心意义的数学问题，成为吸引学生主动参与学习，发现、提出、分析、解决问题的良好载体。

下面是“面积”一课中，对“面积”概念的问题情境设计。

1. 体验物体的表面的大小

课伊始，教师出示一台手机和一张屏保膜。

师：给手机贴上屏保膜，这膜合适吗？

孩子们纷纷回答：膜太小了，手机屏幕太大了。

师：膜和屏的大小不同，指的是它们的什么大小不同？

生：指的就是它们的“面”，物体的表面。

师：原来物体的表面是有大有小的。物体表面的大小就是它的面积。

…………

2. 体验封闭图形的大小

师：这是一个茶叶罐，你能在它身上找到“面”吗？

生1：有的，茶叶罐外面的包装纸，展开就是一个面。

生2：展开是一个长方形，是我们学过的。

师：不同的茶叶罐，它的侧面是不是一样大？

生：不是的，会有大小之分。

师：看来，平面图形也是有大有小的。

…………

如何帮助学生理解“面积”这个概念，是本课的难点。手机贴膜、茶叶罐包装，都是简单的生活情境，是学生常见的但也可能是熟视无睹。学生通过摸一摸，发现物体的表面有平面也有曲面；通过比一比，明白了物体表面有大有小；通过做一做，借助课件体验罐子侧面展开的过程，随着茶叶罐的展开、抽离，实现了由“体”到“面”的转化。情境创设朴素但实在，有效帮助学生建立关于“面积”的形象感知。从身边实际生活的问题情境入手，解决了数学概念从哪里来和为什么学习的问题，为学生的思考与对话做了充足的铺垫，驱动教学过程顺利开展。

又如，以人教版四年级上册“条形统计图”的问题情境设计为例。在本节课学习之前，学生已经学会简单的数据收集和整理，懂得用象形图、统计表统计数据。本课是“统计图”的起始课，是从“表”向“图”转折的种子课。学好本节课，将为进一步学习复式统计图、折线统计图、扇形统计图等奠定基础。教过本节课的老师们普遍认为上起来比较沉闷，难以调动学生的积极性。一不小心就上成了统计图绘制课，偏离了统计意识的培养。怎样才能让学生真正理解条形统计图的优势并提升数据分析能力？以下是我们的设计：

1. 唤醒经验

课前，我让学生先尝试完成课前小研究，对光明小区的生活垃圾进行分类统计，并用喜欢的方式表示出这些数据。课前小研究唤醒学生已有的经验，使学生带着初步的思考走进课堂。

光明小区3号楼产生的30份垃圾

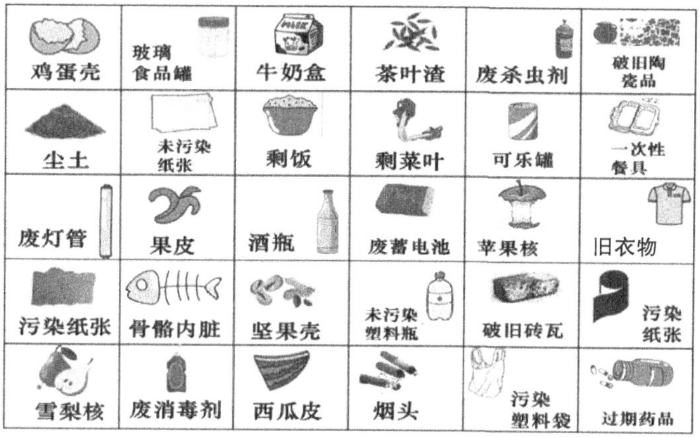

2. 提出问题

课堂上，设计分享交流会，给予学生充分的时间进行交流讨论。

师：用统计表、象形图表示数据各有什么好处，又有哪些不足呢？

生1：统计表可以把4种垃圾的数量表示清楚，但是要对比的话，得在表格中仔细找到对应的数，再进行对比，操作不方便。

生2：象形图可以直观表示4种垃圾的多与少这些关系，但是对于每种的数量是多少，看起来就不方便了。

师：两种表示方式都有优势与不足，同学们有什么新想法呢？

生1：有没有一种新的统计方式可以集合统计表和象形图的优点？

生2：我们可以尝试把统计表的数据写到象形图里！

3. 探究问题

活动一：“图”“表”合体

小组合作，研究统计表和象形图的结合体，把象形图变成方格图，并在图中标识数据，生成初步统计图。

活动二：统计图再优化

师：这次统计的项目类别有4种，我们要写4次数字，如果项目类别更多，还要多写好多次，既不方便也不美观。有没有更好的办法，只写1次也能清楚看出所有类别的数量？

小组合作，研究如何优化统计图的项目、数据表示方式，生成横轴、纵轴，并赋予其意义。

活动三：读图分析

通过读图分析并根据条形统计图作合适的建议，感受条形统计图对数据分析、解决问题的价值，发展学生的数据分析观念。

以上情境设计，重点指向“怎样将象形图与统计表整合起来”这一问题。课前小研究和课中分享两个环节，引导学生深切体会两种表示方式的特点与不足，感受条形统计图的意义和价值。当发现统计结果的直观性和准确性只能二者选其一时，矛盾冲突产生了：“有没有一种新的统计方式可以集合统计表和象形图的优点？”这样一来，情境的指向不再是“基于已有数据填表或画图”，而是“怎样基于已有数据改造优化原有的表示方式”。问题情境的指向性更加明确之后，学生探索学习的热情也就自然地产生了，进一步生成了横轴、纵轴，为读图、判断、预测提供了更多的便利，统计意识也自然而然地提高了。

（二）以“问题串”触发深度学习的发生

“导研互动”课堂，问题是导向深度学习的关键，是聚焦教学重点和难点的载体，每一个问题都应顺应学生思维的阶梯，有效引导学习层次由浅入深。“问题串”是引导学习逐层深入的问题路径。“问题串”就是围绕学习目标，构建教育情境，将学习内容分解成若干个问题，并把问题关联起来形成一个“串”，进行精心设计与系统组织，形成协助学习目的达成的支架。需要注意三点：一是“问题串”的问题应由浅入深、从易到难；二是问题不宜过多、过于琐碎；三是“问题串”中应有1～2个核心问题，思考性、探索性、开放性集于一体。

例如在“面积单位”教学中，“问题串”的设计可以这样做。

1. 问题的提出

师：我们知道常用的面积单位有哪些？它们分别是怎样的图形？对于这个知识你有什么想知道的吗？

生1：面积单位为什么是正方形？

生2：面积单位可以是其他形状的图形吗？

2. 问题的探究

（学生合作探究，完成学习任务单）

师：你们小组认为，用什么形状的图形来测量面积最合适？为什么？

生1：正方形可以密铺，没有空隙。

生2：长方形也可以密铺，但是不方便。

生3：三角形和圆不能密铺。

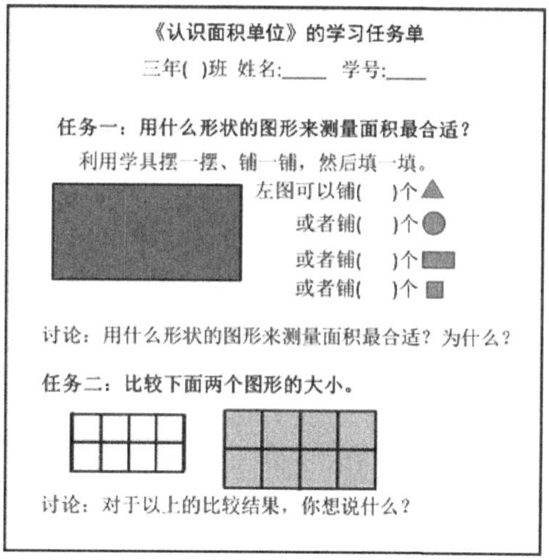

《认识面积单位》的学习任务单

三年( )班 姓名:____ 学号:____

任务一：用什么形状的图形来测量面积最合适？

利用学具摆一摆、铺一铺，然后填一填。

左图可以铺( )个

或者铺( )个

或者铺( )个

或者铺( )个

讨论：用什么形状的图形来测量面积最合适？为什么？

任务二：比较下面两个图形的大小。

讨论：对于以上的比较结果，你想说什么？

师：在任务二中，比较这两个长方形的面积后，你们发现了什么？

生1：小正方形的数量一样，但形状不同，这样比较的结果不准确。

生2：绿色长方形里面的小正方形比黄色长方形里面的小正方形大，这样比较不准确。

3. 问题的解决

师：通过刚才的探究，除了知道面积单位用正方形最合适以外，你还知道了什么？

生1：正方形的大小必须统一。

生2：对！要选择大小一样的小方格，要统一比较的标准，也就是要有统一的面积单位。

…………

“问题串”设计的关键在于寻找学习目标与学生实际认知水平间的契合点，形成最佳学习路径。上面案例中，关键问题是在教师引导下，由学生提出的：面积单位为什么是正方形的？这一挑战性问题给学生提供了挑战性、高水平学习的机会，启动学生的思维，实现深度学习。而由此产生的问题串，也是基于以上关键问题的数学事实而设，引导学生展开探究思考深度讨论。

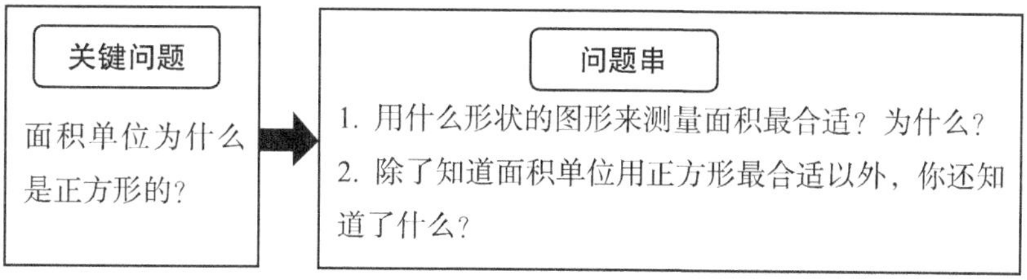

图3-4 “面积单位”中的“问题串”设计

（三）以高质量“追问”保障深度学习的推进

“导研互动”课堂围绕着数学问题而展开，数学问题的水平决定学生数学思考的深度和数学意义建构的程度，进而影响深度学习的推进。如果说课堂提问是组织课堂教学的重要手段，那么追问就是其中十分重要的一环。追问，就是在前次提问的基础上延伸和拓展，开展有针对性的“二度”或“数度”提问，它追求的是学生思维的广阔性和深刻性。准确把握追问的时机和内容，是叩开学生思维大门、搭建思维跳板的妙方，对培养思维的准确性、逻辑性和敏捷性有莫大的作用。

设计高质量的“追问”，需关注以下三点：一是是否紧紧围绕教学目标；二是追问是仅需给出结果还是需作出数学联系；三是学生解决数学问题的机会和方式。下面结合追问的场景和时机，谈谈我们从实践中积累的一些经验。

1. 追问歧异——暴露思维的“行踪”

数学知识的建构和发展，事实上就是数学思维活动的过程和结果。当学生出现认知困难时，教师巧妙地追问，可以暴露学生真实的思维行踪，使学生在面临问题时自觉地同化和顺应原有的认知结构，把陌生、散乱、孤立的知识有序地纳入知识系统中，可见暴露思维过程就是建立新、旧融合的一条纽带。

下面是教学“两位数乘一位数”进位乘法中的片段。

师：请同学们想办法计算24×3等于多少，并跟同伴说说你的想法。

（学生尝试计算，计算后反馈结果。）

生1：24乘3等于92。

生2：我不同意，24乘3应该等于72。

评析：面对学生的不同计算结果，特别是学困生的困难，教师应该如何处理呢？简单否定或者忽略？有没有更好的方法？我们来看看这位老师的做法。

教师请计算结果是72的同学说说自己的想法，学生纷纷说出连加、口算、笔算等方法。会算的学生说得头头是道，不会算的孩子神情茫然，显然他们对算法依然一知半解：我的算法错在哪里？为什么同学们算的结果跟我的不一样？这些问题悬而未决。

评析：此时，教师希望提供正确示范，引起困难学生的反思，实际上作用不明显。

师：刚才哪位同学算出结果是92？能说说你是怎么算的吗？

评析：教师鼓励困难学生说出自己的想法，这一点非常重要。

生1：我是想3乘4得12，个位上写2进1，十位上2加上进位1等于3，3乘3等于9，所以结果是92。

评析：这位学生的想法也有他自认为“合理”的部分。如果学生不提出来，恐怕问题就此被掩埋。

师：有哪位同学听明白了？

生：他是先把十位上的2加上进位1，再乘3。

师：那么究竟应该先加1再乘，还是先乘再加上进位1呢？

评析：教师不对学生的想法做解释，而是基于学生的想法引导其他学生的数学思考，这是开放性的倾听。通过追问，触发了学生深入体会算理的心理需求。

（学生展开讨论，但是说不出个所以然来。）

师：我们不妨请小棒来帮帮忙。哪位同学上来，用小棒演示计算的过程？

生1：（边演示边说）24×3表示分别用2个十乘3，4个一乘3；3个20是60，3个4是12，“12”中的1个十就是4×3进上来的1个十。从图中可以知道，计算过程中20是先乘3，再加上进位1的。

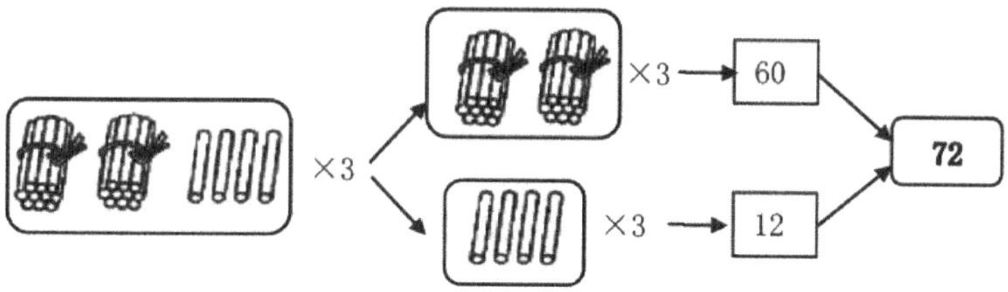

师：（追问）92这个结果到底错在哪儿呢？

生2：从小棒图中看，24×3 是3个20与3个4的和，结果中只含有这两个部分。把进上来的1个“10”先加上20再乘3，就是把进上来的1个“10”重复计算了，事实上这个进位“10”只需要与“60”相加，并没有参与“×3”。

评析：教师基于学生特定的想法作连续两次的深度追问，引导更多的学生进行开放性思考，为学生产生不同数学见解提供机会。

案例中的教师洞察先机，准确捕捉课堂动态生成资源的价值所在，展开了层层深入的追问，暴露学生的思维行踪，对待学生困难做到了等待、善待、期待。事实上，教师对待困难的接纳程度往往决定着学生对困难的态度。而良好思考习惯、思维品质的养成，往往取决于教师对细节的处理把握。正如老子所言：“天下大事必作于细。”

2. 追问粗浅——给深度思考亮一盏“明灯”

不少老师抱怨学生思维不灵活，只会解答基本题型，题目稍有变化就老鼠拉龟——无从下手。殊不知，学生的“不灵活”所表现出来的是一种思维状态，是粗浅的、模仿的、没有经过深思熟虑的状态。因此，课堂上教师要善于抓住问题的本质，选准突破口进行追问，在追问中引领学生透过现象进行深入的比较和辨析，把本质属性抽象出来加以概括，从而突破学习的难点。

例如，在解决分数乘除法应用题时，教师往往强调：哪个是单位“1”？单位“1”是已知还是未知？分率与数量有什么关系？通过辨别与分析，帮助学生理解具体数量与分率的对应关系，正确解题。但是，学生实际上并不理解题中分率的真正含义，只是掌握了解题的套路或机械的方法。

下面是人教版六年级分数除法解决问题的教学片段：

【例题】美术小组有25人，美术小组的人数比航模小组多$\frac{1}{4}$，航模小组有多少人？

师：“美术小组的人数比航模小组多$\frac{1}{4}$”，你是怎么理解这句话的？

生：也就是航模小组的人数比美术小组少$\frac{1}{4}$。

评析：显然，学生不理解“美术小组的人数比航模小组多$\frac{1}{4}$”。学生在过去积累了“如果甲数比乙数多4，那么乙数就比甲数少4”的认知经验，所以学生往往会毫不怀疑地得出“航模小组的人数比美术小组少$\frac{1}{4}$”的结论。

师：假如美术小组的人数比航模小组多4人，美术小组比航模小组多的部分是几人？

生：4人。

师：美术小组的人数比航模小组多$\frac{1}{4}$，你能直接看出美术小组比航模小组多的部分是几人吗？为什么？

同学们纷纷开始议论，并动手在练习本上画起了线段图。不一会儿，几只小手高高举起，跃跃欲试表达自己的看法。

评析：通过这两个问题的对比追问，引领学生关注异同，产生探寻$\frac{1}{4}$的单位“1”是什么的迫切需要。

生1：$\frac{1}{4}$是一个分率，指的是美术小组比航模小组多的人数占了航模小组人数的$\frac{1}{4}$，但具体多了几人，是不知道的。所以把“美术小组的人数比航模小组多$\frac{1}{4}$”说成“航模小组的人数比美术小组少$\frac{1}{4}$”也许是错的。

师：有谁能画图或举例子解释，为什么是错的？

生2：分析关键句可知，美术小组人数比航模小组多。美术小组的人数比航模小组多$\frac{1}{4}$，就是把航模小组的人数看作4份，美术小组的人数就有5份，美术小组比航模小组多1份，这1份是刚好是航模小组的$\frac{1}{4}$。

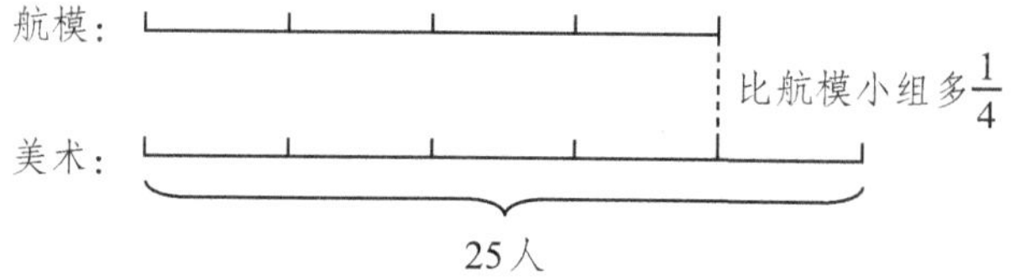

生3：在“美术小组的人数比航模小组多$\frac{1}{4}$”这句话中，航模小组的人数是单位“1”，美术小组的人数比航模小组多$\frac{1}{4}$，是美术小组和航模小组进行比较，所以美术小组比航模小组多的1份应和航模小组比较，占航模小组的$\frac{1}{4}$。

师：讲得真好！那为什么反过来说“航模小组的人数比美术小组少$\frac{1}{4}$”就不对呢？

生4：反过来说的时候，单位“1”发生改变了，美术小组人数才是单位“1”。航模小组的人数比美术小组少，就要看少的这1份占了美术小组的几分之几。正确的说法是“航模小组的人数比美术小组少$\frac{1}{5}$”。

生5：如果美术小组有5人，航模小组就有4人；美术小组有50人，航模小组就有40人，美术小组的人数比航模小组多的人数是航模小组的$\frac{1}{4}$，航模小组比美术小组少的人数是美术小组的$\frac{1}{5}$。

评析：至此，学生已经知道“美术小组的人数比航模小组多$\frac{1}{4}$”的含义，但还是容易受定势思维的影响，教师此时抓住学生的思维兴奋点，乘胜追问，激活拓展显得尤其重要。

师：同学们分析得有理！在数学上，我们通常把甲数比乙数多的数量占乙数的几分之几叫作“甲数比乙数多几分之几”。因此，“美术小组的人数比航模小组多$\frac{1}{4}$”就表示美术小组的人数比航模小组多的人数占航模小组的$\frac{1}{4}$。

生1：认准单位“1”，是航模小组！

生2：两个量位置互换时，单位“1”改变，分率也会发生改变。

师：除了“美术小组的人数比航模小组多$\frac{1}{4}$”这句话，还能用什么方式表述美术小组和航模小组的关系？

生1：美术小组的人数比航模小组多$\frac{1}{4}$，也就是航模小组人数是美术小组的$\frac{4}{5}$，美术小组人数是航模小组的$\frac{5}{4}$。

评析：从回答中看出，学生已经超越了对“美术小组的人数比航模小组多$\frac{1}{4}$”基本含义的理解，教师针对学生的思维“迷惘点”及时追问，把机械的、粗浅的认知引向纵深，从而拓展思路，使抽象思维得以深化。

为师者，怎能任由学生处于浮光掠影的混沌状态而置之不理。当学生的思维处于迷惘困惑之时，教师的及时追问就如同黑夜中的“明灯”，为学生指路导航，促进学生对事物本质深刻挖掘，展开追本溯源的探究。

3. 追问反思——催化思维品质的“发酵”

教学实践证明，学生思维品质的优劣极大程度制约着学习能力的提升。良好的思维品质体现为自我审核、自我监控和自我调节的元认知策略。这种策略的获得与改造是学会学习、学会创造的核心，因此，培养学生的思维品质，不但使学习变得轻松，更能开启智慧、激活潜能、发展个性。其实，每一位学生在学习过程中，都会自发地产生自我审核、调节思维的行为，教师的追问诱导可以催生反思、激发探索欲望、开辟创造性思路，让学生的思维品质在有限的课堂里得以拓展、得到升华。正如叶圣陶先生所说：“教师之为教，不在全盘授予，而在相机引导。”

教学“平行四边形面积”时，教师引导学生猜想：“怎样计算一张平行四边形卡片的面积？”汇报时，几位学生分别说出了通过剪拼把平行四边形转化为长方形的多种方法。还有一位学生说：平行四边形的面积等于长乘宽。因为平行四边形容易变形，可以变成长方形。

评析：错误是达到真理的一个必然环节，它是培养创造型个性品质和思维品质的宝贵资源。

师：这位同学的方法与众不同！能说说是怎么想的吗？

生：我用学具小棒搭成一个平行四边形，轻轻一拉就成了一个长方形，长方形的面积是“长×宽”，所以平行四边形的面积也是“长×宽”。

师：同学们觉得有道理吗？

生1：好像有理，又好像哪里不对……

生2：这个拉成的长方形，看上去跟原来的平行四边形不一样大。

师：如何知道它们的面积不一样？

生3：两个图形的底边长度不变，但是高度不一样，拉成的长方形更高一些，所以它的面积应该大点吧！

师：提得真好！通过计算长方形的面积来计算平行四边形的面积，前提是它们面积相等，对不对？

生4：没错，要相等才行！

师：我们来动手验证，面积是不是一样的？

评析：将相邻两条边的长度相乘，是学生在探求平行四边形面积计算方法时的真实想法，面对学生的“合情推理”，教师因势利导，引导学生反思，形状改变带来了面积改变，是问题的核心。

师：（出示一个可以活动的长方形框架）请一位同学上来拉动框架，大家仔细观察平行四边形的边、面积会发生什么变化？

（一生操作，全班观察。）

师：（稍稍拉动长方形框架使之变成平行四边形）面积变了吗？能用相邻两条边相乘求面积吗？

（学生交头接耳，但是没有统一的声音。）

师：再看——（继续拉动平行四边形框架，直到几乎重合）面积变了吗？

生1（冲口而出）：变了，变了！

生2：面积越来越小了！

师：它的面积是相邻两条边的乘积，对吗？

生（齐）：不对。

生3：相邻两条边的乘积算出的是长方形的面积，不是拉动后的平行四边形的面积，因为它们的面积不相等。

师：可见，长方形的面积=长×宽（两邻边的乘积），但平行四边形的面积是否等于两邻边的乘积？

生4：两条边的长度没变，乘积也没变，但是面积变了，“长×宽”不是平行四边形的面积。

生5：不能！平行四边形的面积似乎与两邻边没有直接关系。

评析：至此，学习已经进入柳暗花明、豁然开朗的境地。学生的错误不可能单纯依靠正面的示范和反复的练习得到纠正，而必须是一个“自我否定”的过程。孩子犯错误，最好的办法是让他自己反思。当学生处于“心求通而未得，口欲言而未能”之时，连续追问就是一个最佳的“点火器”。

孔子云：“学而不思则罔。”思而后学，学得更有效，思得更深刻。“自我否定”是以“自我反思”，特别是内在的认知冲突为前提的，因此为了有效帮助学生认知建构，教师就要适时“干预”，使学生的认知由平衡—不平衡—平衡，促进学生思维的自觉反省、自我调整，催化思维品质的提升，实现“质”的飞跃。

“行是知之路，学非问不明。”追问的艺术就是教学的艺术，它是教师教育观念的一种流露，教学智慧的一种表达，教学底蕴的一种展现。做智慧的追问者，挖掘教学内容所承载的最大价值，搭建思维飞跃的跳板，让学生飞得更远、更高，不正是为师者孜孜不倦的追求吗？

案例

基于问题提出，促进思维发展

——西师大版“等式（一）”教学设计

教学内容 西师大版五年级数学下册第77页。

教学目标

知识技能：结合具体情境认识等量与等式，用多种方法表示等量，知道同一种等量关系可以写成不同的等式。

数学思考：经历用多种方法表示等量关系的探索过程，初步体会等量关系在日常生活中广泛存在，初步建立模型思想。

问题解决：在丰富的现实背景中，获得提出问题和解决问题的感性经验，培养自主探究、合作交流的能力。

情感态度：体会数学的应用价值，增强用数学的眼光观察世界的意识。

教学重点 理解等号的含义、等式的意义。

教学难点 在具体情境中找出等量关系。

教之难

本课是一节概念课，属于小学阶段数与代数领域中“方程”的教学范畴。学生在之前已经学习了“用字母表示数”，本课学习的“等量”“等式”概念是代数学习的基础，是学习等式性质、解答方程的必要条件，培养代数思维的前提。

心理学家洛斯认为，记忆中的种种概念，是以概念的具体例子来表示的，而不是以某些抽象的规则或一系列相关特征来表示的。学生头脑中的典型性范例，常常被称作概念的意象表征或心理表征。如讲到“等量”时，学生的意识中出现的首先是一个直观的例子，而并非其形式定义。教学中，给“等量”“等式”建立形象直观的表征意义，从而减少学生理解和记忆的难度，是首先要考虑的。

其次，等式的意义被拎出来作为一节独立的新授课，在其他版本的教材是没有的。西师大版教材的处理，自是有其意图。仅从语义上分析“用字母表示数”“等量”“等式”“方程”等知识点，它们似乎是离散的，只有把“等量”“等式”贯穿到“式与方程”的整体教学中去，其内在的联系和知识结构才会被挖掘出来。在复杂的实际情境中，把实际问题转化为数学问题，把数学问题转化为代数问题，厘清等量关系，建立初步的代数思想，是方程教学的价值内涵，也是本单元的一大难点。为分散此难点而安排的本课，其铺路搭桥作用是不言而喻的。从整体上沟通“用字母表示数”到“列方程解决问题”之间的联系，为实现从“算术”思维向“代数”思维的飞跃做坚实的铺垫，是笔者在课前思考的焦点。小学生学习方程，是学习一种有效解决问题的方法，进一步丰富解决问题的策略，更具长远意义的是体验建模思想。

教之困

在一至四年级的学习中，学生接触更多的是算术思维，形成了等号的基本意义是“表示一个运算的结果”，从等号的左边可以“得出”右边，是单向输出结果的符号。带着这样的认识，将不利于学生对方程结构化、模型化的理解，直接影响代数思维的形成。

解决实际问题，学生积累了一定的学习经验，但是建立问题表征的意识不强，思考不够全面。而在本课，学生要面对的是，灵活对问题进行表征，正确、迅速地收集、处理信息，去除多余的，选择必需的，找到数量之间的相等关系，写出等式。这一连串的动作，环环相扣，层层推进，正是学习的难点所在。

教学思考

第一，利用问题提出引导数学学习活动的进程

美国数学家哈尔斯说过：问题是数学的心脏。本课拟通过问题串的设计，数学问题逐步深入，使学习过程“问题—理论—问题”这样的程序，循环往复、螺旋上升地进行着。

第二，问题是学生开展积极有效的数学思维活动的桥梁和纽带

“带着问题学习”是提高学习效率、增强学习效果的重要前提。本课拟从学生对课题提出问题出发，促使学生的学习活动从解决老师提出的数学问题向着自己发现和提出问题、解决问题过渡，使学习活动始终保持着反思、质疑、创造的活力。问题提出给予学生一种绘制自己的学习路径的感觉，引导学生的思维走向深化，让学生获得更多的学习乐趣与动力。

第三，给学生进行必要的问题提出的策略训练

给学生进行必要的问题提出的策略训练，让学生像“数学家”那样思考数学概念本质，进而建构数学概念。本课拟采用给定数学情境、给定数学问题结构、给定数学算式三种策略进行训练，在解决问题的前期、中期、后期穿插进行，使教学活动真正有利于培养和提高学生分析问题、解决问题的能力，促进思维发展。

教学过程

一、揭示课题，问题驱动

师：同学们，请齐读课题（等式）。今天我们一起研究等式。关于等式，你想知道些什么？

预设：什么是等式？

等式有什么用？

有不等式吗？

等式与方程有什么关系……

小结：同学们提的问题很有价值！有些会在这节课展开研究，有些留到后面进一步学习。现在，让我们一起研究“什么是等式”！

设计意图 本课开门见山地揭示课题，将提出问题的自主权让给学生，使学生在较短的时间内明确了本课的学习要点和方向，带着问题走进学习的殿堂。问题提出给予学生一种绘制自己的学习路径的感觉，从而获得了更多的学习乐趣与动力。

二、任务驱动，引入概念

1. 创设情境，小组合作

师：请看情境图，你能根据图中的数学信息，完成任务单吗？

以四人小组为单位开展活动，比一比，看哪组完成得又快又好。

今年　　　　若干年后

任务单

① 试一试，用文字、画图、式子等方式表示姐姐今年的年龄。

② 若干年后，姐姐的年龄还能用式子表示吗？

③ 观察以上式子，你发现了什么？

设计意图

美国教育学家布鲁诺说过：“向学生提出有挑战性的问题，可以引导学生发展智慧。”任务驱动的教学，问题串的设计环环相扣，鼓励学生积极思考并提出自己的观点，多元表征情境中的数量关系，是开拓思维、提升能力的重要途径。同时，使抽象的数量关系可视化，给“等量”“等式”概念建立了形象直观的表征意义。

有研究指出，在分析学生解题思维的过程中，发现学生对未知数与已知数同时并存的式子进行四则运算后，对结果式子所表示的含义出现了理解困难。因此，笔者对教材例题作出一定程度的修改，融入未知数的信息，搭建了直面难点的平台，让学生从对数的抽象理解上升到对这一类数的抽象理解，“等式”的概念内涵更深刻。

2. 分组反馈，揭示概念

（1）学生分组汇报

①试一试，用文字、画图、式子等方式表示姐姐今年的年龄。

姐姐今年的年龄=爸爸的年龄−25　　弟弟的年龄 ×2＝姐姐今年的年龄

$16=41-25$　　$16=8\times2$　　$16=8+8$

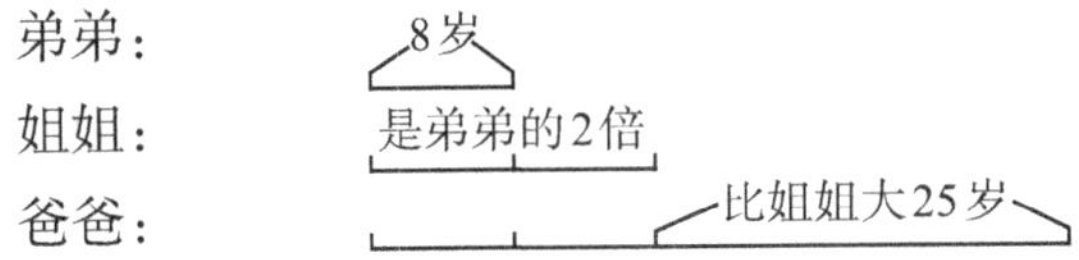

②$b=a-25$　　$b=c+8$

③$16=41-25=8\times2=8+8$

图1中，姐姐的年龄有多种表示方式，图与式子、文字之间是对应的，三个式子的结果都相等。

图2中，三人年龄未知，字母指向的年龄不是特定的。但是他们之间的数量关系没变，这些式子的量也是相等的。

（2）汇总小结

师：如16与41−25，b与c+8，这样的量，表示同一个意思但是形式不同，大小相等的这两个量称为等量（或同量）。

在等量之间加上等号，就成为等式。如$16=41-25$，$c+8=b$。

设计意图

在问题驱动的课堂中，学生处于学习的中心，在表征、概括、归纳、应用知识的过程中，学生经历了筛选信息、转化信息、理解组织信息和编辑信息的思维过程，正是问题提出的思维模式所在。在运用学习的知识解决现在遇到的问题时，将问题的解决作为落脚点，有利于激发学习热情，提高学生对数学的学习兴趣和能力，也会进一步促进学生发现和解决问题的能力的形成，为后面继续学习等式性质、列方程解决问题打下扎实的思维基础。

（3）举例巩固

师：你还能从主题图中找到其他的等式吗？请跟同伴说一说。

生：16+8+25=41

41=16+25

16÷2＝8

b + 25 = a

…………

（4）重新认识等号

师：把b + 25 = a写成a = B + 25，16÷2＝8写成8＝16÷2，它们还是等式吗？为什么？

预设：还是等式。式子中有等号，意味着等号两边的量相等。只要等号左右两边的量相等，无论从左往右看，还是从右往左看，它都是一个等式。相等的两个量摆放的位置不影响这个式子是否成为等式。

设计意图

大量的举例，使学生直观感知了等式的含义，而“把b + 25 = a写成a = b + 25，16÷2＝8写成8＝16÷2，它们还是等式吗”这一设问，则对等式的本质属性有了更深层次的挖掘。要使学生从结构意义上理解“等式”以及“方程”，对等号表示意义的正确认识是举足轻重的。重新认识等号，既是为等式性质埋下伏笔，也是为建模思想的培养做好铺垫。

三、多维提问，对比运用

1. 判断提问

独立完成课本80页第2题。

2. 在等式下面画横线

$35-15=20$	$16+x<18$	$m=4n$
$8x+4b$	$5y=15$	$b+a>c$

师： 小明说16+x＜18、8x+4b不是等式，同学们要向他提问题吗？

生： 能说说原因吗，怎么判断的？

小明： 16+x＜18中间没有等号，证明左右两边不相等，不是等式。8x+4b没有跟它相等的量，只是一个式子。

小结： 如16+x＜18、b+a＞c这样表示不相等关系的式子，叫不等式。

设计意图

在揭示概念之后，正反类比是强化理解的有效策略。判断之余，引导学生提问有着隐性的教育功能。提出与知识本质相关的问题，从而促进问题提出能力的提升，洞察知识理解程度。联系实际提问法、反问法、追问法等都是常用的提问方法。

2. 依照图中范例，你能根据其他的等量关系写出多个不同的等式吗

1. 根据卡片上的信息说一说，再写等式。

（注：西师版小学数学教材五年级下册第79页练习主题图）

（1）说一说图中的范例。

（2）学生独立写出其他等量关系的多个不同的等式。

（3）全班反馈

路程 ÷ 速度=时间	400 ÷ 100=4
路程 ÷ 时间=速度	400 ÷ 4=100
速度 × 时间=路程	100 × 4=400
长 × 宽=长方形面积	a × b=s
长方形面积 ÷ 长=宽	s ÷ a=b
长方形面积 ÷ 宽=长	s ÷ b= a

…………

（4）小结：同一个等量关系一般可以写3个不同的等式。

3. 阅读提问

师：请自行阅读教材第77页例1，关于“什么是等式”，你还有什么疑问？

预设1：17=55-38这个等式，还可以表示哪些情境中的等量关系？

师：谁能解决？

生1：商店里有55千克苹果，卖出38千克，还剩下17千克。

总重量–卖出的重量=剩下的重量。

生2：航模小组有55位男生，比女生多38人，女生有17人。

男生人数–38=女生人数

生3：妈妈的微信钱包里有零钱55元，爸爸的微信钱包里有零钱38元，妈妈的零钱比爸爸多17元。

…………

预设2：是不是所有的情境中都能找到等式？

师：这个问题有价值！同学们先在小组里交流自己的看法。

（班上开展正方、反方的辩论赛。）

…………

设计意图

人类的语言发展是一种独特的抽象过程，而这正是以认知为基础的。实际上，有的人拥有解决问题的知识储备，但是在表达时仍然会有语焉不详的情况出现，这就是语言能力影响的结果。而用数学语言进行表达的能力比一般的语言表达的要求更高，这种能力并不是与生俱来的。因此，数学学习过程需要把“学习”与“提问”有机融合，创建民主的课堂氛围，建立师生、生生多样化的交流方式，让学生敢问、能问。

四、全课总结

1. 这节课解决了课始提出的哪些问题？
2. 我们是怎么学习的？（前后联系，提出问题，合作探究）

设计意图

首尾呼应，对课始提出的问题做阶段性小结，反思学习的过程，既进一步理清了知识脉络，又加快了学生个体认知发展。不但促使学生成为知识的消费者，而且有助于学生成为知识的创造者，引导其构建正确的学习观，培养提出问题、解决问题的能力，使之成为现代社会所需要的综合型优质人才。

（本篇内容发表于《求知导刊》，有节选）

第三节　以“对话”推进“导研互动”数学课堂的深度思考

“导研互动”课堂的“互动”，是以对话实践为形式的意义活动。对话形式的“互动”，并不是狭义的你说我听，我问你答。“导研互动”课堂中的“对话”，即数学交流，是师生对数学知识、方法和思想等认知信息从处理信息角度出发，进行数学双边或多边交互共享的行为。“导研互动”课堂中的“对话”，是以数学符号、数量关系为载体，以对数学信息的收集、思考和表达为周期，在周期的往复出现过程中实现思维质量由低到高走向的一种学习形式。帮助学生掌握数学交流策略，提升数学交流能力，是“导研互动”课堂品质的保证。

图3–5　“导研互动”数学课堂文化场域

一、“导研互动”数学课堂“对话”的特征

“导研互动”数学课堂的“对话”，从形式上可细分为三种：主体与客体对话、主体与他人对话、主体自身内部对话。三种形式的对话在课堂中呈现互相穿插、交替共融的状态。客体、自身与他人之间对话实践的意义活动，形成师生互动、生生互动、生本互动的语言、知识、思维、情感动态信息流，实现人与人、人与环境之间的信息、观点、态度和情感交换过程。

认知性、文化性、社会性，是“导研互动”数学课堂“对话”的三大特征。

（一）认知性

认知性强调了“导研互动”数学课堂“对话”的意义建构特征。它指的是伴随着信息接收和信息重组，新知与旧知相互作用产生了意义同化，促进了数学知识生成、学习智慧增长，意义学习由此发生。认知性反映在课堂中，是一种数学意义建构，是学生对数学意义的理解与建构的本质，它是“导研互动”数学课堂“对话”的核心追求。

（二）文化性

文化性强调了“导研互动”课堂“对话”的课堂文化特质。它指的是对话背后所蕴藏的课堂秩序，体现了互动交往关系的本质特征——包容、共享、交互，它是对话的基础，又以数学课堂语言为媒介，在数学意义建构过程中得以体现和积淀，形成一种师生共同遵循和共享的有关数学观念、教学行为的教学系统。

（三）社会性

社会性强调了“导研互动”课堂“对话”作为语言的外在表达特征。数学课堂语言是数学思维的外衣，是促进数学意义建构的重要介质，又通过数学课堂文化得以实现。数学课堂语言的形式、内容、准确程度、转换方式等，都是“对话”社会性的体现。

我们应关注数学意义建构、数学课堂文化、数学课堂语言这三个维度，即认知性、文化性、社会性三个特征的联通，明确三者之间相互独立又彼此依赖、互动共生的关系，如此方能促进学生的知识、智慧、品格三位一体整体发展。

二、“导研互动”数学课堂“对话”的核心要素

课堂教学过程中，主体、客体之间的“对话”事实上以十分复杂的方式发生着互动共生的关系。而教师作为实践的引导者、学习的评价者、信息的重组者，在这个过程中发挥着至关重要的引导作用。教师之“导”，重在精准预判、精设素材、巧设问点，为学生设计提出问题、分析问题、解决问题的学习路径；教师之“导”重在合理，顺其自然、适切有度、高瞻远瞩，为学生搭建情境、问题、体验、评价等多种学习支架，发挥点拨、引领、提升的作用。“导研互动”课堂“对话”的质量，取决于教师之“导”。

基于教师视角，我们对数学课堂对话的内容、形式展开研究，提出了影响“导研互动”课堂“对话”的三个核心要素：一是数学课堂语言的话语体系；二是数学课堂的倾听与回应；三是数学课堂的预设与生成。

(一) 数学教师课堂语言的话语体系

数学是思维的体操，语言是思维的外壳。《义务教育数学课程标准（2022年版)》明确提出“三会”：用数学的眼光观察世界，用数学的思维思考世界，用数学的语言表达世界。让学生学会用数学语言进行数学表达和数学交流，进而认识世界、表达世界，这是数学教学的重要任务之一。然而学生数学语言的发展与教师的数学语言功底有着莫大的关联，也离不开教学过程中有意识的训练。苏霍姆林斯基说过“教师的语言修养在极大的程度上决定着学生在课堂上的脑力劳动的效率”。

1. 数学教师的课堂语言要准确、精练

数学学科与其他学科的一个显著区别，在于数学语言的抽象性，包括图形语言、符号语言、文字语言等。要发展学生的数学学习能力、运用数学语言的能力，就要求教师能准确地使用数学语言，正确而精准地表达数学，为学生的数学学习提供良好的语言土壤。下面是四年级《角》的教学片段。

师：观察身边的物体，谁能找到角？

生1：桌子的角。

师：能指一指吗？

生1：(指着桌角的一个顶点）这是桌子的角。

师：同学们有不同想法吗？

生2：“角”不是一个点，我觉得这样指不够准确。

生3：应该把两条边也指出来，像这样。(学生从顶点出发，分别指出角的两边)

师：大家同意吗？

生（齐)：同意！角是由一个顶点和两条边组成。

师：另外，生活中桌子的角跟今天我们学习的数学中的“角”，是不是完全相同的呢？

(学生沉思)

生4：桌子是立体的，它的角看得见厚度，我们数学中的“角”应该是平面的吧？

生5：对呀，数学中的“角”是平面图形。刚刚的例子不太恰当！

师：你认为该怎么说才恰当呢？

生5：(边指边说）桌子的面上有角。

师：说得真好！强调桌子的“面”，这个面上的角，是数学中的“角”。

(学生齐鼓掌)

师：是不是所有的方形桌面，都能找到数学中的“角”呢？

(课件呈现不同类型的方桌)

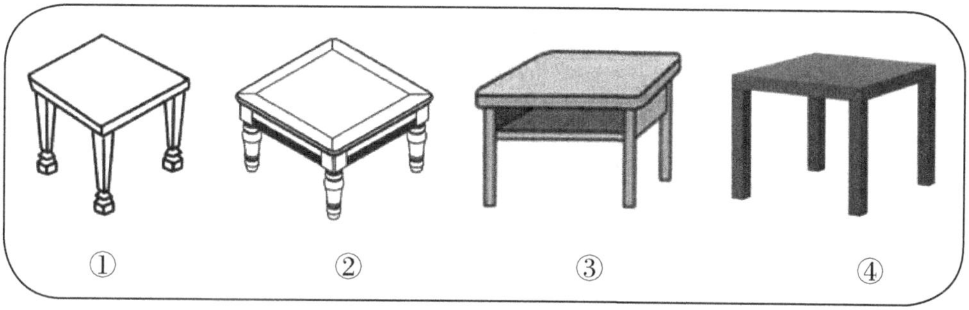

生6：②号和③号方桌的角是圆的，不是直角。

生7：只有顶点部分尖尖的，才是数学中的“角”。

师：同学们观察得真仔细！数学中研究的“角”，是由两条有公共顶点的射线组成的平面图形。生活中出现的顶点部分圆圆的角，来自数学概念；为了方便生活、突出装饰功能，生活中的角会有不同的改良。

评析：由于在生活中已经接触过和“角”概念相关的日常用语，学生容易混淆数学中的“角”与生活中的“角”，列举的例子出现模糊、不够准确的情况。教师须有足够的数学语言储备，对学情作出迅速而科学的判断，并在这时挺身而出，给学生正确的指引，引导学生正确理解数学概念，准确使用数学语言。引导学生推敲数学语言，揣摩每个字、每个符号的含义，经历观察、对比、归纳的思考过程，感悟数学是一门语言精练、推理严谨的科学。这是一个发展数学素养，理解与建构数学意义的真实性学习历程。

2. 数学教师的课堂语言要灵活转换

数学由高度关联的抽象概念组成，如果教师不能把这些抽象的数学概念转化成与学生已知联系起来的形式，那么数学的抽象知识将成为学习路上的拦路虎。我们认为，数学教师的课堂语言分为数学语言、数学教学语言和课堂管理语言三大类。数学语言，指纯专业性的数学话语；数学教学语言，指用生活化语式或学生认知结构中原有的语式来表达含有数学名词或数学概念的话语；课堂管理语言，指教师为了调控课堂深度、节奏而使用的具有指令、评价、肯定、鼓励等功能的课堂日常话语。

数学语言是数学课堂的核心话语，具有高度的抽象性、概括性。相对数学语言的抽象，数学教学语言与旧知或生活相接，具有一定的通俗性、形象性。课堂管理语言是促进数学课堂管理的重要手段，是促使学生的行、知、情、意高度融合的催化剂。那么数学教师在多大程度上掌握了这三种语言，并在这三种语言之间灵活转换，将深刻影响数学教学成效，这是数学教师课堂语言话语体系的关键要素之一。

以下是“公倍数与最小公倍数”教学片段：

片段一：回顾旧知，联想方法

师：同学们，这节课我们来学习公倍数和最小公倍数。

猜一猜，公倍数和最小公倍数跟曾经学过的哪些知识有关？【数学教学语言】

生1：公因数和最大公因数。

师：有道理！这些概念都是描述两个数关系的概念。【课堂管理语言】

回忆一下，什么是公因数和最大公因数？【数学语言】

我们是怎样发现并认识两个数的公因数和最大公因数的？【数学教学语言】

生2：我们先是在一个大的长方形中铺不同的正方形，通过研究发现，不是所有的正方形都能将长方形正好铺满。之所以出现这样的情况，是因为有些正方形的边长既是长方形的长的因数，也是长方形的宽的因数，而有些正方形的边长不能同时满足这两个条件。

生3：只有当正方形的边长同时是长方形长和宽的因数时，才能将长方形正好铺满。

师：从这个操作活动中，我们得到了什么结论？【数学教学语言】

生4：当正方形的边长同时是长方形长和宽的因数时，正方形的边长是长方形长和宽的公因数，把其中最大的那个称为长方形长和宽的最大公因数。

片段二：动手探索，理解概念

师：今天这节课，我们继续从铺图形的活动开始。【课堂管理语言】

有边长分别是6厘米、8厘米、9厘米的三个正方形，用长3厘米、宽2厘米的长方形纸片去铺这三个正方形，猜一猜，可以正好铺满哪个正方形？【数学教学语言】

生1：我觉得可以正好铺满边长是6厘米的正方形，因为6是2的倍数。

师：利用了倍数的概念解决问题，学以致用！其他同学有补充吗？【数学教学语言】

生2：我认为只看正方形的边长是不是长方形的长的倍数是不够的，长和宽都要考虑。

师：说得真好！下面请大家动手摆一摆、画一画，独立完成预学单，再与小组里的同伴交流。【课堂管理语言】

预学单

用长3cm、宽2cm的长方形纸片密铺下面的三个正方形。

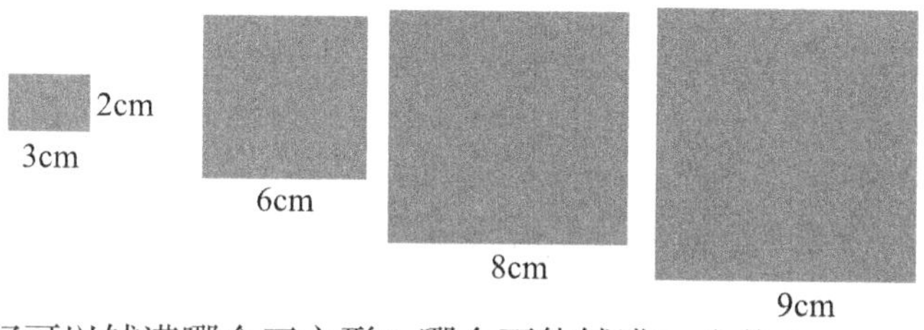

（1）正好可以铺满哪个正方形？哪个不能铺满？为什么？

（2）这样的长方形还能铺满多少个正方形？它们的边长分别是多少？

（3）上面的操作活动中，你发现了什么？

生3：通过摆一摆，我发现小长方形可以把边长6厘米的正方形正好铺满，其他两个正方形不能被铺满。

师：知道背后的数学原理吗？【数学教学语言】

生4：我发现第一个正方形可以摆这样的长方形3排，每排2个，正方形的边长6÷2=3，6÷3=2，所以边长为6的正方形能被长3厘米、宽2厘米的长方形铺满。

师：你把操作与数学算式联系起来讲述，很好！【课堂管理语言】

这说明了正方形的边长与长方形的长、宽有什么关系？【数学语言】

生5：6同时是2和3的倍数！通过对第2、3个正方形的研究，发现边长8只是2的倍数，不是3的倍数，边长9只是3的倍数，却不是2的倍数，所以这两个正方形不能被铺满，也验证了这一点。

师：值得表扬，你能联系几种现象总结规律性的结论！【课堂管理语言】

正方形被铺满的条件是，边长的厘米数必须既是3的倍数，又是2的倍数。【数学语言】

满足这样条件的正方形还有哪些？【数学教学语言】

生6：我找到边长是12厘米、18厘米的正方形，都能被长3厘米、宽2厘米的长方形正好铺满，因为12、18都同时是3和2的倍数。

生7：找不完的，我发现只要正方形边长的厘米数是6的倍数，这个正方形就能被这样的长方形铺满，所以这样的正方形会有无数个。

师：说得有理！【课堂管理语言】

如6、12、18……这些数，既是3的倍数，又是2的倍数，所以，称它们是2和3的公倍数。而且，在2和3的这些公倍数中，6是最小的，所以6是2和3的最小公倍数。【数学语言】

能找到最大的公倍数吗？【数学语言】

生8：不存在最大的公倍数，因为两个数的公倍数有无数个，没有最大的倍数，所以也不可能找到最大公倍数，只能找到两个数的最小公倍数。

师：联系铺图形，说说最小公倍数与最大公因数有什么联系与区别？【数学教学语言】

评析：公倍数和公因数源于倍数和因数，是既有联系又有区别的两个概念，建立在公倍数与公因数基础上的最大公因数、最小公倍数，是派生概念，这些相互联系又有个性区别的概念搅在一起，经常让学生犯难。本节课教学，需要重点思考的问题是，如何抓住这些概念之间的联系，设计有意义的数学活动，调动认知储备，有效地促进知识、方法、经验的迁移。而作为课堂推进的媒介，教师的语言转换也是破解概念抽象性、提高教学效率的法宝。以上案例，教师的话语由纯粹抽象的数学语言向数学教学语言过渡，在数学语言、数学教学语言、教学管理语言三者之间灵活转换，三种语言有机交融，交叠出现，互动共生地推进着深度教学。

（二）数学课堂的倾听与回应

1. 数学课堂中教师的倾听与回应

数学课堂对话是师生双方通过语言为载体进行来回互动，达到信息与精神层面互通的过程。对话离不开双方的倾听与回应。在对话的时空中，教师与学生均是倾听者，也是回应者，每个人都在这两种角色之间随机切换，发生着倾听与被倾听、回应与被回应的互动行为。教师对学生数学想法的倾听与回应方式，是对教师课程智慧、教学智慧、管理智慧的综合考验，更是教师专业素养与教学理念提升的重要标志。

教师对学生课堂表现的倾听与回应方式主要分为以下三种：

一是简评式，指教师在倾听之后，对学生的数学想法做出对错判断的简单评价，对学生的想法不作提问或追问回应。

二是解释式，指教师在倾听之后，对学生的数学想法作进一步阐述，或以提问、追问的方式，引导学生本人对该想法作进一步阐述。

三是开放式，指教师在倾听之后，不对学生的想法作及时的评价或解释，而是基于学生特定想法作连续两次以上的深度追问，引导更多学生产生不同的数学见解。

对于有经验的教师来说，以上三种方式通常会综合运用于课堂之中，视教学目标、知识点的难易程度及课堂的随机生成，灵活地穿插使用，在最佳的时机发挥最优的对话功能，以深度对话促成深度学习的产生。

我们来看人教版小学数学三年级教材《集合》的教学片段①：

师：前不久，学校刚举行了校运会，就在集队训练时，体育老师发现了这样一件很有趣的事情，一起看看！

体育老师（配音）：参加跑步比赛的有6人，参加跳远比赛的有5人，考考你们，参加两项比赛的一共有几人？

生（齐）：11人。

师：有没有不同意见？

生（齐）：没有！

师：是呀！6+5=11，这么简单的问题，我们一年级就会了。那到底体育老师所说的“有趣”是怎么一回事呢？我们继续往下听。

体育老师（配音）：哈哈！你们肯定认为是11人！有趣的就是，现场不管怎么数总数都不是11人；更有趣的是，参加跑步比赛的6人和跳远比赛的5人全都到齐了，没有缺席。聪明的同学们，你们知道这是为什么吗？

生1：有人上厕所了。

生2：体育老师数错了。

师：有没有不同看法的？【解释式】

生3：有人两项比赛都参加了……

师：有没有这种可能？你们同意吗？【解释式】

生（齐）：同意！

师：那到底是什么原因呢？继续往下看。【解释式】

体育老师（配音）：我来公布答案吧，有2人既参加了跑步比赛，又参加了跳远比赛，现在你知道参加两项比赛的一共应该有几人吗？

生4：9人。

师：大家觉得呢？【解释式】

生（齐）：9人。

师：真的是9人吗？不如，我们来验证一下。

师：下面，我们来现场抽取学号，模拟这些同学参加比赛的情况。

请抽到学号的同学迅速到讲台来，我们检查一下人齐了没有。读到学号的同学请举手。13号、6号……

---

①该课例获得广东省小学数学优质课评比二等奖，由江门市紫茶小学张齐爱老师执教。

师：好，人都到齐了！那到底一共几人呢？

（师生一起数，1、2、3……9。）

师：果然是9人。恭喜猜对的同学。可是，我还是不太明白，6+5明明就是11，怎么就变成9了呢？【解释式】

生5：要不，我们分组再数一数，可以吗？

生（齐）：可以！

师：这个方法好！【简评式】

教师请参加跑步比赛的6人手拉手围成一个集体，再请参加跳远比赛的5人手拉手围成一个集体。

师：请同学们数一数。

生6：跑步组还差2人呢？

生7：在跳远组那边，他们两项都参加了。

师：快过来呀！

（学生跑过来）

师：好，齐人了！咦？问题又来了！

生8：不对呀，跑步这里怎么少了两人？

师（追问）：谁来告诉老师，这当中哪里出问题了？【开放式】

生9：因为有2位同学两项比赛都参加了。

生10：分成两个队伍时，这2位同学无法分身归队啊！

师：哦，原来是这样。那怎么做才能让别人知道这2位既属于跑步集体，又属于跳远集体呢？大家一起想想办法！【开放式】

（学生组内合作，尝试画图、操作等）

生11：我们的做法是，让这2位同学站在中间。

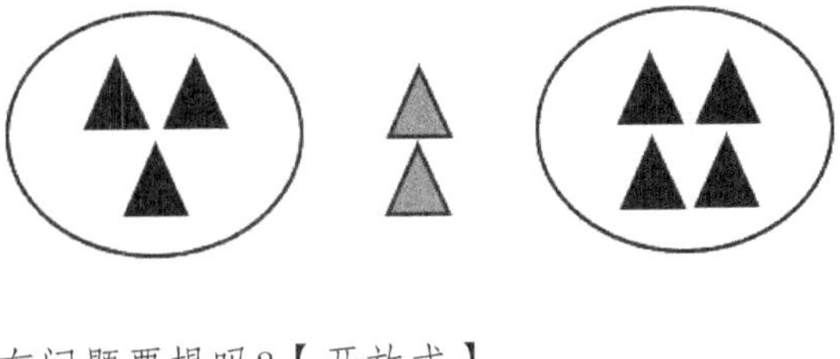

师：其他同学有问题要提吗？【开放式】

生12：请问这两个同学站中间，表示什么意思？

生11：他们既参加跑步比赛，又参加跳远比赛。

生12：你不说，我还以为这是三支不同的队伍去参加三项不同的比赛呢？

师：看来，这样站还是不够清楚，有没有更好的表示方法，让这2位同学放在跑步圈内，又放在跳远圈内？【解释式】

生13：我们的做法是给这2位同学分身，请看下图。虽然2位同学同时出现在两个组里，但计算时只算1次，因为有一个是他自己的分身。

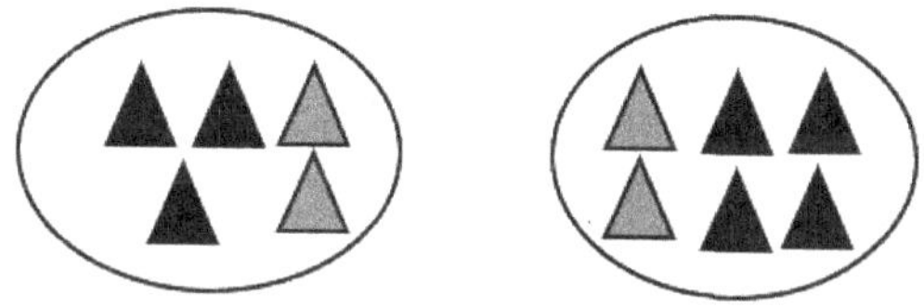

师：你真有想法，这可能会是一个好办法哦！其他同学有建议要提吗？【开放式】

生14：这样的话，不清楚的人会以为真有11人参加了两项比赛。

生15：那2位同学会被重复计算。

师：有什么办法能表示出这2位同学的双重身份，但不会重复计算人数呢？【解释式】

生13：我们尝试把两个圈往中间靠拢，像下面这样：

师：这是一个与众不同的方法！既表示出这2位同学参加两项比赛的双重身份，又不会重复计算人数。谁能看懂这个图的意思？【解释式】

生16：左圈表示参加跳远比赛有5人，右圈表示参加跑步比赛有6人，两圈相交重叠部分表示既参加跳远、又参加跑步的2人。

生17：左圈（不含重叠部分）是只参加跳远的人数，右圈（不含重叠部分）是只参加跑步的人数。

师：说得太清楚了！我们的想法其实跟数学家们的想法很相似，这个图就是韦恩图。【简评式】

从上面的案例中，我们不难发现数学教师综合运用了“简评式”“解释式”“开放式”三种倾听回应方式，让学生在师生对话的基础上充分参与了数学活动。教师适时创设了对话交流时机，让学生在对话中碰撞出思维的火花，与同伴交流自己的观点和见解；在思维的对话中，学生个体的独特经验和数学体验促使知识的主动建构，学生获得的数学活动经验和情感体验也进一步激发了学习的内驱力。

2. 数学课堂中学生的倾听与回应

古希腊先哲苏格拉底曾经说过："上天赐人以两耳两目，但只有一口，欲使其多闻多见而少言。"心理学家的研究数据显示，人的一生约有一半时间在听，可见倾听是一种重要的学习能力；倾听之后能否作出准确回应，更是学习素养高低的重要标志。

数学倾听是接收与加工数学信息的过程，它与数学记忆、想象、分析、归纳等思维活动密切相关，共同完成数学知识的建构、方法的掌握和思想的领悟。新课程背景下的数学课堂，孩子们敢于提问，敢于发表自己的看法，学习方式和思维方式发生了质的飞跃。但是，我们的课堂中仍存在一些不和谐现象：一是相当一部分学生并不会倾听，他们沉浸在自己"思维"的小天地里，不等别人讲完就插嘴；小组讨论时，两三个人同时在说，没人倾听，更谈不上回应，导致小组活动低效无序。二是数学表达不得法，表现为抓不住语音信息的重点，倾向于重复同伴说过的观点，不懂得对获取的信息进行二次整合加工，无法准确表达自己的想法等。由于缺乏正确倾听、准确回应的策略支持，信息交流经常处在不畅通状态。学生缺乏倾听与回应能力不仅让组织教学耗费更多精力和时间，更为严重的是课堂深度无法挖掘，课堂生成无法实现，也直接导致了课堂的肤浅与低效。构建以"倾听——回应"为中心的课堂交往关系，是实施有效教学、实现课堂和谐共鸣的重要保障，在实践过程中，我们提炼了培养学生"倾听——回应"能力的三大策略。

策略一：享倾听之乐，养倾听之习

要学生学会回应，首先应学会倾听，学会倾听的前提是乐于倾听。数学课堂所具有的抽象性、逻辑性，与语文课堂的情景交融、引人入胜的特征有着质的区别。因此，数学课堂上引导学生乐于倾听，需要教师营造倾听氛围，培养倾听习惯。

（1）关注情感，需求引路

心理学研究表明，学生的倾听效果是由学生的兴趣和倾听目的决定的。学生在不同的年龄段有不同的学习倾向，我们应该抓住这些特征设计好每一节数学课。

低年级孩子喜欢有趣味性的课，应充分利用教材提供的卡通素材，同时结合课题引入一定的故事，诱发学习兴趣。如在北师大版教材第二册"加减法（一）"中，教材设计了"青蛙吃害虫""采松果"等故事，借助这些题材，以故事、游戏导入新课，让学生看图讲故事，再根据故事情节提出问题，解决问题，使故事贯穿教学始终，注意力便自然而然地集中于学习中，初步培养倾听习惯。

中高年级的孩子的兴趣逐步倾向于数学生活应用、数学探究的课型，教学中要善于把数学和生活实际联系起来，学生体会到数学的应用价值，注重通过看、做、听、说、写等多种感官结合的探究活动，激发学生倾听的情感，保持倾听的专注度，让学生在动手、动脑、动口的学习过程中获得不同程度的成功愉悦感，巩固专注倾听的习惯。

例如在“百分数的认识”一课中，可以设计如下教学活动：

1. 理解百分数的意义

（1）小组汇报：学生通过讨论，然后小组汇报，用自己喜欢的方式表示找到的百分数所表示的含义，包括文字描述，线段图、扇形统计图、百格图等，并进行板书。

（2）在此基础上再找一找这几个百分数的共同点。

（3）最后总结概念：百分数表示一个数是另一个数的百分之几。

评析：学生利用百格图等方法表示百分数，为理解百分数的意义找到了一个非常直观形象的载体，而且通过学生的分享、对话，教师的适当点拨，不仅能培养学生互相学习的能力，又能让学生在思辨中构建百分数的概念，真正地理解百分数的意义就是百分数表示两个量之间的倍数关系，表示一个数是另一个数的百分之几，而不是停留在机械性的记忆。

2. 深化理解百分数的意义

（1）表示部分与整体之间关系

配置一瓶草莓汁饮料，水占20.5%，草莓汁占79.5%。这两个百分数是什么意思？草莓汁占120%可以吗？

（2）表示两个独立数量间的关系

请用百分数表示两人质量的关系，从而总结出当百分数表示部分与整体的关系时不能超过100%，而表示两个独立数量之间的关系时，就可以超过100%，这里200%就相当于2倍的数量关系。

评析：让学生在比较中思辨，在思辨中理解百分数既表示部分与整体的数量关系，也可以是两个独立数量的关系，百分数也叫作百分率或百分比，水到渠成地突破百分数的意义这一教学重点和难点，并使学生从本质上理解百分数的内涵，理解为什么有大于100%的百分数这个问题。

3. 感受百分数的应用

教师结合生活中的百分数，引导学生思考“有了分数，为什么还要学习百分数”。先让学生比较几个百分数的大小，以及比较几个异分母分数的大小，让学生直接体会百分数的优点是便于比较、观察，在分析、统计数据方面有独特的优越性，从而让学生体验百分数的实用价值。

评析：通过比较分析，总结百分数和分数虽然相差一个字，但是它们的意义却不同，百分数是一种特殊的分数，是一种只能表示数量关系的特殊分数，而分数既能表示数量关系，也能表示数量。也正因为意义的不用，所以它们的读法、写法也有所不同。

（2）洗耳恭听，示范引导

成功的教师都是优秀的倾听者。

一是尽量给每一位孩子提供表达的机会，对每一位孩子的表达做到耐心倾听。教师的倾听，让学生觉得自己得到认可与尊重；在倾听的过程中对学生困惑的焦点、理解的偏差、创新的观点给予及时的建议和点评，对学生来说都是莫大的精神鼓舞，能激起学生发言的欲望，提高发言质量。

二是引导学生学会专注倾听。教师可以通过提问“他（她）的发言你听懂了吗”“听懂了什么”，让学生用自己的话描述别人的观点；也可以通过提问“你同意他（她）的想法吗”“有没有不一样的算法”等，让学生辩证地倾听与思考。这些课堂互动，能给教学营造倾听、思考、表达的氛围，潜移默化地让学生养成倾听的习惯。

策略二：聚焦有效表达，促进互动交流

学习能力、合作意识、团队精神、创新意识，是学生应具备的能够适应终身发展和社会发展需要的必备品格和关键能力，是跨学科的通用素养。在这些必备品格和关键能力的背后，有一种隐性的能力起着重要支撑作用，就是互动交流能力。进行支架式教学，教师要建立起老师与学生之间、学生与学生之间良好的、多样化的交流方式，推动学习的良性发展。

（1）搭建交流平台，激发表达欲望

课堂教学中要倡导师生之间、生生之间的多向交流，呵护学生表达的积极性。让学生面对全体表达见解，而不是面对教师一人，并通过提示语“请大家听我说”“我的汇报完毕，请评价”……，在学生与学生之间建立对话的空间。

（2）搭建表达支架，让学生的表达“传情达意”

学生熟练、灵活地运用数学语言表达数学思维的一种重要能力，是数学学科的关键能力。让学生的表达“传情达意”，首先要学会倾听，能收集与理清别人发言的数学观点，了解别人的思维过程，实现从“听众”向“参与者”的转变。

在倾听的基础上，让学生学会表达：从“无话可说”到“有话可说”，再到“传情达意”。在低年级，搭建表达支架，让学生经历重复老师的话到仿照老师的话，再到用自己的话说出来的过程，使学生有话可说、知道应该怎么说。

如：在加法的教学中，主张教师通过多种多样的情景图，指导学生使用“原来有……，又来了……，现在有……？”“用去……，还剩下……，原来一共有……？”等句式结构来表达，同时，让学生区分条件与问题，说出问句的语气。

中高年段，学生的表达从“有话可说”向“传情达意”逐步过渡。引导学生表达时要关注两个问题：

一是有理有据地表达。数学需要思维的表达，教师应给学生搭建高阶的表达支架，如“因为……，所以……”“……与……对比，它们的共同点是……，不同点是……”“听了某同学的发言，我知道了……，我还想到了……，我质疑……”等句式，让学生逐步跨越最近发展区，到达潜在发展水平。

二是让别人理解自己的话。良好的表达需要融洽的氛围，教师鼓励学生大胆表达自己的想法，更重要的是授予技巧与策略。如：“同伴交流之后，你对自己的观点进行了哪些调整”“表达的时候，最好把观点有条理地罗列，并适当举例子，支撑观点的正确性”“如果你认为对方观点错误，最好能证明，说出错误的理由”。以上支架，能有效地驱动学生持续而深入、有思考且有价值地进行数学表达。

策略三：坚持专项训练，成就和谐课堂

“倾听”和“回应”是密不可分的有机体，听的目的不只是听，有了专注的听，才有准确的应；“倾听”能力通过“回应”来体现，而“回应”的质量又可折射“倾听”能力的高低。因此，把“倾听”与“回应”结合起来训练，学生倾听能力的培养才会相得益彰。

“倾听—回应”是一项复杂的智力活动，倾听的过程和回应的准确度、速度均依赖于注意力、记忆力、想象力等多种能力的支持。日常教学中，关注多种智力发展的常规综合训练必不可少。

（1）“听——算”训练

“听——算”训练就是由老师报出算式，学生记录算式并计算结果。刚开始可以慢速播报，逐步提高速度，算式也由一步计算向两步、三步，再向文字题过渡。反馈可由抢答、“开火车”回答、指名回答等多种形式穿插进行，务必提高全体学生的参与度。在“听——算”过程中学生吸取短暂的声音信息，调动有意注意、短时记忆，并迅速对问题用出反应，对学生的倾听能力有较高的要求。坚持不懈、循序渐进的训练将有效促进倾听能力和思维灵敏度。

（2）“听——说”训练

语言是思维的外壳。“听——说”是最基本的思维能动形式，“听——说”训练与倾听、理解、表达、分享密切相关。在数学课堂中，有意识地进行“听——说”训练，既提高倾听能力，又刺激数学思维的发展，可谓一举两得。遵循小学生数学语言发展的路径——模仿、理解、运用，数学“听——说”训练要注重对数学关系的解释、对数学现象的描述、数学与现实世界的联系。

比如，教学“两位数加减一位数的口算”，基础好的孩子对口算方法的探索兴趣不大，基础薄弱的同学却无从着手。针对此类情况的“听——说”训练可以这样处理：会计算的同学将自己的方法告诉同桌，反馈时教师提问“你的同桌是怎么计算的”。内容复述需要听者进行倾听、接纳、条理化，模仿说话促进了语言能力的发展，这样的问题问多了，孩子们的交流不再盲目，倾听能力的培养自然水到渠成。

又如教学“圆锥的体积”，在归纳“圆锥体积是与它等底等高的圆柱体积的1/3”结论之后，教学顺势提问：举一反三，这句话还可以怎么说？引导学生说出“圆柱体积是与它等底等高的圆锥体积的3倍”“等底等高的圆柱与圆锥的体积比是3∶1”等多种叙述方式。这种以理解、运用为模式的“听——说”训练，激发了学生对同一关系不同表征的多角度分析，调动了倾听的积极能动性，有效开拓了回应的深度和广度。

（3）“听——做”训练

俗语说：“眼过千遍，不如手过一遍”。在小学数学教学中，恰当地让学生动手操作可以使数学知识的抽象性和学生思维的形象性之间架起“桥梁”，使教学事半功倍，而“听——做”训练更是让学生的耳、手、口多感观并用，让学习过程动静结合、趣味横生。

如教学“求一个数的几倍是多少”，新课环节的操作由教师发出指令：第一行摆3个圆，第二行摆的个数是第一行的4倍。学生按指令摆一摆，并与同伴交流：怎么摆的，为什么这样摆？练习环节设计拍手游戏，开始由教师先拍手2下，并提出：同学们拍的是老师的5倍。学生接收信息后按要求拍手，熟练后可由学生出题，同伴之间换着玩。实践表明，学生通过倾听、思考、操作、交流，体验到主动探索获取知识的愉悦，增强了学习的动力和信心，促进了数学思维和语言的飞跃，而这些成功体验又反过来刺激了倾听能力的良性发展。

倾听是金钥匙，开启思维之门，引领学生探求未知的世界；倾听是和风，唤醒耳朵，引发课堂共鸣。建立“倾听——回应”的数学课堂，需要循序渐进、持之以恒的指导和训练。默默耕耘，静待花开，迎来的将是生命拔节的勃勃生机。

（三）数学课堂的预设与生成

一直以来，“认真钻研教材，精心设计教学过程，以达到教学效果的最优化”一直是教师们追求的目标，也是衡量课堂教学成功与否的重要标志。但是，随着课程改革的逐步推进，精心设计的教案似乎已经不那么管用了。即使是被大家所认可的经典教案在实施过程中也会出现不少问题，我想，主要是因为我们重视了静态教案的预设而忽视了动态学案的生成。

下面我们来看一则案例：

“三角形的三边关系”是人教版小学数学四年级下册的教学内容，这节课的学习对孩子们来说是比较抽象的。课前，我精心预设了教学过程，先让学生动手摆小棒，验证任意三根小棒能否围成一个三角形；设想通过实验操作结果引导学生发现两边之和小于或等于第三边的组合是不能围成三角形的，最后借助多媒体课件的演示总结出三角形三边关系的规律。

可是，课中的实验结果出乎我的意料。

在学生分组上台展示实验结果后，同学们对（1cm，2cm，3cm）这组小棒是否能围成三角形存在不同的意见。

“（1cm，2cm，3cm）这三根小棒一定能围成三角形吗？”我故意反问道。“可以！”“老师，我们组摆出来了！”“我们也摆了！”于是，我请小乐在投影下演示，验证（1cm，2cm，3cm）这组小棒能否围成三角形。

同学们瞪大眼睛看着大屏幕。只见小乐非常小心地移动小棒，千方百计围成三角形。台下的一群“军师”不断地发出指令：“这边差一点点，往左移一移”“再往右挪一挪……”认为能围成三角形的同学，都希望自己的猜想能在小乐的操作中得到证明。突然，教室里竟然响起了热烈的掌声。“成功了！”随着一帮“粉丝”的欢呼声，我惊讶地看着大家，再看看小乐围的三角形，图形的三个端点都挨得很近。该怎么办呢？这时，一向大胆的小毅发声了。

小毅：老师，我发现有一端没有搭上，多出一点点了，三角形的三端是首尾相连的。这个不是三角形！

小尹：我不同意！应该是围成三角形了。因为小棒粗粗的，看上去像是搭不上。

小浩：我觉得小棒的确有误差，用我们组的小棒来围就更明显。

…………

争议更大了，一半以上的同学认为能围成三角形。小浩提到了误差，这是一个很好的发现。这个时候应用课件演示解决问题，应该是水到渠成了。正当我打算结束这场“战争”的时候，媛媛的小手举起了。

媛媛：老师，我有一个没有误差的证明方法！

教室里一下子安静了下来，孩子们个个翘首以待。到底是按照计划继续推进，还是放弃计划让孩子们唱主角呢？看着一双双期待的眼睛，我还是郑重地选择了后者。只见媛媛拿着练习本自信地走上讲台，往投影仪上一放，说：“我用画一画的方法，用细细的线段代替粗粗的小棒，避免了误差的影响，证明（1cm，2cm，3cm）这组小棒是可以围成三角形的。”媛媛边说边量，三根线段长度都适合，头尾也相连。怎么会冒出这么个“馊”主意，看上去竟然还天衣无缝，我该怎么圆场呢？

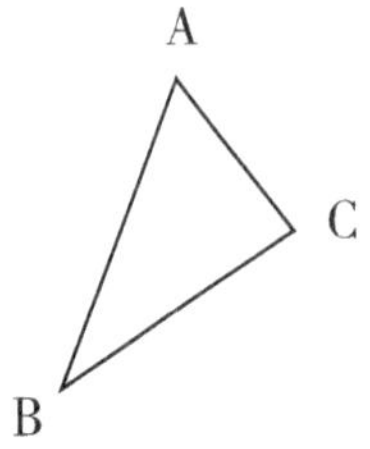

忽然，小丁站了起来：“老师，我觉得有点不对劲！记得上次您跟我们讲过猫捉老鼠的故事，那路线图跟这三角形相像，AB线的路程比ACB线的路程要短，这不是跟我们的实验结果相矛盾了吗？”

教室里先是安静了下来，接着便像炸开了的锅。

小毅：对呀，从猫捉老鼠的故事来看，AC+CB应该大于AB。

小青：从图上看，路线ACB和路线AB一样长是不合常理的。

小芳：那为什么媛媛就能画出来呢？

教室又安静下来了……

小浩：我看出来了，2cm和3cm两条线段的交点不在3cm的末端，而是往前靠了一点点，也就是第三边实际上没有3cm，只有2.9cm左右，所以刚好能围成三角形！

好一个惊人的发现！趁热打铁，我正打算顺势推出课件演示，电脑迷小强发言了。

小强：老师，借助电脑摆小棒会不会更容易看懂呢？

正中下怀，我干脆请小强上台操作电脑。小强认真地用鼠标摆弄着三根小棒，小晶指着课件上的小棒说：“上面两根小棒往下靠一点，或许就能围成三角形。”经她一说，有的学生也开始附和：“再往下一点，再靠拢一些！”于是，小强在大家的“指示”下完成了操作。（过程如下图）

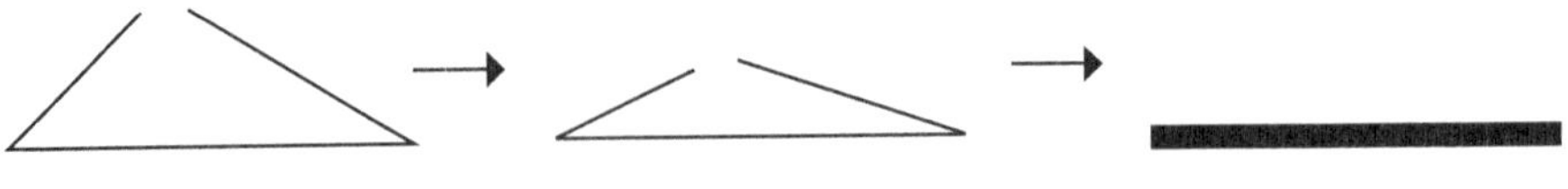

最终，两根小棒连接成了一条直直的线与3cm的小棒重叠了。

刚演示结束，几位孩子叫了起来：“我知道为什么围不成三角形了。因为两根小棒合起来和第三根一样长，它们都重叠了。”我点着头追问：“是啊，那怎样才能让它们围成三角形呢？”

“只要把其中的一根短的小棒换长一点点，两条短的线段加起来比3cm要长，它们在上面就能碰上，不会重叠，就可围成一个三角形。”小乐说道。

媛媛：我也明白了，不但可以把短的线段换长一点，还可以把3cm的线段换短点。这样的话1cm和2cm两条线段的距离近了，它们就能搭上了，就可以围成三角形。

“那两条线段的长度和多长时，就能围成呢？”我紧接着追问。

“只要是两条短的线段之和比另一条长的线段长一些就能接上，就可以围成三角形。”好一个爱思考的孩子。

…………

精心预设并没有顺利上演，但这节课却在学生一波三折的推动下精彩地生成了。预设与生成，是高效课堂的双刃剑。处理好预设与生成的辩证关系，是“导研互动”课堂“对话”质量的关键。

1. 生成的精彩离不开预设的精心

没有高质量的预设，不可能有精彩的生成。我们在预设教案时，关键要准确把握教材、学生、教学资源等重要因素。

教材是面向所有教师和学生编写的，它不一定适合教师个体的教学和所有学生的学习。进行教学预设时，应该在深入理解教材的基础上，根据学生的实际和自己的教学风格对教材进行适当的改编或重组。

教学是一个师生互动，共同发展的过程，应该尽可能多地了解学生、预设学生学习的方式和解决问题的策略，做到心中有数。

动态生成本身就是一个随机开发和利用课程资源的过程。为收获生成做准备，在教学预设时，我们应该注意为学生提供丰富的课程资源，指导学生通过各种渠道查找相关资料，如网上搜索、图书阅览、调查采访等。

2. 及时调整“预设”，为“生成”制造时机

成功的课堂是预设与生成的结合体，高质量的预设是课堂教学成功的前提，动态生成则是课堂教学成功的关键。在教学过程中，要善于捕捉学生的思维火花，找准课堂上动态生成的切入点，形成动态生成的教学智慧。课堂中，大致可从以下几个时机制造“生成”。

时机一：放弃预设，制造生成

预设是组织教学的主要依据，为教学活动的有序开展提供保障。但是如果完全按着教案，牵着学生的鼻子走，“以学生发展为本”的课程目标就难以实现。教学过程中，善于倾听，有选择性地放弃预设，根据学生的思维状况推进教学进程，是教师应该尽力去做好的。在刚才的案例里，正是由于教师在适当的时候放弃了预设，把课堂的主动权交给了学生，也就开拓了一片精彩的天空。

时机二：选择预设，等待生成

生成需要时间，时间是生成的必要条件。课堂教学中，我们应该为动态生成保留空间和时间，充分满足学生的表现欲，激发学习动机，让学生亲身体验知识的产生过程。

在刚才的案例中，多媒体课件的使用是必要的。教师在课前作好了充分的准备，根据孩子们课中的认知和思维进展状况，灵活地利用了多媒体课件，为孩子们架设了“抽象”到“直观”的桥梁。生动形象的操作演示帮助学生顺利完成了知识的建构，激发起学生对知识理解的升华。事实证明，在这个环节上给孩子保留建构的时间和空间是必要的，这个生成是需要等待的。

3. 准确找到预设与生成的平衡点

为了使课堂教学尽可能完美，我们在课前总是多维度地设计教学过程并考虑：教学目标的具体化、各维度和各层次目标如何随着教学进度逐步达成，如何引导学生进行数学思考、提高解决问题的能力，等等。但在实际教学中，教师应根据师生交往的具体进程，随时整合课前的具体预设。

如何在课堂实践中准确地找到预设与生成的平衡支点，促进学生全面、持续、和谐的发展，促进教师专业化水平的提升？我们提炼了以下四个策略：

策略一：提升教学理念，确立主体地位

叶澜教授在《重建课堂教学过程观》一文中指出：“要把教学过程看作师生为实现教学任务和目的，围绕教学内容，共同参与，通过对话、沟通和合作活动，产生交互影响，以动态生成的方式推进教学活动的过程。”这也就是要使师生在教学过程中真正建立起特殊的“人—人”的关系。试想如果教师心中没有学生，没有“一切为了学生发展”的理念，怎会有促进学生发展的教学设计，怎会主动追求有效教学的动态生成，怎会为学生一生发展着想？更新观念，提升理念，才能促使我们深入研究促进学生有效发展的策略，从而激发、培养学生“主动、健康发展的意识与能力”。

策略二：重塑师生关系，唤醒主体意识

课堂教学是师生人生中一段重要的生命经历。学生作为一个现实的、主动的、具有创造性的生命体，带着自己的知识、经验、思考、灵感参与课堂教学。他们是课堂教学的主体，更是教学“资源”的重要构成和生成者。“他们在课堂活动中表现出来的学习兴趣、积极性、注意力、思维方式、合作能力、发表的意见、建议、观点，提出的问题与争论乃至错误的回答，无论是以言语，还是以行为、情绪方式的表达，都是教学过程中的生成性资源。”只有真正做到：了解每一位学生，相信每一位学生，尊重每一位学生，感谢每一位学生……并努力地将它贯彻到自己每一天的教学实践中，具有生命色彩的动态生成一定能得以活跃在教学过程中。

策略三：设计弹性方案，拓展自主空间

德国教育家克拉夫基说：“衡量一个教学计划是否具有教学论质量的标准，不是看实际进行的教学是否能尽可能与计划一致，而是看这个计划是否能够使教师教学中采取教学论上可以论证的、灵活的行动，使学生创造性地进行学习，借以为发展他们的自觉能力作出贡献——即使是有限的贡献。”因此，从生成与建构的实际需要出发，对课堂教学进行预设时，应“着眼于整体，立足于个体，致力于主体”，设计弹性方案，为师生在教学过程中发挥创造性提供条件，给学生留有充分想象的余地和自主建构的空间。首先，在设定教学目标时，不仅要有知识目标，更重要的是还要预设学生在这节课可能达到的目标；其次，在实施过程的设计上要“大气”，重在全程大环节的关联式策划，它可以包括教学过程中教师活动、相应的学生活动、组织活动的形式、活动期望效果的假设、师生互动方式及产生的预想目标。在此基础上形成综合的、富有弹性的教学方案。

策略四：驾驭实施过程，培养自主能力

设计得再完美的构想，如果没有实践的支撑，那也是一堆“固化”的、“僵化”的符号。如何使书面的预设构想“鲜活”起来，使其成为课堂教学的精彩动态，是我们的最高追求与终极目标。这就要求教师充分发挥主观能动性，在教学过程中不仅要成为知识的呈现者、对话的提问者、学习的指导者、学业的评价者、课堂的管理者，更要成为信息的重组者、动态生成的推进者。灵活驾驭教学过程，推进教学过程在具体情境中的动态生成，可促使教学过程真正呈现出动态生成的创生性质。

教学是一门遗憾的艺术，每节成功的课都是预设与生成的结合体。“没有最好，只有更好”，追求预设和生成的和谐统一，实现师生的共同发展，是“导研互动”课堂的最高境界。

三、“导研互动”数学课堂“对话”的实施

巴西教育家保罗·弗莱雷曾说，“没有对话就没有交流，也就没有真正的教育”。“导研互动”数学课堂的“对话”，是持续进行着的广义的“对话”。“对话”是“导研互动”课堂显著的特点。把数学学科的抽象性和应用性有机统一在实现“对话”教学中，将使数学教学充满创造性，能为学生构建深度学习的新天地。因此，在“导研互动”教学中，教师、学生、文本，都是对话的参与者。

“课改”以来，数学课堂的对话仍存在一些问题，主要表现为以下三个方面：

（1）学生话语权虚化。课堂普遍存在学生主体虚化的现象，师生处于不平等对话现状。有的教师主宰着课堂的话语权，“独白”“一言堂”贯彻始终，师生对话失衡；有的课堂设计了生生讨论环节，但是讨论的价值和必要性不高，而且在学生讨论过程中，教师处于“休眠”状态，没有及时发挥引领者、管理者的作用，表面上讨论场面热闹、学生参与度高，实质抢话、闲话、胡话充斥。学生缺乏深度交流，在课堂中蹉跎了岁月，变相虚化了学习权和话语权。

（2）课堂对话呈现单一化、线性化。“满堂问”现象普遍存在，学生在课堂中处于被动接受位置，教师通过琐碎的线性一问一答“逼”出答案；生生对话形式较多存在于小组内合作学习中，缺少面向全体的生生多向对话交流。课堂对话呈现线性排列，形式单一，学生学习的主动性没有得到充分激发。

（3）生本对话没有引起足够的重视。数学教师普遍对生本对话不重视，认为阅读是语文学科的事情。殊不知缺少良好阅读素养的学生，也是难以应对其他学科学习的。学生与数学文本的对话，不同于日常师生对话，它是一种静默语言的运用。学生通过对文本的加工与理解，汲取并认识数学世界，学会用数学的思维方式观察世界。与文本的对话，帮助学生积累阅读、分析、理解能力，这将为学生有声数学对话的实现提供有力的保障。

“导研互动”数学课堂倡导课堂对话从单一逐步走向多向，从线性走向互动，转变师生关系，营造民主的数学课堂文化。相较于学生屈从于教师“权威”，附和于教师想要的“答案”，民主平等、思路各异的“多向交往”关系更有利于学生发表自己的见解或想法，更有利于形成自由表达、相互探讨的学习共同体。

（一）平等师生对话，激发学习的内力

在日常教学中，教师在与学生的对话中总是下意识地引导，使学生之间的对话快速地向一个达成“共识”的方向靠拢，以便生成数学知识性的结论，快捷地进入练习环节。诚然，这是受教学目标、教学效率等客观因素所制约的。但是，

这样的“共识”性引导，必然导致课堂教学的对话流于形式，师生对话是“假平等”，学生的课堂互动都是“假参与”。学生对知识的认知还没有充分浸润，思维还没有碰撞出理性的火花，就走上了“求同”的道路，虽然快速到达终点，但终是错过了沿路风光。平等的师生对话，是一种朴实而让老师们穷极一生的教学追求，其力量之强大非三言两语能够道明。

2014年，蓬江区实验小学有幸成为特级教师黄爱华老师“生命化教育‘大问题’教学”课题研究的实验学校。在现场研讨会中，我近距离聆听了黄爱华老师执教的五年级“方程的意义”。该课堪称“平等师生对话”的典范。它没有华丽的多媒体课件，没有引人入胜的情境创设，从容而幽默的语言把数学娓娓道来，却让人强烈感受到黄老师对学生学习规律的充分尊重，对数学知识本质的执着追求，对至真至简课堂的智慧演绎。在“平等师生对话”的包围中，学生实现了对方程的深刻认识，“方程”不再是一个符号，而是解决问题的工具与策略。

【片段一】看完“连续剧”，你对方程有深入的认识吗？

同桌一起看“连续剧”（如下图，教材的一组连环画），交流之后推荐三位同学上台与老师合作，用“平衡、如果、式子、等式”这四个词语，向全班同学讲解“连续剧”。

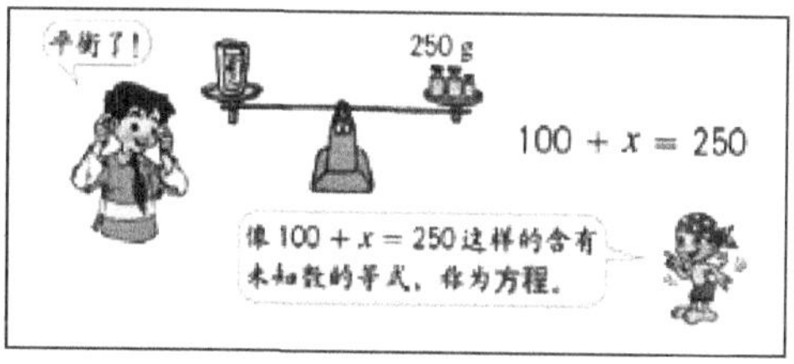

生1：电视剧马上就要开场了，请同学们看第一集，屏幕上出现一个天平，天平的左边是一个空杯，这时的天平是平衡的，说明空杯的重量等于砝码的重量——100克。接下来的故事又会怎样？请看下一集。

师：从第一集当中你能得到什么重要的信息？

生1：天平平衡的时候，两边物体的重量是相等的，平衡意味着相等。

生2：请看第二集。女孩往空杯里倒了些水，只见天平往杯子那边倾斜了，爱思考的男孩想：如果水重x克，杯子和水共重（100+x）克，（100+x）显然要比100克重，此时天平不平衡。怎么办呢？

生3：第三集开始了。如果添加100克的砝码，还是左边重，再添加100克的砝码，结果右边重了。忙了半天，天平还是没平衡！但是我可以得到一些式子：$100+x>200$，$100+x<300$。

师：看完第三集，大家能受到什么启发？

生4：我知道这杯水的质量在200克到300克之间。

师：第四集开始了。这杯水的质量在200克到300克之间，我想，不能再添砝码了。我把一个100克的砝码换成50克的砝码，这时天平平衡了！平衡意味着什么？

生5：平衡意味着相等，一杯水的质量等于250克。

生6：可以写成$100+x=250$，这就是方程！

师：方程列出来了，也就意味着什么？

生7：意味着可以求出x了。

师：真好！天平平衡了，可以列出方程；有了方程，就意味着有办法求x了！看完连续剧，你对方程有深入的认识了吗？

生7：方程离不开未知数，一定要找到一些线索，列出方程就能求出未知数。

师：这“线索”讲得多好！“线索”可以理解为一种平衡的关系。$100+x=250$这个方程源于这个天平的平衡，这个平衡是为了解决“水有多重”的问题。所以，方程到底是什么呢？

（1）为了解决问题；

（2）找到一种平衡；

（3）写成含有未知数的等式。

这就是方程！

赏识：方程是“数与代数”领域一个非常重要的概念，又是一种数学模型。要使“获取概念”和“建立模型”并驾齐驱，图解“连续剧”真是一剂良方。“平衡、如果、式子、等式”四个关键词的穿针引线，巧妙地引导学生把生活语言转化成数学语言，经历了数学化、符号化的过程，实现了“直观感知—抽取剥离—内化提升”的思维飞跃。黄爱华老师在这个环节放慢脚步，教学始终紧扣着“方程是表示已知数量和未知数量之间相等关系”这一本质特征，以细火慢炖的对话姿态等待学生的感悟与发现。“平衡意味着相等”“如果水重x克，杯子和水共重（100+x）克”“我可以得到一些式子：100+x＞200，100+x＜300”“天平平衡了，可以列出方程；有了方程，就意味着有办法求x了”。

这是多么重要的发现！连听课老师也忍不住要感叹！“看完连续剧，你对方程有深入的认识了吗？”这个提问尤显珍贵，引领学生回顾反思，把刚才的发现综合提炼，由点及面、主动建构，实现对方程认识的质的提升。

【片段二】数学是不是有点偏心？

师：刚才我们写过2个式子：100+x＞200，100+x＜300，像这样的含有未知数和“＞、＜”的式子，叫不等式。在数学上，含有未知数的等式叫方程，含有未知数的不等式，还叫不等式。数学是不是有点偏心？这点偏心有道理吗？（同伴交流）

生1：通过列方程我们可以求出未知数，通过不等式不能求出未知数，所以没有给不等式起特别的名字。

生2：通过不等式只能知道未知数的范围。

生3：我觉得方程就是方便的过程，方便我们求未知数。

（现场响起热烈的掌声……）

赏识：“数学是不是有点偏心？这点偏心有道理吗？”诚然，这个问题对学生来说是有难度的。但是，数学上的这点“偏心”还真是有理有据。同样有天平和砝码，同样能写成式子，为什么命名时要区别对待？正是这个看似不起眼的问题，正是这种寻根问底的索求，让课堂向知识的本源迫近，让真正的学习发生。通过思考、交流、思维碰撞，学生进一步体会到只有在天平平衡之时，也就是在未知量和已知量之间存在相等关系时，才能最终确定未知量，而未知量与已知量之间的这种相等关系，即可以概括为“含有未知数的等式”——方程。从这种意义上说，方程还真是“方便的过程”。为学生的顿悟感动，更为教师的大胆提问称赞！

【片段三】没有天平的时候，还能找到平衡吗？

师：当没有天平的时候，在新的问题情境中还能找到平衡吗？

请看图，哪个字或词帮助你找到平衡？

生1：“一共”。

生2：“4块月饼”和“380克”。

师：“4块月饼”和“380克”分别代表方程的左边和右边。到底哪个词表示“平衡”呢？

生3：我认为是“是”字。

生4：我也认为是“是”字！

师：对！因为这个“是”字，使得我们敢写“=”！

下一题，连“是”字也没了，会写方程吗？

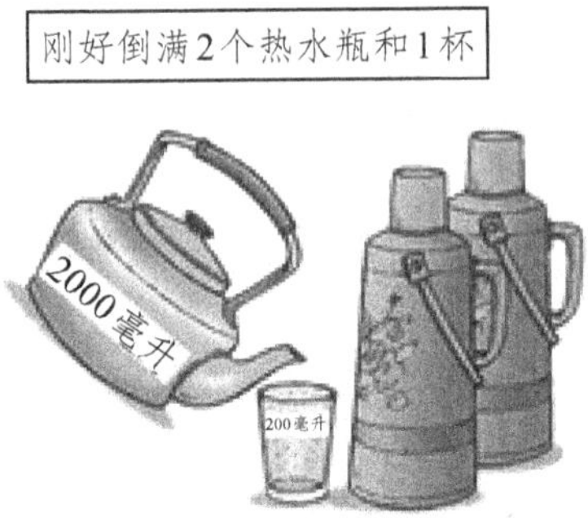

生5：2x+200=2000。

师：我们能列出这个方程是因为抓到了哪个词？

生（齐）：“刚好”！

赏识：天平是本单元教学中一个十分重要的媒介。但是，天平揭示的只是一种特殊的相等关系，方程的意义远比这个丰富得多。有经验的老师都知道，学生在后续学习中经常遇到的困难是不能准确、迅速地找出数量间的相等关系。而一味依赖天平，将使学生对“方程表示数量间相等关系”的理解狭隘化，这正是列方程解决问题的瓶颈所在。脱离天平，引导学生在具体情境中找出等量关系，既是对方程意义的拓展，也为后续学习埋下伏笔。黄爱华老师的提问始终以提炼关系、体会等价为重心：“当没有天平的时候，哪个字或词帮助你找到平衡”“我们能列出这个方程是因为抓到了哪个词”。正是这样一步步走来，抓住了学习中承前启后的链接点，真正的师生平等对话，为孩子们搭建了思维路径、拾级而上，方程模型的构建方能由表及里、得心应手。

这节“方程的意义”，黄爱华老师以“平等对话”构筑课堂学习大空间，以

“大问题”教学研究为支撑，力图带领学生对方程的认识从表面趋向本质，课堂上数个精彩瞬间凝聚了教师的匠心独运。

1. 问题先导，让学习发生

常言道：学问学问，既要学又要问。问题是学习的核心，黄老师的“大问题”教学研究直指学习方法的本质，与之有异曲同工之妙。上课伊始，黄老师以“关于方程，你想知道些什么”一问诱发学习动机。这种“学生在前，教师在后”的课堂无疑是开放的，因为这些问题不是教师事前都可以预设的；同时，它也是真实的，问题是在学生经历思考之后提炼出来，是基于学生自身需求的真实问题，而不是仅仅基于教师所理解的教学重点、难点。带着这些问题，学生津津有味地开启了富有挑战性的攻坚之旅，在获取知识的同时，更获得了一种寻找问题解决的意识和素养。这种基于学生个体理解力，鼓励学生大胆探索的课堂，悄悄点燃了学生的学习意识，让真正的学习在学生身上发生。这种学习终将催化素养的形成，成为学生身心真正成长的标志。

2. 紧扣本质，让学习深刻

什么是方程？带着这个问题，学生在上课伊始就轻而易举地从课本上找到了答案：含有未知数的等式。但是，学生懂得从这个意义出发去判断一个式子是不是方程，教学任务就完成了呢？这个形式化的定义能让学生真正认识方程吗？正如张奠宙教授所说“这个定义其实并不重要，那只是‘方程式’的一个外观描述，没有体现方程的本质”。方程的内涵本质是什么呢？张奠宙教授指出：“方程是为了寻求未知数，在未知数和已知数之间建立起来的等式关系。”

这节课，黄老师始终站在“理解方程的意义，获得方程的思想”的制高点，把“知道方程表示数量间的相等关系”作为教学重点；以解读“连续剧”为载体，引导学生寻找相等关系——用数学式子表示相等关系——认识方程——根据相等关系列方程——寻找相等关系列方程。通过环环相扣的巧妙设计，让学生在体验、辨析的过程中，深刻理解列方程就是为了求出未知数，列方程的关键就在于抓住等量关系，列出含有未知数的等式。在黑板的正中央，黄老师书写了三行苍劲有力的大字：（1）为了解决问题；（2）找到一种平衡；（3）写成含有未知数的等式。三句简短而通俗易懂的话，正是对方程本质属性的高度凝练，也是他对方程教学的前瞻性、本质性的追求。以这三句话贯穿始终的课堂，引领学生直面方程，深刻领会了方程的意义，实现了算术思维向代数思维转变的重要飞跃。

3. 关注情感，让学习发酵

一节课的成功不仅仅是完成教学任务，更重要的是让学生获得后续发展。孔子云：知之者莫如好之者，好之者莫如乐之者。教学过程应该成为学生的一种愉悦的情绪生活和积极的情感体验。黄老师的课是真正“平等对话”的课，亦师亦友的黄老师感染着在场的每一个人。从教学设计，到课堂语言、眼神、动作，无不流露出他对每一位学生的关注，他是真正“心中有学生”的老师。

大班制授课，面对众多举起小手要求发言的孩子，黄老师会环顾一圈，说：“有十几个同学想要发言，真好！嗯，先请你说！”前半段话看似是自言自语，但是字字句句都落在所有学生的心坎上，传递着重要的情感信息，使举手的孩子强烈感受到“虽然没点到名，老师还是表扬了我”；同时，没举手的孩子也感受到“我要努力，老师在关注我”。这是对全体学生一视同仁的大爱，是以生为本的教学智慧。

课末谈感受，一个男生结巴地说：“好多老师听课，我……表现得不够好……”黄老师轻拍他的肩膀说：“其实多锻炼就不紧张了，你今天的表现很好，积极思考问题，手也举得很快！”真是雪中送炭的温暖。一个细微的动作，一句有力的肯定，饱含了亲近、支持与鼓励，像一剂强心针注射到每个学生心里，传达着老师对学生的尊重与信任：即使表现不尽人意，老师依然会关注我的点滴努力。于是，我们可以看到更多的学生有超越自我的出色表现，学习在积极情感的催化下悄悄发酵。因为有爱，所以关注；因为无微不至的关注，所以收获满满的爱。正如著名教育学家苏霍姆林斯基所说：“教育者的关注和爱护在学生的心灵上会留下不可磨灭的印象。”黄老师以纯朴深厚的师爱、精湛高超的教学技艺，孕育了学生对老师的爱，打造了民主、平等、友爱的课堂文化，滋长了积极乐观的学习情感，让数学学习持久发酵。

（二）多向生生对话，共享思维的盛宴

从教多年，我在课堂中遇见了不少“意外”，这些“意外”使得课堂教学一波三折。其结果是柳暗花明还是荒野迷踪，往往取决于我们的价值追求。

在一节“亿以内的口算加减法”的新授课上，我向学生提出了问题：“540-370等于多少？你是怎么计算的？”不一会儿，学生纷纷举手，说出了多种多样的计算方法：

①540-300=240，240-70=170；

②540-400+30=170；

③140-70=70，400-300=100，70+100=170；

④540-340=200，200-30=170；

⑤54个十减37个十得17个十，也就是170。

交流反馈进行得非常顺利，学生的回答完全在我的预设之中。正当我准备鸣金收兵时，平时很少发言的张果果举起了怯懦的小手。我有点不耐烦，主流的算法已经全部呈现，优化算法也统一了，她还有新点子？为了不挫伤她的学习积极

性，我还是请了她回答。张果果说：“老师，我认为还可以这样算：500−300=200，70−40=30，200−30=170。”果果同学真是一鸣惊人。教室里先是沉默了一阵子，接着炸开了锅，孩子们开始议论纷纷。这种算法似乎说不通，可是结果正确，该怎么解释呢？草率结束恐怕是不行了。既然问题已经提出来了，何不让同学们一起来探讨，让思维多飞一会儿，说不定是一次难得的教育契机。于是我改变了原来的授课计划。

经过小组交流后，同学们展开了一番唇枪舌剑：

小丁：“我不同意果果的说法！虽然计算结果碰巧相同，但是小张用70−40是不正确的。因为40是被减数里的一部分，70是减数里的一部分，‘减数−被减数’是不对的！”

兰靖：“我认为果果的想法没错。因为540−370，如果十位上够减，那么百位上5个百减去3个百就剩下2个百，但是从70−40=30可以知道，十位上再多3个十才刚好够减，所以要从2个百里减去3个十，即200−30=170，所以540−370=170。”

小方：“我也认为是对的。如果被减数再多30，十位上就刚好够减。那么把540看作570，用570减去370后再把多算的30减掉，就是170。”

罗莉：“对！用‘70−40’只是为了算出被减数和减数十位上的相差数。”

吴刚：“我刚才用这种方法试做了5道题，结果都正确。小张的想法是对的！”

王平：“老师，我发现这种算法有时候行不通。我刚才做690−350，‘50−90’没法计算。”

吴刚：“当十位上不够减的时候，这个方法就合用。”

小东：“这个方法只有在退位减法中才适用。”

…………

就这样，在多向生生对话的思维碰撞中，学生总结出了一条退位减法中适用的计算规律。这个计算规律不是教材给的，不是老师教的，而是大伙齐心协力追求真理的智慧结晶。下课了，孩子们意犹未尽，课虽终而思考未了，几个小分队还在埋头举例子，试图进一步验证结论的合理性和适用性，张果果便是其中特别活跃的一位。孩子们热情高涨的学习劲儿着实感动了我！

面对学生的各种“意外”表现，为师者常常会担心学生说不好，尤其担心后进生的回答影响了课堂预设的紧凑性。但是，在知识爆炸的时代，孩子们所吸收到的信息和知识已经远超我们的想象。他们的脑袋越来越灵活，想法越来越新颖，其创造性的思路，精彩的回答，不就是督促为师者不断提高自身素质、在业务上精益求精的强大源动力吗？让思维多飞一会儿，保护学生思维闪烁的灵光，是教师机智特质的体现，更是师爱品格的体现。

张果果提出的方法虽然有凑数之嫌，但也不失研究价值。善待学生的异想天开，提供平等交流、表达的机会，学生也会还我们一个灵动多姿的课堂。我很庆幸自己没有采取草率的态度，简单地终止学生回答。我的当机立断，保护了一群孩子数学思维的创新萌芽，也领略了众人拾柴火焰高的强大力量。这一刻，学生成为我的老师，教育了我。我们给孩子什么样的教育，正是孩子给予明天世界的。

感谢当机立断的自己，给孩子们让出了研学的罗马大道；感谢勤思好学的孩子们，给平凡的课堂赋予不平凡的价值启示。

1. 设计有价值的对话主题

教师要善于提出有意义的话题，开拓生生对话的空间。所谓“有意义”，包括三个方面：

一是启发性，能真正引导学生进行质疑、反思、求证。不能只停留在“对不对”“行不行”等判断性质的话题，更要捕捉课堂的随机生成，提出分析性、创造性、评价性的话题。在学生完成练习题后，相对于“这位同学做对了没有”，“你对他的解答过程有什么看法”更有利于启发学生深入思考，触发分析、比较、评价等高阶思维的生成。

二是适切性，话题不能太大，大了很难说清楚，学生无从回答，在有限的时间里纠缠不清，影响课堂效率；也不能太小，一句话就能说清楚，没有对话的空间与价值。

三是开放性，教师要善于将数学知识由原来的“学术形态”转化为接近学生活动经验的“生活形态”，使对话主题具有结构不良、结论开放、形式灵活等表征。例如：有一个平均水深1.5米的水池，身高1.4米的小东不会游泳，掉到水池里会淹着吗？这是一道较隐蔽的条件开放题，题目已知的1.5米是平均水深，要知道小东会不会被淹，还得看他是从哪个地方掉下去的。从浅水区、深水区或者1.5米处掉下去，结果都不一样。这样的结论开放型话题，将激发学生你一言我一语，各抒己见，产生思维的碰撞，生生对话就有了深度，充分体现了思维的创新性和灵活性。

2. 建立民主和谐的对话文化

“导研互动”数学课堂提倡建立民主、尊重、和谐的对话文化。民主、和谐的对话环境就是形成一种“求同存异”的交流氛围。尊重是建立良性对话文化的基石。只有让学生学会尊重，接纳自我、包容别人，才能有效实施多向互动的对话课堂，才能激发更多的学生参与课堂对话。小学生容易以自我为中心，在对话中忽略别人的感受，或者为了对错争个高低，这些对话于学习本身而言是弊大于利的。教师要正视、尊重和利用学生个体的差异，针对对话学习环境制订学生相处原则，让学生在思维的碰撞中提升认识，而不只是为了狭隘的争强好胜。

为此，教师应关注学生的课堂表现，对倾听后能有所回应的学生，给予鼓励的目光，给予语言或行动赞赏；对于表达诚恳、观点精彩的，要大力肯定学生的立场及表现。鼓励学生勇于肯定别人的观点，对与自己观点相同的同伴表示积极的赞同；鼓励学生以开放的心态接纳不同的看法，不要急于否定别人，而是通过“摆事实、讲依据”进行理性回应。建立课堂对话语流，教师应引导学生用“观点+理由”的方式进行对话，使用“我同意××的说法，因为……”或“我不同意××的说法，我觉得……”，“我想补充说明……”或“我有不同角度的看法……”等语流，逐步开启生生之间的深度对话。教师也可以运用启发式提问，如“谁能听明白他的意见”“谁能对他的意见进行补充”“谁能评价他的观点”。有了这些启发，课堂里无价值的争吵将越来越少，平等、和谐状态下的依理之争将促使教与学取长补短，实现智慧共享、共同进步。

（三）解构生本对话，触摸数学的脉搏①

“导研互动”数学课堂的生本对话，是以学生对数学文本的阅读和理解为基础的。生本对话的主旨，就是引导学生在积极主动的认知参与中将个体感受和文本意义交融在一起，是学生运用已知的生活经验、知识水平和思维能力来理解数学语言，领会数学文化的心理过程，在阅读过程中逐渐形成的信息筛选、语言转换、概括迁移、逻辑思维与元阅读等能力。生本对话能力是学好数学的必要条件，要求学生在数学阅读过程中能对文本、符号与图形这三种语言形式进行互换，在对数学材料进行类比、归纳，能按照逻辑规则进行思维推理。生本对话能力是学生可持续发展的动力。

1. 选材有序，激发生本对话的积极性

皮亚杰认为，主体对客体的认识，是不断发生着改变的建构，从比较简单的结构到比较复杂的结构，这种发展形式是永无止境的②。生本对话，素材不限于数学教材。教师要基于学生现有的知识经验，以同期的数学知识为契合点，挑选与学生心理发展规律和认知水平相匹配的读本，真正地能够激发学生求知欲，从而有效地提升学生的数学阅读能力③。在低年级阶段，由于学生的识字量不大，建议挑选以图画为主，文字为辅的数学绘本。到了中年级，学生基本上有了一定的知识储备，这个阶段可安排一些连环的数学故事。而高年级的学生还可以加入一些数学的文化、数学家的故事等。

①该文发表于《读写算》，有节选。

②皮亚杰. 发生认识论原理[M]. 北京：商务印书馆，1982：93.

③沈琦. 巧用数学绘本，提升小学生数学阅读[J]. 江苏教育研究，2021，7B/8B：88-90.

2. 安排有度，分享生本对话的快乐

小学生的注意力比较容易分散，持续时间不长，学习以无意注意为主导。所以，提倡教师安排定期的统一的、集中阅读时间，并布置适当的阅读任务。例如，定期举行阅读分享会。以小组为单位，每一期安排一人参与分享，并给做得好的小组和个人进行嘉奖，以此调动学生的阅读热情。

以下是秦子媛同学在课外阅读之后，带着所感所思进入课堂的学习经历。这篇小文章记录了她分享阅读的快乐心情，投入生本对话，使她收获了意想不到的学习能效感。

探寻“7”的倍数奥秘①

广东省江门市蓬江区农林小学　五（6）班　秦子媛

近来，通过一个单元的学习，我知道了2、3、5的倍数特征。今天的数学课练习上，我们还通过练习题发现了4的倍数特征。看似简单的数，却藏了这么多规律，实在让我着迷！

课中，许老师还问道：“同学们，除了2、3、5、4的倍数特征，你还知道哪些数的倍数特征吗?”同学们都陷入了沉思，我也在脑袋里翻着记忆。突然，我想到了前两天看的《数学读本》里“‘7’的故事”，于是，激动地举起了小手！

许老师很快就发现了我，请我回答。我高兴地站起来给大家讲《“7”的故事》：判断一个数能否被7整除，不能简单地从数的特征上去判断，一般采用“割减法”。所谓“割减法”，就是把一个数的末位数字割去，再从余下的数中减去所割数字的2倍，这样一次一次循环计算下去，如果最后得到的数是7的倍数（包括零），那么，原来这个数就能被7整除；如果最后得到的数不是7的倍数，原来这个数就不能被7整除。

当我讲完时，同学们一脸懵懂地看着我。这时，许老师笑着说道：“请你在黑板上，举个例子说明一下可以吗?”于是，我快步走上去拿起粉笔，“刷刷刷”地边说边写起来：“我们一起来看一个例子，大家就会明白了。”

4431……割去末位数字1
－　2　……减去1的2倍
441　……再割去末位数字1
－2　……减去1的2倍
42

“因为42是7的倍数，所以4431能被7整除，这种‘割减法’对于判断数目不大的数能否被7整除，还是比较容易操作的”。

①此文发表在《教育周刊》2022年第22期。

当我讲解完时，同学们紧锁的眉头慢慢舒展开了，大伙儿不约而同地鼓起了掌！说真的，这一刻，我激动万分。许老师还给我一个大大的赞！

这时，调皮的豪豪提了个问题：“为什么7的倍数的判断方法跟其他的不相同呢，这里头有什么数学奥秘吗？”这个问题就像石头砸进水中，掀起了新一轮的热潮。许老师夸奖了豪豪是一个爱思考的孩子，同时让我们带着这个问题课后查找数学资料，明天再讨论研究。晚上，我查阅了数学资料，发现关于此方面的资料很少，我冥思苦想都毫无头绪。

第二天，上课铃一响，我们全班都坐得端端正正，等待揭秘的一刻。只见老师把昨天的算式重新写在黑板上，娓娓道来：从竖式中可以看到，由于4431去掉末尾的1，变成443，减去1的2倍，也就是2，就是从4431里减去了21，这个21刚好能被7整除；再从441里去掉末尾的1，再减去2（1的2倍），相当于4410减去210，而210也能被7整除；余数是42，42是7的倍数，所以4431能被7整除。

```
 4 4 3 1 ……割去末位数字1
 －  2   ……减去21（1的21倍，21是7的倍数）
─────────
 4 4 1   ……再割去末位数字1
 －2     ……减去210（10的21倍，210是7的倍数）
─────────
 4 2
```

也就是4431=1×21+10×21+42×100。

茅塞顿开！4431就可以分解成以上这个式子，组成4431的三个部分均能被7整除，因此，这个数理所当然能被7整除。紧接着，许老师让我们运用这个方法，证明12894能否被7整除。我们动笔演算起来，发现这个数也可以被7整除，同时它也能分解成几个都能被7整除的部分。

```
 1 2 8 9 4
 －    8
───────────
 1 2 8 1
 －    2
───────────
 1 2 6
－1 2
───────────
   0
```

12894=84+210+12600=7×12+7×30+7×1800

数学太奇妙了！每类数都有自己的特征，只要我们用心去研究，就会有新的发现。这次经历，让我更加坚定了学习的信心，以后要多看课外书，丰富自己的知识，说不定，下一回我又可以给大家当小老师呢！

（指导老师：许旭云）

3. 导读有方，提升生本对话质量

邵光华认为：“数学阅读过程同一般阅读过程一样，是一个完整的心理活动过程。同时，它也是一个不断假设、证明、想象、推理的积极的认知过程。”①由此可见，假设、证明、想象、推理都是生本对话的主要思维活动。高脑力要求的生本对话活动，教师的策略支持必不可少。下面是我们在实践过程中一些经验：

策略一：搭建支架

对于小学低年级的学生来说，由于他们刚接触数学绘本时，极其容易被绘本里的人物及故事所吸引反而忽略了其中的数学本质，因此，教师应适当地引导学生明白数学绘本中的数学知识，领悟其中包含的数学本质。例如在指导学生阅读数学绘本时，可以提问：

（1）绘本讲了什么故事？（2）阅读过后你学会了哪些数学知识？（3）还有不明白的地方吗？（4）故事给你带来哪些启发？

根据问题导向，学生以故事内容为载体，理解数学知识的本质，积累阅读的方法。数学阅读不仅要求学生感受数学语言的美，更要在阅读支架下，带着做数学的态度去经历“猜想、假设、验证、运用”全过程才能真正地读到数学的本质。在整个过程中，鼓励学生把自己的想法或故事环节通过简单的思维图或简单的文字描述表述，既可以提高阅读的品质，又可以提高学生的思维。

策略二：丰富形式

生本对话能力提升是个长期积累的过程。我们建议通过“独立阅读”“亲子共读”“师生共读”“读书分享”等多元化的导读方式，引导学生学会交流和阅读，并鼓励学生使用语言去描绘数学，丰富学生的数学语言，从而提高数学阅读能力，为提升学生的数学素养奠定良好的基础。

学生在轻松活跃的学习环境中与同学一起探讨、感受数学阅读与数学的联系，并由此发展数学阅读能力。在如此反复的绘本阅读之后，学生已经具备了一定的数学阅读经验，然后在每周的数学阅读分享会上汇报小组的情况。

4. 读写结合，提高生本对话能力

“读”是信息的输入，“写”就是信息的输出。引导学生读明白、写出来，在读与写的深度融合中培养学生的数学能力，写数学日记尤为有效。学生可以写自己学习数学的感受、思考及疑惑乃至生活中发现的数学现象。实践中发现，刚开始学生由于没有写过数学日记不知如何下笔，此时，教师可提供些许范例，帮助学生模仿学习写数学日记。

---

①沈琦．巧用数学绘本，提升小学生数学阅读[J]．江苏教育研究，2021，7B/8B：88-90.

第一阶段，写上课的收获、疑问、思考、发现，指导学生把知识的来龙去脉写清楚。学生写日记就是在经历梳理知识的过程。这个过程锻炼了学生的逻辑思维能力和语言表达能力，而且从学生日记中，教师可以掌握学情，因材施教。

如五年6班余嘉盈同学的日记：

2022年3月16日　　星期三　　雨

今天一上课，许老师抛出了一个小组讨论的问题：当长方体的长、宽、高扩大到原来的2倍，那么它的表面积会发生什么变化？当老师的话音一落，马上有同学猜想“它的表面积扩大到原来的2倍”，也有人说“它的表面积扩大到原来的4倍，6倍，8倍……”同学们的猜想这么多，到底哪个对呢？我们开始了小组的讨论。

我们小组进行了一番讨论。在组长的统筹下，我们列出了一个表格：

	长	宽	高	表面积
原来	5cm	3cm	4cm	$94cm^2$
扩大2倍后	10cm	6cm	8cm	$376cm^2$

因此，376÷94=4，所以，当长方体的长、宽、高扩大到原来的2倍，那么它的表面积扩大到原来的4倍。是不是这样呢？我们再举例，最后得到相同的结论。我们把这个想法告诉了许老师，许老师表扬了我们，同时启示能不能推理证明一下？怎么推理呢？我看着刚才推算的算式冥思，突然，灵感就来了。

$$(5\times3+5\times4+3\times4)\times2$$

$$[(5\times2)\times(3\times2)+(5\times2)\times(4\times2)+(3\times2)\times(4\times2)]\times2$$

$$=[5\times3\times2\times2+5\times4\times2\times2+3\times4\times2\times2]\times2$$

$$=[(5\times3+5\times4+3\times4)\times2\times2]\times2$$

所以，当长方体的长、宽、高扩大到原来的2倍，那么它的表面积扩大到原来的2×2倍，2×2=4，也就是扩大到原来的4倍。小组的同学都同意了我的推理，许老师还请我上去为大家讲解了这种方法，我真的好激动。许老师还举了其他的倍数，通过推理演算，我们发现“当长方体的长、宽、高扩大到原来的n倍，那么它的表面积扩大到原来的n×2倍”。

此时，我又想，这种方法可以不可以用来推理“当长方体的长、宽、高扩大到原来的2倍，那么它的体积扩大到原来的几倍”呢？我拿起笔赶紧推理：

$$5 \times 3 \times 4$$

$$\downarrow\times2 \quad \downarrow\times2 \quad \downarrow\times2$$

$$(5\times2)\times(3\times2)\times4\times2$$

$$=5\times3\times4\times(2\times2\times2)$$

圆圆：当长方体的长、宽、高扩大到原来的2倍，那么它的体积扩大到原来的2×3倍！

照照：那么“当长方体的长、宽、高扩大到原来的n倍，那么它的体积扩大到原来的n×3倍”。

原来数学也是可以讲道理的！通过自己的观察，推理演算，我更有成就感，更爱数学了。

第二阶段，引导学生把课堂和数学阅读联系起来。通过数学阅读学生积累了丰富的数学知识，而这些数学知识往往可以带进课堂的学习中，或是通过课堂的学习解释学生在阅读中困惑，或者数学阅读的知识使课堂教学更加有趣。下面是黄玉婷同学的学习经验分享：

我用“倍比法”解题①

四（5）班　　黄玉婷

解答步测这类题目，常使同学们觉得烦琐。我想，如果有一种既简便又快捷的方法，那该多好啊！一次偶然的机会，我的愿望终于实现了。

练习课上，老师给我们出了这样一道题：小刚沿75米长的直路走了4次，第一次走了124步，第二次走了125步，第三次走了126步，第四次走了125步。照这样的步子，他走500步的距离有多长？

如果按照课本中介绍的方法，这道题要这样解答：

（1）求小刚走75米长的路平均要用多少步？

（124+125+126+125）÷4

=500÷4

=125（步）

（2）求小刚的平均步长是多少？

75米=7500厘米　7500÷125=60（厘米）

（3）求小刚走500步的距离有多长？

60×500=30000（厘米）=300（米）

①此文发表在《小学生数学报》。

这种方法步骤不少，还要化单位，我想：有没有简便一些的解答方法呢？“照这样的步子”，这不就是归一问题吗？我想起一本课外书中曾写过归一问题的多种解法，其中一种利用了“倍”的关系。这里能不能用上？

小刚走75米长的路，平均要用（124+125+126+125）÷4=125（步），“500步”刚好是“125步”的4倍，既然步长不变，那要求的距离也应该是“75米”的4倍。如果像我推测的，这道题就可以这样计算：

（1）求小刚走75米长的路平均要用多少步？

（124+125+126+125）÷4

=500÷4

=125（步）

（2）500步是125步的多少倍？

500÷125=4

（3）求小刚走500步的距离有多长？

75×4=300（米）

我的推测果然没错，两种方法的答案是一样的。在平均步长不变，而且两条路的长度成倍数关系的情况下，我们就能运用这种方法进行解答。用这种方法，可省去中间化单位及求平均步长的过程，多简便啊！我记得归一应用题有一种解答方法叫倍比法，跟我的这种简便算法很相似。它们都有一个共同点：都是在单一量不变的情况下，由于数量的变化存在着倍数关系，令总量的变化也存在着倍数关系。这样看来，我是用上了“倍比法”解答步测应用题！

当我把这种方法讲出来之后，老师表扬了我，同学们都投来赞许的目光，我心里像吃了蜜糖——甜滋滋的。我希望大家都积极开动脑筋想新点子，尝尝成功的滋味吧！

第三阶段，放手让学生写生活中的数学应用。数学源于生活又服务于生活，引导学生把课堂上学到的知识运用到生活中。例如凌汝蓝同学在日记中记述了运用棱长的知识解决包桌子的边需要多长的防撞条的问题。

下面分享凌汝蓝的数学日记。

2022年3月1日　　星期二　　晴

今天放学回到家，看到弟弟的额头有一大块淤血，询问之下才知道是因为他调皮，撞到了茶几的一角。妈妈说要在茶几的各边贴上防撞条才行，可是，要买多长的防撞条呢？我灵机一动，茶几的各边？那不就是求茶几的棱长总和吗？于是，我把这个想法告诉妈妈，妈妈疑惑地问：“什么是棱长总和？”“茶几是一个长方体，有12条棱，其中长宽高各4条。而茶几放在地板上，它的底面四条边不用贴防撞条，所以我们只要把茶几的长、宽、高量出来，利用长方体棱长总和=（长+宽+高）×4，再减去底面的两条长、两条宽，能求出一共需要多长的防撞条了！”我耐心地为妈妈讲解，妈妈惊讶地问我是怎么知道的，我告诉妈妈是今天数学课堂学到的。

经过今天一事，我终于明白为什么老师说数学服务于生活这个道理了。

第四阶段，尝试改编或自编数学小故事。通过改编或自编数学绘本，学生不仅能提高自己发现及解决问题的能力，而且能从中不断反思、总结数学学习过程、内容与方法，形成良好的学习习惯，此外还能增强学生的书面表达能力，提高其数学素养。

在基于核心素养的生本对话指导实践中，教师要明确对话的目的，以教材为圆心，精心地选取阅读素材，悉心地导读，在读与写中“做数学”，帮助学生真正体会与文本对话的重要性和趣味性，深切地感受到数学中的应用价值。

第四节 “导研互动”数学课堂中教与学的活动组织

一、引导学生展开有效探索——让探究成为行为常态

建构主义学习理论指出：学生学习的过程不是被动地接收信息刺激，是主动建构知识的过程，是根据学生个体的学习基础和经验背景，主动地选择外部信息，从而获取个体所需知识的过程，同时学生的知识获得需要在一定的学习情境下依托必需的学习材料和外界的帮助。作为教学活动的组织者、引导者、合作者，教师应该努力转变传统的教学观念和教学组织形式，多为儿童创设自主探索的机会，还给儿童自主探索的时间和空间，让探究型学习成为学习的常态，促使学生形成主动学习的意识与能力，这是数学核心素养形成和发展的基础。

（一）课前预学，“学”走在“教”的前面

《礼记•中庸》中说：凡事欲则立，不欲则废。预学，是课前学习，是培养自主学习意识与能力的起点，有效的课前预学能够让学生提前明确自己的学习困惑所在，扫描学习障碍，从而使学习更有针对性，提高课堂教学效率。调查表明，一个新的知识点如果全部发给学生自学，学生可以掌握其中的73%，也就是说真正需要研究和解决的只有27%的内容。这27%的内容在课堂中，学生可以在教师的引导下，通过小组合作、师生对话、探索研究等方式予以解决①。通过具体的问题情境或探究任务引导学生课前预学，需要教师准确把握了学情，为突破教学重难点而设计帮助学生自学学习的材料，让学生在课前经历自主探究，落实有效预学。

①范艳华.学生发展核心素养视域下的课堂教学指南[M].长春：东北师范大学出版社，2017：63.

预学单是“导研互动”课堂中学生自主学习的载体。呈现内容上，预学单可以是对相关旧知的孕伏性复习，也可以是对重难点知识的经验性知识补充。预学单引领学生在课前进行主动学习和探索，让思考前置，把难以理解的知识点释放为课前学习任务，以帮助学生在课中更深入地学习。

1. 精准把握学情，设计预学单

预学单为学生的自主学习服务、为课堂教学服务，因此预学单的设计与使用要认真分析、了解学生的认知需求，把兴趣和需求纳入课前思考中，以启动学习内驱力，使外在的教学目标系统转换成内在的学习目标系统。例如人教版四年级教材《四边形》的预学单中，巧用学生爱动手操作的兴趣取向，设计“钉子板上的四边形”，让学生在课前在钉子板上围几个不一样的四边形，并观察它们的特点，尝试归纳“什么样的图形叫作四边形”。

精准把握学情要注意分析学生的知识能力水平。预学单的设计要研究学生的知识起点、能力水平，把握“最近发展区”。学生的知识起点与能力很大程度上决定了教学的效果，只有从了解学生的现有知识起点出发，才能设计切合实际的教学任务和教学目标，并把这些任务和目标融入预学单的设计中。例如小学数学教材五年级下册“分数的意义”，设计了如下的预学单：

你能用画图、文字等不同的方式表示出 $\frac{1}{4}$ 吗？至少表示出 2 种。

这样的设计源于学生在三年级时已对分数有了初步的认识，当时教材上对分数的定义虽只是描述性的（像1/2，2/3……这样的数，都是分数），学生对分数来源于“平均分”已有比较深刻的认识。经过两年的沉淀，学生目前对分数的理解处于什么样的状态，是本课设计的关键点。课前，教师需要引导学生从具体的实例中抽象、概括分数的意义（定义性），引导学生理解分数意义的实质。

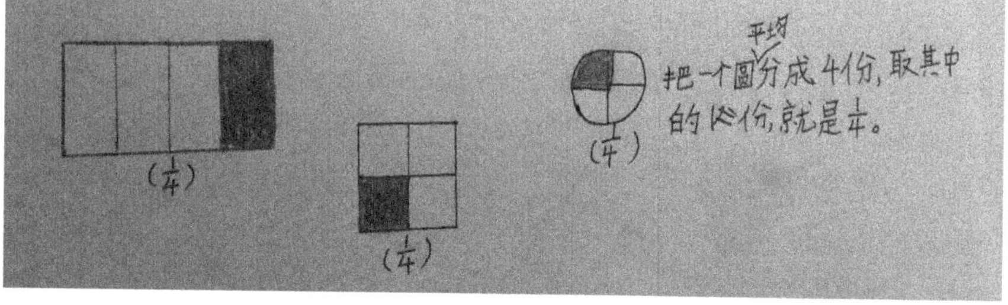

图3–6 学生作品1

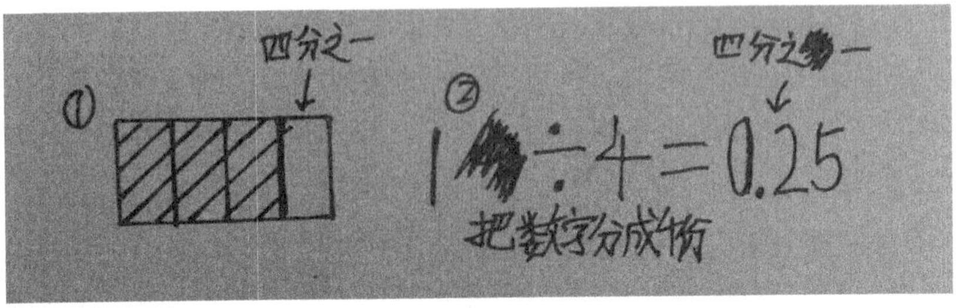

图3-7　学生作品2

从学生课前的预学情况来看，绝大部分的学生仍然处在三年级的水平，对分数的理解是“把一个物体平均分成几份，表示这样的一份或几份的数”，而对于分数作为“量”与“率”的意义理解，基本上处于模糊的状态。因此，本课须重点突破以下几个难点问题：分数这一概念是基于什么引入的？是基于测量与计算得不到整数结果，还是为了表示小于计量单位的量？“单位‘1’”的实质是什么？这一概念名称是基于怎样的想法命名的？

精准把握学情不仅包括把握学生的知识起点、兴趣需求等基础，更要考虑怎么样的学习方式可以更好地促进学生的预学。针对不同类型的学生，教师在设计数学预学单时应该考虑学生的认知倾向，设计因材施教的预学单。心理学研究表明，依存型的学生倾向于在人际交流的集体环境中学习，他们对信息的加工，往往依赖于外部参照，学习中需要明确的指导。教师可以根据具体的教学内容，设置一些可以促进学生合作交流的预学任务，引导合作学习，以锻炼其自主学习能力及交流沟通能力。对于独立型学生来说，独立思考、个人学习的方式更能引导其有效课前学习。教师可以针对此类学生的特性，设计有弹性的预学单，满足其认知方式的倾向。

2. 以任务驱动为轴，设计预学单

建构主义教学设计原理强调，学生的学习活动必须与大任务或问题相结合，让学生在真实的教学情境中带着任务学习，以探索问题的解决方法来驱动和维持学习者学习的兴趣和动机，在完成实际任务的过程中完成知识的学习任务，并从中发展认知能力和处理问题能力[①]。

“导研互动”教学倡导根据数学课程标准和教材内容，制订“导学合一”的预学单。把握学习内容的重难点，根据学情将知识目标任务化、问题化，给予学生具体的预习方法指导和明确预习要求，改变以往“教师的教”和“学生的学”的两张皮的现象，让学生的自主学习方向更明确，学习动力更足。设计任务驱动型的预学单，教师应根据学情的不同，使问题设计呈现梯度，即给每个问题化的知

①严育洪. 小学数学任务驱动式教学解读与实施[M]. 济南：山东文艺出版社，2017：3.

识设置支架，将大坡度的问题转化为一个个小的任务、问题。这样，学生在问题导引下一步一步进行先学的尝试，既能使知识条理清晰，又能够极大地增强学习的自信心，使学习能力得到循序渐进的提高。

下面是六年级数学教材《圆柱体的表面积》的两则预学单。

圆柱体表面积的预学单1

预学单

阅读课本，尝试完成下面各题：

1. 把圆柱在平面上滚动一周，它的侧面留下的痕迹将是一个什么形状？
2. 拿出两个高矮不一样的圆柱体，圆柱的高度是由什么决定的？
3. 什么是圆柱的高？圆柱的高有多少条？
4. 什么是圆柱的侧面积？你能推导出圆柱体侧面积的计算方法吗？
5. 什么是圆柱的表面积？你会求圆柱体的表面积吗？

圆柱体表面积的预学单2

（在学生已经初步认识圆柱体以及各部分名称后出示预学单）

预学单

1. 摸一摸圆柱体有哪几个面？
   上、下两个面是什么形状？
   它们的面积大小怎样？
2. 利用手中的彩纸，制作一个圆柱体。
   要求：第一，先确定合作方法与分工；第二，制作圆柱。
3. 把想到的问题和注意点记录下来：

   ____

   ____

   ____
4. 讨论：
   圆柱表面积由几部分组成？
   圆柱的侧面展开后，边长与圆柱有什么关系？
   圆柱体侧面积如何计算？

对比以上两种预学单，可以发现第一种是较为传统的预习方式。一般是“读一读、做一做”，“读一读”即让学生通过阅读课本初步理解知识；“做一做”即让学生通过做预学单或书本上的习题以达到自学检测的效果。这是一种依靠模仿和记忆的学习方式，是带有机械特性的任务。教师在预学方法的指导上，更多考虑的是“教”的因素，忽略了对学情的关注，不利于激发学生的学习积极性。

第二种预学单则从操作入手对预学方法作了分层次的引导。在操作过程中，学生也许会遇到一些困难，经过几次测量，才把它做好。通过操作，让学生把想到的问题和注意点记录下来，学生能初步感受到侧面展开图长方形与圆柱的关系。在互动讨论中，学生能发现它们之间的对应关系，探讨出侧面积的计算方法，表面积的计算是相等的。这样的操作，也许会耗费时间，走一些弯路，但是学生的学习是有灵感的，有活力的，不同层次的学生均收获了有价值的数学。

3. 紧密衔接课堂教学，巧用预学单

预学之后，教师在课中应该怎么教？学生在课上学什么？这是许多教师关心的问题。课前预学让学生经历了初步学习并完成驱动任务，教学就不是“涛声依旧”了。教师要通过师生、学生的交流、讨论或展示等多种反馈方式，了解学生的预习情况，以更好地实现有针对性的教学。课堂上，教师要适时地装傻、把课堂的舞台让给学生，以教师的“退”促学生的“进”；当学生遇到困难，教师也应“挺身而出”，这是体现教师教育教学水平之所在。教师要见机行事，紧密把握预学与课堂教学的衔接。大致而言，教师可以做好以下几件事情：

（1）学生“水到渠成”，教师就“锦上添花”

【案例1】

1. 课前谈话

师：今天第二小组课前准备又快又齐，老师要奖励他们。

上来吧！排好队，领奖章。

请其他同学思考、讨论：

①怎么排队能整齐有序？

②同学们比高矮，要注意什么？

2. 课中

师：怎么排队能整齐有序？

生1：按从矮到高的顺序排。

师：除了按从矮到高的顺序排，还可以怎么排？

生2：也可以从高到矮排。

师：比高矮，要注意什么？

生3：不能戴帽子。

生4：要站直，不弓腰。

师：都有道理！

生5：有一次小方跟我比高矮，他故意踮高了脚尖，也是不可以的。

师：这样的情况，还有类似的吗？

生6：站在凳子上，也不公平的。

师：提得好！不能踮脚尖、站在凳子上等，也就是要站在同一水平线上比高矮。

师：能说说为什么吗？

…………

师：请潘小虎同学上台，大家说他是高还是矮呢？

生1：高的。

生2：矮的。

生3：不高不矮。

师：老师都犯糊涂了，他到底是高是矮呢？

生4：再请一位同学上去，跟他比一比就知道了！

师：好不好？

生（齐）：对，对！

（分别请比潘小虎矮/高的两位小朋友上台比较）

师：结果怎么样？

生5：刘笑与潘小虎比，潘小虎是高的；徐景与潘小虎比，潘小虎是矮的。

师：从两两对比中，你知道了什么？

生6：比较高矮至少要有两个人才能判断，一个人不行。

生7：一个人有时候是矮的，有时候是高的，主要看跟谁比！

师：讲得有理！高矮是一个相对的结果，与不同的对象比较，会得到不同的结果。

【案例2】

预学单

找一找生活中的立体图形物体，观察后回答下面的问题：

①这些物体的形状都是什么图形？

②这些立体图形的共同的特点是什么？

③你能从中找出长方体吗？

④长方体有什么特征？

长方体是由_____个长方形（特殊情况有两个相对的面是_____形）围成的_____图形。在一个长方体中，相对的两个面_____，相对的棱的长度_____。

师：课前，我们分小组开展了研究，现在请各小组的代表上台做小老师，给同学们讲解长方体的知识。

评析：从以上教学片段可见，有些教学内容简单且与学生的数学活动经验联系较大，学生通过预学绝大部分能掌握。教师可以充分利用学生的好表现心理，搭建“小老师—大讲台”，点将上场，给学生充分展示的机会，教师则退居后方，担当学生的助手；同时，也可在关键处稍加点拨，充分发挥教师最大的价值——导向、保护、激励。

（2）学生“蜻蜓点水”，教师就“下马看花”

【案例】“年、月、日”

师：同学们经过课前预学，都知道了年、月、日的哪些知识？

（先小组讨论，再推出代表发言。）

生1：我知道一年有12个月，12个月有大月、小月之分。小月30天，大月31天。

生2：一年有7个大月，4个小月，二月是特别的月。

师：提到了年和月的关系，很好！

生3：2月是特殊的月，平年的2月有28天，闰年2月有29天。

生4：年分为闰年和平年。

师：原来“年”也有不同的名称，平年、闰年。

生5：我知道平年有365天，闰年有366天。

生6：每4年里有1个闰年、3年平年。

师：同学们学得真多！知道这么多年、月、日的知识！还有补充吗？

（学生相互观看，纷纷摇头）

评析：布鲁姆说过，对教学影响最大的是学生已经知道了什么。学生已经知道的，教师就不必再讲。以上安排既了解了学生已有的知识，也调动了学习的积极性。同时，细心的老师会发现，学生的汇报均停留在结论的层面，他们也许对结论背后的数学依据、自然规律不甚了解，或是一知半解。这是课前预学之后普遍存在的状况，“蜻蜓点水”的学习状态需要老师及时干预、适当引导，方能真正学透。

师：现在大家阅读课本，看看书上还有哪些知识是同学们刚才没有讲到的？另外，对于这些“年、月、日”的知识，你有问题想提吗？

（学生看书、讨论，然后举手发言）

生1：书上补充了怎样判断平年、闰年的办法，一般来说公历年份是4的倍数的那年是闰年。

生2：特殊情况是，年份数是整百数的，必须是400的倍数才是闰年。

生3：我们组的同学提出疑问，为什么有些年是365天，有些年是366天？

师：这是个值得探讨的问题！

生4：大月、小月是人为规定还是有其他的数学原理？

师：这个问题有深度！

生5：为什么一年是12个月，而不是11个月或13个月呢？

生6：我想知道奶奶平时说的农历，与数学书里说的“年、月、日”是不是一回事？

师：同学们提的问题都是有质量的！

评析：了解学生的认知起点后，教师不着急讲解，而让学生阅读课本、独立思考、提出质疑。这里面隐含着教师的教学智慧：凡学生自己能弄懂的，尽量让他们自己弄懂。这是“导研互动”教学的一个重要原则——“学为中心”。学生的课前预学难免浮于表面，不够全面、不够深入。设计阅读课本的环节，就是避免蜻蜓点水式的学习，鼓励学生独立思考、提出疑问，更是触发学生深度思考，不仅知道“是什么”，更要探究“为什么”“怎么样”，以“下马看花”的姿态对知识溯本追源，洞悉本质。

（3）学生“囫囵吞枣”，教师就“寻根究底”

【案例】“露在外面的面”

学生课前观察下面两图，讨论并完成预学单。

预学单

观察左图：

1. 按照左图物体的摆放位置，你能看到几个面？
2. 左图摆放方式不变，在不同的位置，你看到物体的面一样吗？

观察右图：

3. 如右图，放置了几个同样的立方体？
4. 你能看到哪几个面？

师：课前，同学们观察这两个图的特征，并完成了预学单。

现在请同学汇报你的学习所得。

生1：根据左图的摆放位置，我们能看到3个面。

生2：同样的摆放方式，在不同的位置看到这个物体的面是不一样的。

师：这个小组汇报了左图的两个问题，大家同意吗？

生（齐）：同意！

师：有问题需要问他们吗？

生（齐）：没有问题！

师：同学们没有问题，老师倒是有一个问题想问！请问，你能举例子说明，在不同位置看到的面有什么不一样吗？

…………

评析：“没有问题”不一定是最佳的学习状态。教师让学生提问题，是对知识探究的有意追问。“在不同的位置看到的面不相同、不一样”是一个重要的数学结论，里面所含信息量不少，从一个小组的汇报中得出，不足以证明其他同学真正理解，甚至也不足以证明该小组的同学真正理解。这当中存在“囫囵吞枣”的可能性，片面理解或错误理解造成后续学习困难也是常有的。因此，教师的追问要及时，以举例子、找对比等直观手段，丰富数学结论的内涵，扩充概念外延，是帮助学生深刻理解的有效策略。

师：右图的三个问题，请另一小组汇报。

生3：右图有4个物体叠放，一共看到12个面。

师：同意吗？有谁想提问？

生4：请问是怎么算的？

生3：4×3=12

生4：露在外面的有几个物体？

生3：（迟疑了一下，有些不好意思）3个。那就是3×3=9个面了！

师：看来仔细观察很重要！这4个物体怎么摆放，可以看见12个面？请同学们动手摆一摆，小组讨论。

…………

评析：有些数学知识看上去简单，会让学生以为轻易就弄懂了。从上面的案例可见，观察是学习当中的重要一环，细心是优秀的学习品质。但是，这些偏偏是学生不容易形成的习惯。不良习惯带来的“囫囵吞枣”“蒙混过关”，必然导致浅层学习和低阶思维，或是对知识的曲解。在预学之后，教师应秉持寻根问底、明察秋毫的原则，暴露含糊其词、浑水摸鱼的学习状态。

（二）课中互学，“学”与“研”齐头并进

学生完成预学之后，“导研互动”课堂将成为“互学”的重要阵地。“互学”的过程，就是学生在课堂学习中以交流展示、质疑解惑等方式进行的互鉴互学，是“导研互动”课堂的重要环节。苏霍姆林斯基说过：在人的心灵深处都有一种根深蒂固的需要，这就是希望自己是一个发现者、研究者、探索者。而在儿童的精神世界中，这种需要特别强烈，儿童这种与生俱来的探索欲望是小学数学教学中实施探究性学习的重要基础。基于核心素养的课堂学习，不能只让学生记住什么，数学的学习更多的是在理解的基础上，通过分析、判断、质疑达成思考的深度；学习的方式不是凭个体单干，更多的是以独立学习与团队合作相结合的方式进行，提高全体学生数学结论生成的参与度，使“学”与“研”齐头并进。2014年，笔者在全国小学数学优质课评比大赛现场，观摩了来自广东深圳参赛代表骆奇老师的课例《尾巴重新接回的奥秘——最小公倍数》，这节课代表广东省参加本次第十一届全国优质课评比大赛，获得了在场听课老师与评委的一致赞许。下面以这节课例的片段展现“互学”的面貌。

【片段一】

1. 第一次猜想、验证

（1）猜想

师：今天，老师给大家带来了一个很好玩的游戏，想玩吗？

生：想！

师：我们就用这两张图片来玩游戏。我把正六边形固定不动，让正四边形绕正六边形按一个方向转动。

师：我想请大家来猜一猜，转动几次，猴子的尾巴又能重新接回？

（学生猜6次、12次、18次、24次不等。）

师：到底是几次？怎么才能知道？

生：（脱口而出）转一下。

（2）验证

（学生数，老师转动图片，到第12次时，尾巴重新接回。）

师：如果继续转，到第几次，尾巴还能重新接回？

生：（齐声）24次！

师：为什么是24次呢？

生1：因为24是12的倍数。

师：列个算式？

生1：12×2＝24。

师：继续往下写？

生2：36！

师：再继续？

生（齐）：48、60、72……

师：还能写多少个？

生（齐）：无数个！

2. 第二次猜想、验证

师：请看屏幕。动物变了，更重要的是——图形也变了。分别是几边形？

生：八边形和五边形。

师：转动几次，尾巴又能重新接回？

（生猜，师生共同验证，并记录数据。）

3. 第三次猜想、验证

（1）学生操作

师：待会儿老师会给你们一些这样的图片（出示五边形+四边形，八边形+四边形画有动物的图片），你们以小组为单位，也像刚才那样，先猜，再转，最后将数据填在表格里。开始！

（2）数据汇总

操作结束，师迅速将表格收起来，直接将数据记录在黑板上。

趣味盎然的游戏，带领学生进入猜想验证之旅，简洁明快的对话，有序导出重新接回的次数；从示范引领到动手操作，三玩“接尾巴”游戏，学生积累了丰富的活动体验和重要数据。表面上玩游戏，暗地里疑惑和思考已经疯长，学生或多或少感知到尾巴重新接回的次数与图形的关系。这些感知经验将成为公倍数、最小公倍数概念建立的良田沃土，教师每次活动结束都只记录数据，不问理由，等的就是体验和思考由“量变——质变”，待到学生的疑惑呼之欲出，“学”的好奇心被催化成熟，“研”的需求发酵至佳境，老师顺势引出本课第一个驱动问题：“尾巴重新接回的奥秘是什么？”承上启下，浑然天成，顺利进入“研”的阶段。

郑毓信教授指出：“学会数学思维的首要含义是学会数学抽象（建模），学会数学思维的又一重要内涵是由表层结构逐步深入到深层结构。‘模’的建立离不开数学活动的支撑，但仅仅依靠活动后肤浅的体验建模而不思模之所以，仍然停留在思维的表层结构。”“尾巴重新接回的奥秘是什么”是在感性认知的基础上提出的问题，不仅抓住了本课的重点，也促使玩游戏向做数学顺利过渡，是开启“深度学习”之路的第一道门。

【片段二】

1. 小组讨论

师：有的同学已经有想法了，这样，先请大家在小组内说一说，再把你们小组的意见写在二号作业纸上，然后我们再请小组代表来汇报。

2. 汇报交流

生1：我们小组发现，两个图形边数相乘就能得到其中一个重新接尾的数字。

师：你能不能举个例子，结合黑板上的数据再说说你们的发现？可能大家会听得更明白。

生1：（走到黑板前，指着数据）比如说4和6两个，它们相乘是24，24这里它就会出现一个重新接尾的数字。5和8相乘是40，40也会出现在重新接尾的数中。4和8相乘是32，32在……呃……（发现没有32，老师帮忙把32添上。）

师：这是他们小组的发现，你们对他们的发现有什么看法吗？

生2：我觉得这样子虽然的确是可以找到一个重新接尾的数字，但是不能找全，而且不一定能保证找到的是第一个。

师：你能不能像他那样也举个例子？举例说明你的观点。

生2：比如这个同学所说图1的边数是6，图2的边数是4，它们相乘的积是第二次重新接尾了！图1的边数是8，图2的边数是4，得出来的是第4个重新接尾的数字了！

师：你们听得明白吗？虽然乘起来能够得到其中的一些重新接回的数，但是还有一些，它们并不是两个数的乘积，也重新接回了。那你们对他们小组的发现怎么评价？

生3：他们的发现是对的，但是不完整。

师：是对的，但是不完整，(问发言的小组代表）你们能接受吗？好的！谢谢！但是她能够勇敢、大胆地第一个上台向所有的同学及老师汇报，我觉得这一点值得我们给他们热烈的掌声！

生3：我们小组发现重新接尾的次数既是图1边数的倍数，又是图2边数的倍数。

师：你能不能也像刚才那位同学一样，结合黑板上的数据来说明？

生3：(走到黑板前，指着数据）比如说12、24、36，都是尾巴重新接回的次数，12既是6的倍数又是4的倍数，24是6的倍数，也是4的倍数，36也是6的倍数和4的倍数。

…………

师：原来，尾巴重新接回的次数就是两个多边形边数的公倍数，第一次接回的次数，就是两个多边形边数的最小公倍数！

片段中，教师对组织者、引导者的角色演绎恰到好处，在充分发挥学生主观能动性的同时，又巧妙引导了由表及里、逐步抽象的思维进程。对于“尾巴重新接回的奥秘是什么”，聪明的学生已经跃跃欲试，不吐不快，老师却并不急于让学生回答，而是先在小组内进行交流，写下来，然后小组汇报。目的就是放慢节奏，让后进的孩子跟得上，让先进的孩子理得清，让勇敢的孩子说得透，让“学”的脚步迈得更扎实、更稳健。教师有意识地选择了不够完善的小组先汇报，通过反复举例、互动辨析、反思调整，给学生自主建构留出充足的时间和空间，尾巴重新接回的次数与图形边数之间的关系在互动碰撞中逐渐明朗化，学生的抽象概括能力、分析问题能力也得到有效提高。“灯不拨不亮，理不辩不明”，“尾巴重新接回的奥秘”在师生“围剿”下被抽丝剥茧、步步逼近之时，“公倍数”和“最小公倍数”概念模型的建立也水到渠成。

当“公倍数”和“最小公倍数”的模型顺利建立之后，教师打铁趁热托出本课第二个驱动问题：如何找出两个数的最小公倍数。

【片段三】

师：那如果现在还让你们玩这个游戏，会猜吗？不转动图片哦！

生（齐)：行！

师：比如说8边形和6边形，我们要知道8边形和6边形至少转动几次尾巴重新接回，其实就是求8和6的——

生：最小公倍数！

师：最小公倍数。有同学已经想到了，多少？

生（齐）：（争先恐后地）24！

师：你们能不能把自己的想法写下来？

生（齐）：能！

师：请拿出练习本，把你们找8和6的最小公倍数的过程写下来。

数学模型是运用数学的语言和工具，是对现实世界一些信息进行适当的简化，对数据进行分析、预测、决策和控制，并且经过实践的检验。找出两个数的最小公倍数是本课的重点之一，以它作为本课的第二个驱动问题，好比一锤敲在受力点上，敲的是学生学习的困惑点，是知识的连接点，直指解决问题的核心。通过尝试找出8和6的最小公倍数，引导学生运用概念，解释模型，同时也加深了学生对概念的理解。

课末，师生再次提出新问题：为什么重新接回的次数正好是两个多边形边数的公倍数呢？下课了，学生的思考之旅却并未停滞，它们将随着新问题重新启航，向未知的领域进发，“学”之不尽，“研”论不歇，不正是学习的最佳状态吗？

该课以独具匠心的设计和沉稳大气的课堂对“最小公倍数”进行了独特的演绎：一个尾巴重新接回的游戏，新奇又有趣，由始至终紧紧抓住学生的心；两个驱动问题，“尾巴重新接回的奥秘是什么”“怎样找出两个数的最小公倍数”统领全课，突破线性设计的常规教学，充分体现对学生思维现实的尊重；三次猜想验证活动，由表及里、层层递进，引导学生在发现问题、探索奥秘的活动过程中感受建模思想；善用“举例”策略，辩证分析，巧推知识建模进程。

（三）课后促学，“学”与“教”相知相融

课堂是提升教育教学质量的主阵地，课后却容易成为空旷之地。大多数时候，“一刀切”的课后书面练习是老师们最简易的选择。这不仅抑制了学生个性发展，长远来看也不利于创造性思维及实践能力的培养。针对当前课后练习设计“齐步走”现状，以学生的分层差异为依据，科学设计个性化的课后书面作业、实践性作业，给学生提供多观察、多动手、多思考的机会，让数学知识和数学思想方法在课后继续发酵，“学”与“教”相知相融，促使每一个学生发展个性才能。

1. 个体分层，开辟个性发展的空间

“世界上没有两片完全相同的树叶”，我们的学生也是存在着个性差异的活生

生的个体。根据学生的个性特长、学习水平的差异，课后实践活动的分组方法应灵活机动，针对不同的实践活动，进行同质分组或异质分组。同质分组，即把学业水平、兴趣爱好、个性特征等方面相似或相近的同学编排在一个小组里，使组内形成志趣相投、你追我赶的活动机制。异质分组，即根据学生的个性特长，适当选取特长互补的学生编排在一个小组里。同质分组、异质分组的灵活使用，为全体学生创设了多层次多维度的交往机会，务求让学生在合作中不断认识自我，发展自我，都拥有施展个性和潜能的空间，自主性、创造性得到充分的发挥。

2. 分层作业，尊重学生发展的差异

现代教学理论告诉我们：教学目标是教学活动的出发点和归宿，且对教学活动起着明确的导向作用和激励作用。根据学生情绪、兴趣、思维等方面的差异，布置弹性化的分层作业，给予不同层次的学生以不同的教学要求，做到“下要保底，上不封顶”。

如在“百分数的认识”一课中，设计如下课后分层练习[①]：

争当数学之星

1. （基础知识★）地球上陆地面积约占地球总面积的29%，海洋面积约占地球总面积的71%。

这里的29%表示（　　　　　　　　　　　　）；

71%表示（　　　　　　　　　　　　）。

2. （能力培养★★）用绘画工具及彩笔制作一个圆的20%。

3. （发展素养★★★）利用天平、台秤等称重工具制作一杯含糖10%的糖水。制作完成后，准确有序地写出制作过程。

通过今天的挑战，我又获得了（　　）颗★。

面向全体学生的是第1题“基础知识”，要求全员通识过关；第2题“能力培

①该练习由紫茶小学林翠薇老师提供。

养"提倡大部分同学动手画一画；第3题"发展素养"建议力所能及的同学跳一跳、摘果子；最后，再提出课后拓展思考：生活中有没有十分数和千分数？它们表示的意义是什么？让学生在新问题的带领下，查阅资料，拓宽视野，将学习无痕地延伸到课外。

又如"三位数除以两位数"的课后练习[1]，可以作这样的分层设计：

计算600 ÷ 25

①把下面竖式补充完整并填空。

```
      □□
25 ) 600
     □□ ………表示（    ）个25是（    ）
    ─────
     □□□
     □□□………表示（    ）个25是（    ）
    ─────
       0
```

②请运用运算定律或商不变规律对600 ÷ 25进行简算。

★③你能把下面小数除法的计算式子转化为学过的知识，并算出结果吗？说说你的想法。

60 ÷ 2.5=____________________ =（   ）

我的想法是：____________________________

三位数除以两位数的竖式计算是"数与代数"中"运算能力"的基础知识。本题的设计既重视了竖式计算方法的考查，也关注了算理方面的考查，并进一步联系运算定律简算，在小数点移动和商的变化规律的基础上，初步激发学生探索小数的简单除法，让学生对整个四年级的有关数的计算方面能从简单到综合，灵活运用起来，同时让学生体验了知识点间的密切联系。

第①小题把除法的算理和算法融合在一起，巩固对除法计算每一步表示的含义，要求全员过关；第②小题考察学生的简算能力，要求在第①题过关的基础上，大部分同学经过独立思考、互动交流再完成。该题除了运用除法的性质，把除数两位数25拆分成两个一位数5 × 5，再利用除法的性质a ÷（b × c）=a ÷ b ÷ c进行变形，逐步把除数由两位数变成一位数，实现简算。也可以利用商不变规律，被除数和除数同时乘或除以一个非零数，来简化式子，即被除数和除数同时除以5，把除数是两位数简化成除数是一位数；或同时乘4，这种方法就要学生对除数25要

①该练习由农林小学谭慧欣老师提供。

有敏锐的嗅觉，利用25与4相乘凑100来简算。第③小题建议学有余力的同学挑战自己，通过小数点移动等方法，在商不变的前提下把式子转变成已经学过的整数除法来计算，为日后学生学习小数除法的方法提供了思维引导。当然，前两小题涉及知识暗示，也为学生在此题做了一定的思路铺垫。

运算能力是小学阶段的数学关键能力，练习的设计应体现运算方法多样性，策略的灵活性，算理与算法两者兼具。本题主要围绕整数除法的算理、算、商不变规律进行简便预算及拓展到小数除法的迁移，让学生综合运用知识，拓展运算思维，形成“多观察——巧总结——多举例——多运用”的学习策略，并在不同的情境中加以迁移。

3. 开放性作业，创造思维发展的契机

相对于条件和问题结构固定的良性题目，条件开放、结论不唯一的不良结构题目，更能培养数学思维的广度与深度。

如两步连减应用题的课后练习，可以这样设计：

妈妈有100元钱，她在下表的商店货品中挑了一件上衣和一条裤子。你能根据这些条件编一道两步计算的数学题吗？

商品	单价	商品	单价
短装上衣	45元	袜子	14元
长装上衣	50元	牛仔裤	38元
加厚上衣	62元	棉裤	41元

学生根据所提供的条件自编应用题如下：

题目	列式
妈妈有100元，在商店挑了一件45元的上衣和一条38元的裤子，还剩多少钱？	100−45−38
妈妈有100元，买了一件45元的上衣和一条41元的裤子，还剩多少钱？	100−45−41
妈妈有100元，想买一件62元的上衣和一条41元的裤子，还差多少钱才够？	62+41−100
商店里长装上衣每件50元，牛仔裤每条38元，袜子每双14元，妈妈有100元，她买一件上衣和一条裤子后还剩多少钱？	100−50−38
……	……

事实证明，学生对自编的题目完成率特别高，学得特别起劲，对于这些闪耀着个性色彩的“劳动成果”，他们总是研究得津津有味。作业反馈过程中，孩子们互动分享，在巩固两步计算题目的同时，对连减、连加、加减混合的数量关系进行了分类比对；学会了互相尊重和欣赏，互相取长补短，不断完善元认知。

又如旅游计费问题[①]，可以设计这样的课后练习：

> 江门的旅游资源得天独厚，拥有充满侨乡特色的历史文化，其中新会古兜温泉旅游度假村是同时具有海洋温泉和陆地温泉的国家4A级度假区。暑假期间，李辉一家四口来这里玩了3天，相关信息如下：
>
> ★住宿：共1575元。
>
> ★餐费：共1239元。
>
> ★路费与油费：共138元。
>
> ★汽车从家到景点共耗油20升，平均1升油开了15千米远，去时汽车的平均速度是60千米/时，原路返回时的平均速度是75千米/时。
>
> ①此趟旅程在吃、住、行三方面上，平均每人花费多少元？
>
> ②李辉他们返回时花了多少小时？

本题使用了非连续文本的呈现方式，让学生在日常出游的生活情境中，依据问题挑选出适合的条件进行求解，让学生联系生活经验和常识帮助理解、筛选信息，并运用单价数量总价、速度时间路程及平均数等知识进行分析求解，主要考察学生的阅读理解能力及分析数量关系的能力。

第①小题，求此趟旅程平均每人的花费，可求出总花费金额，再通过“总花费 ÷ 人数=平均数”求得平均每人的花费；也可以求吃、住、行各自的平均数，再把各自的平均数相加。两种方法渗透了除法分配率的思想，让学生感受解法的多样性。第②小题，求返程所花时间，总体思路是：总路程 ÷ 返回的速度=返回时间，但总路程要由“汽车从家到景点共耗油20升，平均1升油能开15千米”这两个条件求出，然后通过去的路程和返程路程相等的思想，即20 × 15求得的300千米即是去的总路程，也是回来的总路程。要求返回时间，就要用总路程300千米除以返回速度75千米/时。

此题设计与生活情境高度相关，各小题有常用的数量关系式可依据，难度适中。巧妙之处是要学生从中发现数学知识的联系，分析“平均数、份数和总数”与“速度、时间和路程”之间的关系，经历将生活中的具体问题抽象成数学模型的过程和将抽象的数学模型用于解决具体问题的过程，培养学生的应用意识和分析问题、解决实际问题的能力。

---

①该练习由农林小学谭慧欣老师提供。

4. 实践性作业，搭建开拓视野的平台

课后时间是一个巨大的宝库，充分利用课后的活动空间，将为教学相融、智慧共长开辟一片广阔的天地。数学实践性作业作为书面作业的有益补充，是以学生主动参与、独立操作、合作探究为主要特征的综合实践作业，促进学生体验生活、启迪思维、培养能力，以全面发展为根本目的。

如学习了人教版五年级上册的《分段收费》后，可设计如下数学实践性作业：

项目名称：节约能源 珍爱地球

项目作者：江门市范罗冈小学 陈钊兵

适用对象：五、六年级学生

驱动问题：

1. 日常生活中存在很多分段收费解决的现象，你知道吗？请举例说明。
2. 为节约能源，我们在生活中该怎么做？

实施步骤：

1. 调查了解：政府为什么设计分段计费的方法？
2. 调查了解：日常生活中存在很多分段收费解决的现象，请举例说明。
3. 调查了解：在日常生活中有哪些途径可以节约能源？
4. 形成成果：为节约能源，我们在生活中可以怎么做？
5. 汇报展示，多元评价。

生活中需要分段计费的问题很多，如电费、水费等。水和电是我们日常生活中重要的资源，国家实行阶梯计费有利于节能减排制度，引导居民节约用水用电，减少能源浪费。以阶梯电价为调查起点，引导学生了解国家实行阶梯电价是有利于建立公平的用电负担机制，掌握分段收费的计算方法。

本项目让学生在调查走访、计算收费、调查国家政策、提出方案建议等活动中，自主探究，合作完成项目，目的是让学生以分段收费为依托，明白节约能源的重要性。在分段收费知识落地后，引导学生为节约能源，珍爱地球尽一分力，有哪些有效措施，在日常生活中如何选择节能家电等，在数据分析中学会选择最节能家电等。

该项综合与实践活动的研究成果，以数学小报、照片、视频等形式展示，分小组向全班展示，评选最佳讲解员、最佳合作小组等。实践证明，这些综合与实践作业挖掘了课堂内外适合学生个性发展的教学元素，通过精心设计活动主题，开展合作学习、成果展示，为每一个学生创造了自我发展的数学学习空间。促使学生在活动中不断拓宽认知视野，提升元认知，能跑的跑起来，能飞的飞起来。

二、开展教师引导下的元认知觉醒——让反思成为习惯

古人云：“学贵自得”“学贵有疑”。学生的学习如果缺乏反思，往往印象很浅，思维的深刻性及批判性得不到发展。数学家弗赖登塔尔指出：“反思是重要的思维活动，它是思维活动的核心和动力”。课堂是培养反思力的主阵地，如果我们能给予更多的关注、更多的引导，让学生在主动反思的过程中促进知识的同化和迁移，获得持续学习的能力和求异创新的思维品质，定能推动学生的数学学习再上一个层次。下面我们来看一个案例：

在人教版小学数学四年级教材中，有这样一道习题：“在算式12×30=360中，如果第一个因数扩大10倍，积有什么变化？”学生不费吹灰之力就想出了答案：积也会扩大10倍。无独有偶，还有这样一道习题：“一个同学在计算A−34.6+7.2时，错算成A−34.6+72。这样算得的结果和正确结果比，有什么变化？”批改时我发现大部分学生都认为：算得的结果和正确结果比，扩大10倍。很明显，由于模仿、记忆式的学习模式和不良的审题习惯，他们受了第一道习题的影响。为了解决这个问题，我尝试了以下做法：

师：请同学们认真读题，想一想这道题目的答案对不对？你能说说理由吗？

（教室里一片宁静，大家眉头紧锁，当几个学生小声地说着“对的”“对呀”，气氛就开始轻松起来，看来大家都觉得这个答案的正确性不容置疑）

生1：我认为这个答案是对的。例如，2×3=6，当2扩大10倍变成20，积也会跟着扩大10倍由6变成60。这里也一样，当7.2扩大10倍变成72，结果也会扩大10倍。

师：（微笑）其他同学有不同意见吗？

（他说得振振有词，差点把整个世界都“蒙骗”了。几个思维能力较强的学生似乎发现不对劲，小声地议论着。忽然，几只小手“嗖”地举了起来，嘴里嚷着“不行，有问题！”）

生2：老师，他举的例子是乘法算式，而这个题目是加减混合算式呀！

生3：加减混合算式有自己的规律，不能照搬乘法的！

（说得真棒，这两个学生一针见血，道破天机）

师：你怎么知道加减混合算式和乘法算式的规律不一样呢？

（气氛又再紧张，小眉头一个个皱紧了，有的动起了小手写写算算……过了一会儿，紧锁的眉头渐渐展开了，小手一只只举了起来）

生2：我算过了。如果A=35，那么35−34.6+7.2 =7.6 ，35−34.6+72=72.4 ，7.6与72.4之间并没有10倍的关系！

生4：我也算过了。假设A=50，正确结果是22.6，错误结果是87.4，它们之间也没有10倍的关系，只是87.4比22.6多64.8。

生5：假如A=45，算出的错误结果也比正确结果多64.8！

生6：我算出的情况跟大家有点不同。当A=34.6时，34.6−34.6+7.2 =7.2，34.6−34.6+72 =72，72既是7.2的10倍，同时也比7.2多64.8!

生7：这只是一种特殊情况，不能代表大多数。当A=34.6时，34.6−34.6刚好抵消，7.2和72就直接成为得数了。

生4：我发现了7.2在算式中相当于一个加数，它变成72后增加了64.8，算式的结果也随着增加64.8!

生8：在一个加法算式中，其他加数不变，如果其中一个加数增加多少，算式的结果就跟着增加多少。

（多么绝妙的辩论，多么凝练的语言，其他学生纷纷投来赞许的目光）

师：究竟乘法算式和加法算式的变化规律有什么相同和不同的地方？

（我抓紧机会，让学生把两种规律区别开来，以便更好地建构知识）

生7：乘法算式和加法算式的结果都会随着加数或因数的变化而变化。

生9：不同的是，乘法算式里因数扩大几倍，积就扩大几倍；加法算式里加数增加多少，算式的结果就增加多少。

（看来学生已经明确了这两种规律的异同，我趁热打铁）

师：通过这道题你得到了什么启发？

生2：以后做题时，要细心审题，多举例子发现规律。

生10：不能因为它跟哪道题相似就照葫芦画瓢，应该多动脑筋想问题。

（这不就是我们期望学生能明白的道理吗？这一次由学生亲自反思而领悟到的体会，应该会比由老师苦口婆心地“唠叨”出来的要深刻得多）

…………

这个案例的成功令我深受启发：让学生学会反思，让反思成为一种习惯，应该成为我们的教育中重要的一环。

（一）创设氛围，为反思提供必要的时间和空间

传统的职业操守总使教师认为，尽可能为学生铺平道路，教给学生越多的知识，就越是有责任心的表现。其实，适当保留自我学习（尤其是反思）的空间和时间，教学效果反而会更好。

1. 少一点包办代替，多一点反思时间

新课之后的全课总结常由教师包办，其实这正是学生反思的好时机。下课前

几分钟引导学生进行反思：这节课我学会了哪些知识？我是怎么学会的？这节课我在哪些方面表现出色？哪些方面还需要努力？持之以恒，反思的习惯自然会养成。

2. 制造“犯错”的机会，为反思提供空间

顺境使人顺应现实，逆境使人反思现实。针对学生的弱点（如粗心等），人为地制造一些逆境，可以促使学生找到这些缺点并下决心改正。如针对学生忽视单位统一的弱点，在学习了“平行四边形”后我设计了习题：

“有一个平行四边形，一条边长5厘米，另一条边长0.6分米，这个平行四边形的周长是多少？”

通过引导读题、标识重要字眼、解题、检验，启发学生对解决问题的关键点与思考方法建立自觉的认识。

3. 建立“足迹回忆录”

古人语：吾日三省吾身。古人每天自我反省三次是为了反思当天的一言一行。我们让每个学生准备一个“足迹回忆录”，是为了把学习过程中的得失缘由、改进措施随时记下来，每周利用一个专门的时间进行集体回顾，通过多维评价进行集体反思和个人反思。我们还鼓励学生把意义深刻的个案写成“学后记”或小论文，对促进自我评价、自主反思大有裨益。

（二）引导学生学会在关键处反思

1. 善待错误，在失败中反思

学生在学习中经常出现错误。如能善待、“利用”错误，不但有利于问题的解决，而且可以反过来促进学生的反思能力。建构主义学习观认为，学生的错误不可能单独依靠正面的示范和反复的练习得以纠正，必须经过一个自我否定的过程，让学生反思错误产生的原因，让他们明白为何出错，才能有效避免重蹈覆辙。

如学习了乘法分配律后，像$6480 \div 16$这样的题目，会有相当一部分的学生这样计算：

$$
\begin{aligned}
& 6480 \div 16 \\
= & 6480 \div (10+6) \\
= & 6480 \div 10 + 6480 \div 6 \\
= & 648 + 1060 \\
= & 1708
\end{aligned}
$$

很明显，这是由乘法分配律所产生的负迁移引起的错误。单凭老师评讲是不够的，更重要的是引导学生对错误的结果作自我反思：“我在哪一步做错？”“为什

么会错?”“今后怎样避免同类错误的发生?”经过反思，有学生根据平均除的意义创造出形象式理解法：6480 ÷ 16表示把6480个苹果平均分给16个小朋友，而6480 ÷ 10 + 6480 ÷ 6就表示把6480苹果平均分给10个小朋友，又拿来6480个苹果，再平均分给6个小朋友，最后把两次分得的结果加起来。

对待错误，有时候也可以引导学生通过事物的对立面来反思：“假如当时用另一个方法解决会不会错呢?”“如果当初能认真一些会怎么样?”这些反思都有助于暗示学生下一次遇到类似情况该如何去解决，还可以让学生分析一连串有联系的错误，从中发现共同问题。

2. 及时总结，在成功中反思

失败乃成功之母，其实“成功更是成功之母”。充分利用每一次成功的体验，不但能促使学生反思能力的提高，积累宝贵的学习经验，而且能帮学生树立坚定的信念，增强学习的自信心，为后继学习塑造良好的心理素质。

如学习了“求平均数”后有这样一道习题：

五年1班的小明，家里共五口人，8月份收入如下表：

家庭成员	爷爷	奶奶	爸爸	妈妈
收入（元）	850	600	1300	1100

小明家这个月平均每人收入是多少?

（850+600+1300+1100）÷ 5

不少学生（当中优生为数不少）这样解答:（850+600+1300+1100）÷ 4。巡堂时我发现一位后进生做对了，而且他周围的同学都是错的。我大力表扬了他，课后，还让他认真地回忆了做这道题的过程，把做得好的方面记下来，并想想为什么能顺利解答这道题目。自此，这个学生每次做应用题都首先认真审题，解题时尽量联系实际情况和书本知识，因为他深刻记得这是个正确解题的好方法。

在一节课结束前、一次实践活动后、一次周末评价中，我们经常引导学生这样反思：刚才我们一起进行了什么活动?为什么要做这个活动?我在哪个关键点处理得比较好?我选择的方法是否最合理?还可以在什么情况下选用这个方法?我遇到了哪些困难，是如何克服的?我还能提出哪些新的问题?……这样做并不多余，它正是把学生在学习过程中一些正确的、好的做法不断强化，由自发状态上升为自觉状态的有效途径。

反思是一种内省行为。让学生学会反思，是提高学生数学素养的重要途径；让反思成为一种习惯，需要教师进行长期不懈的深入研究和实践，付出辛勤的汗水。让反思成为习惯，让习惯成为能力，只要习惯养成了，它将成为促进数学学习的强大源动力。

三、开展素养导向的数学综合实践活动——让“三会”成为学习主线

从关注知识、技能到关注核心素养，是国际视野下课程改革升级的走向。《义务教育数学课程标准（2022年版）》指出，数学核心素养的构成主要包括：会用数学的眼光观察现实世界，会用数学的思维思考现实世界，会用数学的语言表达现实世界，简称“三会”，并明确提出小学阶段的十一项核心素养。其中，“模型意识”是数学学科的核心素养之一，贯穿于小学数学教学体系之中。数学教学内容四大教学领域之一的“综合与实践”，是学生习得数学思想、应用意识和创新意识的良好载体。课标对于“数学综合与实践活动”的课程内容是这样定位的：“综合与实践”是一类以问题为载体、以学生自主参与为主的学习活动。在学习活动中，学生将综合运用“数与代数”“图形与几何”“统计与概率”等知识和方法解决问题。

基于“核心素养”本位的“导研互动”数学课堂，在综合与实践活动中渗透数学思想方法的教育。以数学建模教学为例，培养学生的模型思想，我们可以做出哪些努力，给学生带来什么样的改变？笔者就此展开了研究与思考。

（一）创设问题——常备“数学”的眼光

“综合与实践”是以问题为载体的，问题是引发学生思考与实践的基点，因此，问题的选择是关键。而模型思想的建立，需要学生经历从建模准备到模型应用的全过程，包括从现实生活或具体情境中，抽象出数学问题，用数学符号，建立方程、不等式、函数等数学模型的数量关系和变化规律，然后求出结果，并讨论结果的意义。两者在问题设计即研究专题的选择上有着异曲同工之处，它要求教师在问题情境的创设中具备“数学”的眼光，从数学角度审视现实世界。以体现模型思想，促进学生思考、解决问题、情感态度为目标，选取的问题应体现以下特点：

1. 趣味性

兴趣是由好奇心所产生的精神向往，是实践与探索的前提。因此，活动中所选择的问题要具有一定的吸引力，能激发学生的学习兴趣和动机。而且，问题情境中的信息应容易获取，建模所需的数学知识相对简单，学生通过努力能够顺利建模，体验解决问题的喜悦，为建立成功、自信的学习体验做铺垫。

2. 实践性

选取学生比较熟悉的现实模型，问题情境密切联系学生的生活经验，更能牵动他们探索与思考的热情。来源于自然、社会、生活、其他学科和数学内部，学生有相关经历、能够实践的活动，都是不错的选择。

3. 新颖性

最好选取学生第一次遇到的新问题，有别于常规的实际问题，为学生提供深入探索和创造的机会，在建模过程中发展思维、提升能力。

4. 开放性

问题要具有一定的开放性。从条件、解决问题的过程到结论都具有开放性，减少对条件信息的人为加工，体现解决问题思路和方法的多样化。通过交流与总结，每个学生展示不同的个性，触发不同层次的思考和创造性，感知同一问题建模方法与结果的多样性，形成从多种角度出发探讨问题的学习方式。

例如，人教版四年级上册《1亿有多大》。该活动要求学生经历课题研究、简单建模的过程，利用可想象的素材，建立对1亿大小的感性认知。学生以小组为单位展开研究，除了教材中提供的“1亿张纸摞起来有多高”，他们想到的建模假设及相应的数学模型还有多种：1亿个小朋友手拉手有多长、1亿本数学四年级课本拼起来有多大、1亿粒米有多重、从1数到1亿要多长时间……通过交流分享，师生共同研究素材的合理性和可行性，学生对数学建模的全过程，对同一问题建模方法的多样性、结果的差异性，有了初步而完整的认知。

《1亿有多大》安排在“大数的认识”单元中，在学习完亿以内的大数之后，学生大部分都知道1亿很大，但是对“1亿有多大”没有确切的认知，活动的安排是及时且必要的。对照上述问题创设的四个特征，问题的现实模型学生比较熟悉，获取建模信息不难，可通过同伴研讨、教师指引获得；建模时主要用到简单的测量、乘法、单位换算与数的大小比较等基本数学知识；“1亿有多大”有别于常规的大小比较问题，是学生第一次遇到的新问题；解决方法和结论都不唯一，大部分学生对问题的解决表现积极。

一个有质量的问题可以成为支点，撬动学生的探究欲望和思辨能力，使数学综合素养得到充分展现和发展。在创设问题这一环节中，常备一双“数学”的眼光显得特别重要。教师应因时因地制宜地收集、开发、改造适合学生研究的问题，开展数学建模的综合与实践专题教学。同时，要鼓励学生捕捉身边的数学信息，自己发现和提出问题。

（二）建立模型——获取“数学”的思维

数学模型是实际问题与数学理论相结合的产物。建模的过程就是将现实问题归结为相应的数学问题，利用数学概念、方法和理论对该问题进行分析研究，为解决现实问题提供精确的数据及可靠的指导。实践操作中，基本的数量关系是学生建模的技术支撑；同时，让学生用数学的思维分析世界，用数学的语言表达现实世界，也是决定建模教学成功与否的重要因素。只有掌握了基本的分析方法，养成了“数学”的思维，学生才能在获取信息之后正确、有序地形成解决问题的思路，建构数学模型，使综合与实践活动得以顺利开展。

1. 用数学的思维分析世界：培养符号意识，渗透函数思想

在研究中我们发现，数学学科各项核心素养之间是相辅相成，密切相关的，在引导学生建立模型思想的同时，符号意识和函数思想的建立其实发挥着不可忽视的重要作用。在数学建模过程中，恰当地引导学生用函数建构模型，用符号语言表达模型，既是建模的需要，也是综合与实践教学的要求。学生需要感受解决策略的优化，学会恰当地选择数学模型，简洁地解决问题。因此，把培养符号意识、渗透函数思想与数学建模相结合，让学生用数学的思维参与“综合与实践”活动，是提升数学素养的有效策略。

2. 用数学的语言表达现实世界：培养语言表达能力，应用几何直观

几何直观是课标新增加的核心概念之一，课标中对它的描述是：几何直观主要是指利用图形描述和分析问题。借助几何直观可以把复杂的数学问题变得简明、形象，有助于探索解决问题的思路，预测结果。几何直观可以帮助学生直观地理解数学，在整个数学学习过程中都发挥着重要作用。根据小学生的思维特点，基于数学建模的综合与实践教学应当充分运用几何直观，并重视交流过程中学生语言表达能力的培养，用数学的语言表达现实世界。这么做，不仅仅在于探索解决问题的思路，建立数学模型，更重要的是帮助学生直观地理解数学，达成良好的数学教育。

例如，五年级下册《打电话》：一个合唱队共有15人，暑假期间有一个紧急演出，老师需要尽快通知到每一个队员。如果用打电话的方式，每分钟通知1人，请帮助老师设计一个打电话的方案。通过创设学生熟悉的“打电话”情境，研究“怎样花最少的时间通知到全部队员”这个问题，建立解决问题的模型，体会策略的多样化和优化，感受数学的价值。在“每个人都不空闲”的方向引领下，学生用图示的方法找到了最优方案，如下图。

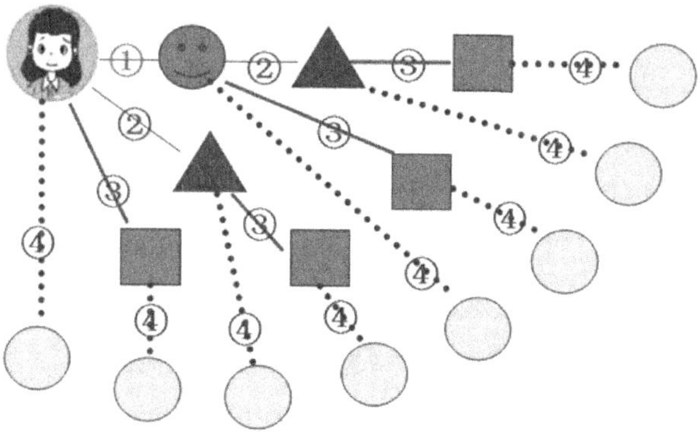

从图中学生就能清楚地发现隐含的规律，并能用自己的语言说明：每一分钟所有接到通知的队员和老师的总数是前1分钟所有接到通知的队员和老师总数的2倍；每增加1分钟，新接到通知的队员数正好是前面所有接到通知的队员和老师的总数。学生的语言描述表明他们通过看图寻找出规律和算法，而不是根据数列规律推理，由此可知，几何直观和语言描述在数学建模中的作用举足轻重。

第n分钟	1	2	3	4	5	6	7	……
第n分钟新接到通知的队员数	1	2	4	8	16	32	64	……
到第n分钟所有接到通知的队员和老师的总数	2	4	8	16	32	64	128	……
到第n分钟所有接到通知的队员总数	1	3	7	15	31	63	127	……

列表是另一种表征思维过程的数学形式，更简洁明了，有利于培养学生的符号意识及思维的有序性、全面性。通过观察表中数据，学生能够发现：到第n分钟所有接到通知的队员和老师的总数是一个等比数列，就是2^n，到第n分钟所有接到通知的队员总数就是（2^n-1）人。数学模型的符号化提炼，使函数思想得到有效渗透，对于学有余力的学生来说，是进一步体会推理、优化、模型等数学思想，培养抽象思维能力不可或缺的时机。无论图示法还是列表法，只要学生能大胆运用语言、符号、图示、表格等不同的方式表征自己的思维过程，就代表他真正参与了数学的建模过程。

“综合与实践”本质上是一种解决问题的活动，在强调“做”的过程中，我们更希望帮助学生积累数学活动经验，获取“数学”的思维；在建立模型的过程中，积攒数学智慧，提升数学素养。

（三）求解验证——品味“数学”的魅力

数学的魅力是什么？数学知识源于生活，但并不等于生活本身，它是对生活中的数量关系与空间形式的提炼；数学不仅仅是计算，在运用数学进行思维的过程中，所锻炼的不仅仅是思维方法，更重要的是观念的改变。笔者以为，这些正是数学魅力之所在，而这些正好在数学综合与实践活动中有重要体现。

从某种意义上来讲，模型思想就是将一个问题的解决，拓展为一类问题的解决。正如荷兰数学家弗赖登塔尔所说：“数学来源于现实，也必须扎根于现实，并且应用于现实。”当学生建立数学模型以后，教师应该引导学生应用模型解决问题，使数学模型成为沟通实际问题与数学知识的桥梁，从而帮助学生提升数学模型的应用水平，积累模型经验，形成初步的模型思想。运用数学模型解答实际问题，不但使学生充分体会到数学模型的实际应用价值，而且进一步培养了他们应用数学的意识和综合应用数学解决问题的能力。通过解决数学“综合与实践”中的“问题”，学生将综合运用“数与代数”“图形与几何”“统计与概率”等知识和方法解决问题，沟通了数学内部各分支之间、数学与其他学科之间、数学与生活实际之间的联系，全面地理解数学，体会数学的特点，了解数学的价值。这些活动的开展，将对学生情感态度价值观的形成产生不可估量的推动作用，这也是“综合与实践”课的内涵及教育价值所在。

人本主义心理学家卡尔罗杰斯认为，学习不只是涉及心智的一种在颈部以上发生的学习，还是指一种是个体行为态度个性以及在未来选择行动方针时，发生重大变化的学习，并且是一种与每个人各部分经验都融合在一起学习，他称之为意义学习。“数学综合实践活动”是充满实践、探索、碰撞的过程，是学生亲自参与、生动的过程。综合实践应用与模型思想相结合，是学生形成深度学习和探索能力的重要途径。“导研互动”的数学教学活动，是师生积极参与交往互动，共同成长的过程教学。根据具体的教学内容，教师应从学生实际出发，在问题情境中引导学生实践思考、探索交流，使学生在间接经验的同时有更多机会获得直接经验，习得数学学习的基础知识、基本技能、基本思想、基本活动经验。数学“综合与实践”教学，需要教师坚持不懈、循序渐进的渗透、反思、领悟，使学生对数学的理解从“量的积累”达到“质的飞跃”，数学素养的提升就指日可待了。

案例

立足素养导向，促进信息技术与数学教学融合[①]

——以“探索图形”为例

教学内容 人教版五年级数学下册第44页。

教学目标

知识与技能目标：

通过探究由小正方体拼成大正方体后的涂色规律，进一步认识和理解正方体的特征。

①江门市蓬江区棠下镇桐井小学程创亮老师执教，江门市蓬江区教师发展中心黄肖慧评析。

过程与方法目标：

1.培养学生在活动中学会与他人合作、学会倾听他人意见，让学生通过发现问题、提出问题、猜想结论、验证结论等过程进行探索规律。

2.在探索的过程中，渗透分类、数形结合、归纳、推理、模型等数学思想方法，发展空间想象力，积累数学活动经验。

情感态度与价值观：

使学生进一步感受图形学习的乐趣，获得成功的体验，增强学习数学的兴趣和自信心。

教材分析

“探索图形”一课是安排在认识长方体和正方体之后的一节综合与实践活动。目的是让学生在具体的数学活动中探究和发现各种小正方体表面涂色的情况以及每种涂色小正方体的位置特征和蕴含的数量上的规律，让学生体会分类计数、化繁为简和数形结合的数学思想，促进学生空间观念的发展，提高空间想象力以及推理的思维能力。

学期目标

这一内容是学生学习了正方体的体积计算以及掌握了正方体的特征后安排的“综合实践”的内容，学生对正方体有了一定的认识，为本内容的学习提供了一定的基础。

教学重点

学会从简单的情况找规律，解决复杂问题有化繁为简的数学方法。

教学难点

能准确突破每类涂色小正方体的个数与它在大正方体中所处位置关系的规律，并能准确总结计算方法。

教学准备

电脑课件、为每个小组准备3个由若干小正方体拼成的大正方体学具。

教学过程

一、情境引入

1. 老师拿出一个小魔方。如图：

师：同学们，这是什么？

生：魔方。

师：对，这是一个三阶魔方。魔方是什么形状的？它有什么特征？

生：正方体，有6个面，8个顶点，12条棱。

师：这个魔方可以看作是由几个小正方体组成的？你是怎么想的？

生：因为棱上有3块小正方体，所以用3×3×3=9个。

片段评析：通过同学们熟悉的魔方玩具引入，激发学生的兴趣，通过一个简短的交流，让学生知道本课要探索的图形是和正方体有关的图形，唤醒学生已有的知识经验，为下面展开的探索活动做铺垫。

2. 设置疑问，揭示课题

（1）课件出示：

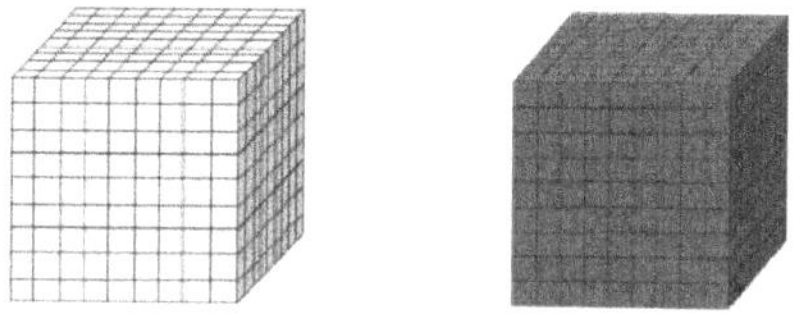

师：这是用小正方体拼成的棱上块数是9的大正方体，把这个大正方体的表面涂上颜色，需要涂几个面？

生：6个面。

师：观察这些小正方体，你看到涂颜色的最多是几个面？最少是几个面？

生：最多3个面涂色，最少是0个面涂色。

师：还有其他情况吗？

生：还有1个面涂色，2个面涂色的。

师：那你能告诉老师每一类小正方体各有多少块吗？如果让你来数一数，你有什么感觉？

生：太多了，太复杂了。

师：怎样解决这个问题？你们有什么好办法吗？

生：先研究简单的图形，发现规律后，再利用规律解决复杂的图形。

（顺势揭示板书课题：探索图形）

片段评析：创设问题情境，让学生数一数大正方体中各类小正方体的块数，在解决问题中，学生感受到用已学过的知识和方法解决问题比较困难，从而产生认知冲突，促使学生积极主动寻求解决问题的新方法，深刻体会“化繁为简”的数学思想在探索规律解决问题上的意义。

二、探索规律

活动一：观察模型，感知分类

（课件出示二阶图、三阶图）

师：以小组为单位，先仔细观察桌面上棱上是2块的正方体（二阶图），你看到了什么？再仔细观察棱上是3块的正方体（三阶图），你又看到了什么？

生1：我看到了二阶图每个小正方体都有3个面涂红色。

生2：我看到三阶图有些小正方体是3个面涂色的，有些是2个面涂色的，有些是1面涂色的，有些是没有涂色的。

师：没有涂色的你也能看得到？

生2：我没看到，但我能想象得到。

师：你想象力真好，不过这都是同学们的猜想。到底是不是这样呢？

片段评析：先让学生观察、发挥空间想象力并初步感知各类小正方体的涂色分类情况，为后面的学习打下基础。

活动二：拆模型，确认分类，初步感知位置

小组合作要求：

（1）先把棱上是2块的正方体拆散，观察小正方体涂色情况可以分几类？

（2）再把棱上是3块的正方体拆散，观察小正方体涂色情况可以分几类？

（小组合作操作填表，老师巡查适时引导）

小组1汇报：棱上是2块的正方体拆散后，只有一类情况，就只有3个面涂色的小正方体。

师：为什么它的8个面都是3面涂色的呢？

小组1：因为这8个小正方体都是外露出来的。

小组2汇报：棱上是3块的正方体拆散后，可分为3面涂色的，2面涂色的，1面涂色的，没有涂色的。

片段评析：让学生动手拆模型，通过直观观察建立表象，直观上让学生认识到各种小正方体的具体分类情况，在拆模型的过程中初步感知各种类型的小正方体与大正方体的位置关系，为后面探索规律做铺垫。

活动三：拼模型，进一步确认位置

（1）以小组合作形式把刚才拆散的小正方体复原成棱上是2块和3块的大正方体。

（2）认真观察3面涂色、2面涂色、1面涂色，没有涂色的小正方体位于大正方体的什么位置上，分别有多少个？完成表格。

位置 棱上块数 数量 涂色分类	三面涂色个数	两面涂色个数	一面涂色个数	没有涂色个数
2块				
3块				
4块				

小组合作完毕，老师要求小组代表拿着拼成的模型上台展示，一边用手指比画一边汇报。

小组3代表汇报：棱上块数是2的正方体，3面涂色的小正方体在大正方体的顶点上，一共有8个，其他情况都是0个。

小组4代表汇报：棱上块数是3的正方体，3面涂色的小正方体也是在大正方体的顶点上，有8个；2面涂色的在棱长上，有12个；1面涂色的在大正方体的每个面的最中间，有6个；没有涂色的在大正方体的里面，有1个。

师：你怎么发现它们各自的块数的？

生：刚才拆分模型的时候数出来的。

师：如果棱上小正方体的块数越来越多，那还可以用数数的方法吗？

生1：不能。

师：那么办呢？

生1：可以用计算的方法。

师：怎么计算？

生2：3面涂色的在顶点处，因为正方体有8个顶点，所以$1\times8=8$（个）。

师：2面涂色的呢？

生3：2面涂色的在棱上，每一条棱长上1个，12条棱就有$1\times12=12$（个）。

师：一面涂色的有6个，这6个怎么算出来的呢？

生4：因为一面涂色的在每一个面的最中间，每面有1个，$1\times6=6$（个）。

生2：没有涂色的个数用总个数减去其他情况的就可以得到了，$27-8-12-6=1$（个）。

片段评析：俗话说，上山容易下山难，这里拆散模型容易，拼模型难。复原模型，看似简单，实际不是那么容易操作，但在拼模型的过程中学生是亲身经历了把每一种类型的小正方体具体放在什么位置上才能让模型复原的过程，进一步加深了印象。正是这一拆一拼，让小组所有学生都参与其中，通过动手、动脑、细心观察，形象直观地感受各种小正方体在大正方体上的位置，初步发现了规律。

活动四：猜模型，探索规律

师：（课件出示4阶图）我们把棱上4块的正方体表面也涂上红色，又会怎样呢？小组合作讨论：

（1）小正方体可以分成几种类型？分别在什么位置上呢？

（2）填一填它们分别有多少块？

片段评析： 因为在探索棱上块数是3的时候，学生积累了一定的探索经验，初步探索规律，所以这里让学生大胆提出猜想，进一步加深对各种涂色小正方体位置特征的认识，为后面的探索奠定基础。

活动五：多媒体直观演示，验证猜想

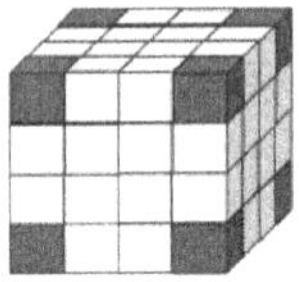

学生汇报讨论结果时，适时运用多媒体动画演示。

生1：有4种涂色情况。三面涂色有8个小正方体。

师：哪8个？

生1：三面涂色的小正方体在大正方体的8个顶点处。

生2：两面涂色有24个。

师：怎么得到的？

生2：用2×12算出来的。两面涂色的小正方体都在大正方体的棱上，从一条棱上有2个，推算出12条棱就有24个。

师：思路很清晰，先找到位置规律，再说数量规律。这个2怎么来的？

生2：一条棱上有4个小正方体，除了两个顶点的2个，剩下就是4−2=2（个）两面涂色的。

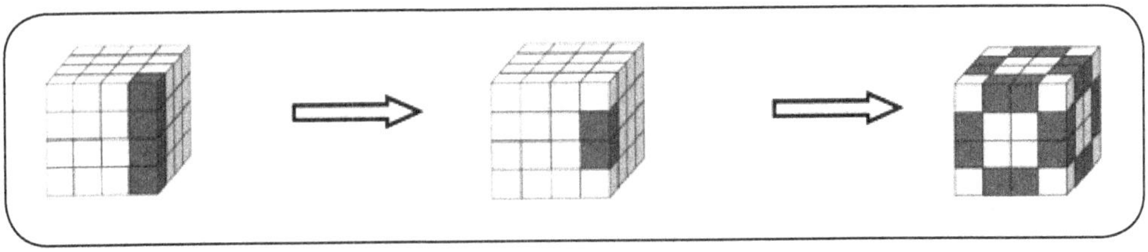

生3：在大正方体的一个面上有4个一面涂色的小正方体，推算出6个面共有4×6=24（个）。

师：这个4哪里来的？

生3：一条棱上共4个小正方体，一个面上，除去周边一圈的位置，就得到一个边长是2的正方形，一个面上有2×2=4（个）小正方体。

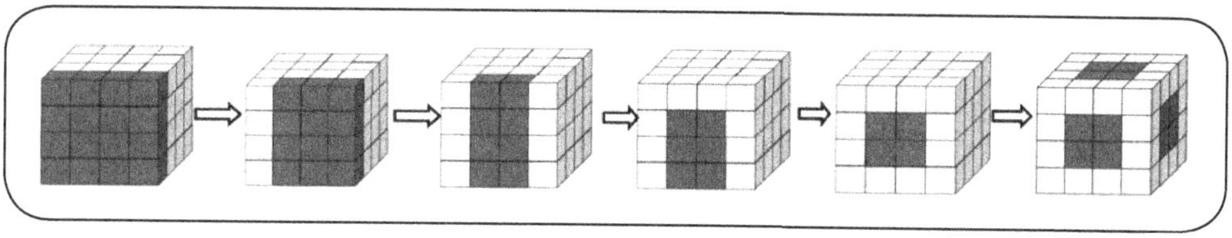

生4：没有涂色的在大正方体的中间，除去左右、前后、上下的小正方体，剩下一个棱长是2的小正方体，所以是2×2×2=8（个）。

（多媒体演示大正方体剥去外面涂色的部分，显示没有涂色的小正方体。）

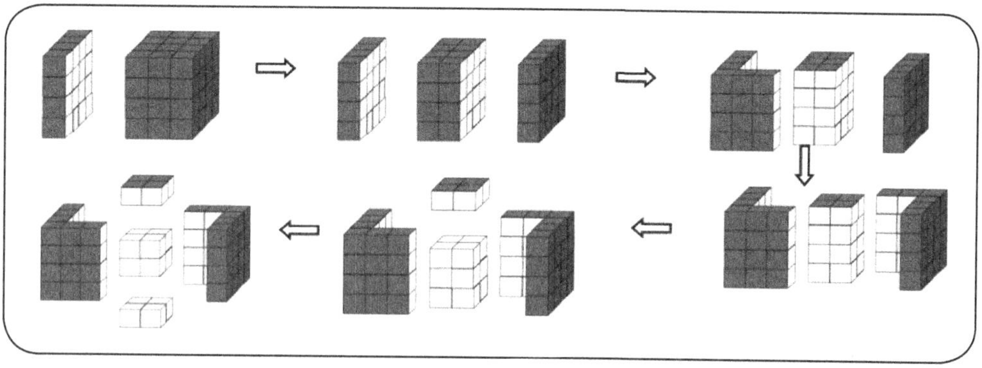

生5：没有涂色的小正方体也可以用总块数减去所有涂色块数的和。

片段评析：通过“猜想—验证”的方法让学生进一步归纳、推理，探寻规律。探寻各类涂色小正方体的位置关系以及计算方法是本课的难点，对学生的空间想象能力、空间观念、推理能力的要求非常高。本环节结合多媒体信息技术，生动、形象、直观地展示了各类小正方体在大正方体中所在的位置，尤其是看不见的没有涂色的小正方体，通过多媒体动画的展示，把大正方体的外围一圈的小正方体慢慢剥去，剩下最中间的部分就是没有涂色的小正方体，从而帮助学生突破教学难点。

活动六：算模型，深化验证

师：有了前面的思考方法，不借用学具，想一想、算一算。

（1）把棱上块数是5的大正方体表面涂上颜色，各类小正方体各有几块？

（2）应用这样的规律，现在我们可以解决上课前遇到的复杂问题了吗？

（3）棱上块数是9的大正方体表面涂上颜色后，各类小正方体各有几块？完成表格内容。

位置	在顶点上	在棱上	在面上	在里面
涂色分类 数量 棱上块数	三面涂色个数	两面涂色个数	一面涂色个数	没有涂色个数
2块	8	0	0	0
3块	8	12	6	1
4块	8	$(4-2)\times12=24$	$(4-2)^2\times6=24$	$(4-2)^3=8$
5块				
9块				
……				

片段评析：在学生已积累一定经验的基础上，通过在棱上块数是5的大正方体寻找规律，进一步加深了学生对位置规律和计算方法的理解，另外回顾引入时的棱上是9块的，目的是让学生感受化繁为简这个方法的优越性。

活动七：比较归纳，总结规律

师：对照这些数据和我们的思考过程，如果棱上块数是n的时候，各种小正方体各有几块？你能用数字和含有字母的式子表示出来吗？（引导学生进一步完善表格。）

片段评析：由研究“特殊”推广到“一般”，这是探索规律、发现规律的方法。本环节就是让学生经历从特殊到一般的过程，进一步培养学生的推理能力。

三、巩固迁移

1. 一个表面涂色的正方体沿着棱长把它平均分成若干个大小相等的正方体，如果没有涂色的小正方体有125块，请求出这个正方体的棱上块数。

涂色分类 数量 棱上块数	三面涂色个数	两面涂色个数	一面涂色个数	没有涂色个数
（　　）块				

小结：这节课，我们通过看一看、拆一拆、拼一拼、算一算等学习方法，掌握了计算表面涂上颜色的大正方体中，各种涂色小正方体的块数的方法。

2.

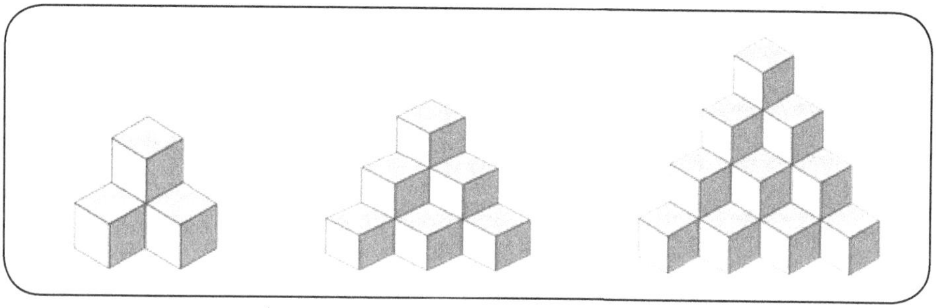

师：如果用小正方体摆成下面的几何体，你会数出小正方体的块数吗？

学生尝试用探索规律的方法解决：（学生边说，边配合课件演示）

第一层：1个

第二层：（1+2）个

第三层：（1+2+3）个

第四层：（1+2+3+4）个

…………

第1个图形小正方体总数：1+（1+2）=4（个）

第2个图形小正方体总数：1+（1+2）(1+2+3）=10（个）

第3个图形小正方体总数：1+（1+2）(1+2+3）+（1+2+3+4）=20（个）

师：按照这样的规律摆下去，第5个图形的结果是多少呢？

（学生回答，课件演示）

师：如果把这个几何体的表面涂上颜色，你能根据涂色的情况给这些小正方体分类吗？请同学们课后试一试。

片段评析：在学生初步学会探索规律的方法的基础上，通过引导学生尝试用这种方法解决新的问题，进一步巩固和加深对解决问题的方法和策略的理解，培养实际应用的意识。

四、课堂小结

师：通过这节课的学习，你有什么收获？

师：当我们遇到比较复杂的问题，解决起来有困难时，可以尝试先从简单的情况开始，看能否发现规律，再应用规律去解决复杂的问题，这是一种常用的解决问题的思想方法。

案例评析："探索规律"内容属于综合实践课，综合与实践可以理解为一种数学探究或数学建模活动。所以本课教学设计不以学生获得某些知识为目的，更注重通过探索规律的活动，让学生产生对数学规律的兴趣，初步形成探索规律的意识。为发挥"探索规律"在学生数学素养发展中的教学价值，我们迫切需要充满智慧的"真探索"课堂。

1. 循循善诱，发展分类与空间思维能力

本课设计了活动1"看一看"，活动2"拆一拆"，活动3"拼一拼"，通过"看""拆""拼"三个层次循循善诱，逐步加深理解，为发展空间思维能力打下基础。

2. 步步为营，发展分析与综合能力

分析与综合互相渗透和转化，推动构建数学模型和思维的深化和发展。本课在引导学生展开分析的过程中，呈现和突出了数学本质，细化到每一个数学元素的分析，每一种关系的深入探讨。

比如，本课中探索"棱上块数是4的大正方体时找出2面涂色的小正方体的个数"时，教师会引导学生思考"2×12=24（个）中的'2'是怎么来的"，细致分析每一个元素。

小学生的抽象思维还比较薄弱，具体形象思维仍是一种主要的思维方式，因此，在本课中，教师多次借助信息多媒体技术，形象直观地引领学生分析与综合，更好地找到解决问题的方法和规律。

3. 层层递进，发展归纳与抽象能力

本课中，学生通过分类、确定位置关系、分析与综合等发现了规律。紧接着，教师进一步提出问题"如果棱上块数是n，还会有这种关系吗"，引导学生根据猜想进行验证，最后得出由"特殊"到"一般"的规律，一方面感悟归纳推理的方法，另一方面提高归纳能力。

第四章

“导研互动”数学课堂教与学的评价

课堂是师生共同成长的地方，大部分课程内容都是在课堂组织下实施的。当前，课堂评价普遍存在“教”“学”“评”三张皮、教学互动形式大于内容的问题。

首先，对课堂教学效果的评价，侧重于学生的知识技能、计算能力和逻辑思维能力的评价，虽涵盖数学素养，但不全面、不系统，且忽视形成性评价，导致教学过程监控不足；PISA项目中评价学生数学素养的理念和方式虽然值得借鉴，但缺乏联系本土情况的数学核心素养的评价路径，区域内教学质量监测系统有待完善。基于数学素养的课堂教学评价，“口号”多，“行动”少。

其次，基于数学素养落地的教学行为评价不完善，教师对小学数学课程标准及教材的解读能力有限，使得教学目标无法统领课堂教学，教学中要么过于注重学生获得过程和体验，忽视了知识的系统性；要么偏重知识技能教育，忽视了数学核心能力、数学意识、数学价值观的培养。相当一部分教师凭主观臆想和经验取向，以讲授灌输驱动教学，导致基于数学素养的数学教学“口号”响，“行动”弱。

“评”与“教”是教学中不可分割的重要组成部分。脱离教育的评价，必然导致评价过程监测功能、反思功能的缺失，使得数学素养的培育停留在口号上，无法落地。“导研互动”数学课堂以推动教学方式变革为目标，以促进学生数学核心素养的养成为主旨。学生学会了没？学的程度怎么样？学生会学吗？这些都是老师们关心的问题，也是值得经常反思的问题。

基于“教、学、评一体化”的“导研互动”数学课堂评价，为区域内小学数学评价改革提供借鉴和思路，是整饬教学目标不明、教学策略守旧、质量评价监测乏力等教育窘态，实现有效教学的首选路径。在行动研究的过程中，课题组从宏观角度构建了《江门市蓬江区小学生数学素养评价框架》；在微观层面，探索了“评什么”“怎么评”的实施路径，通过行之有效的评价方式来真实地了解学情，实现数学学科评价体系的区域推进。

第一节 聚焦核心，让教师明确“评什么”

一、“导研互动”课堂教学的评价

曹一鸣教授认为，有意义的数学课其影响是多元且立体的，要培养学生的理性精神，领悟数学的真正内涵①。从曹教授的研究统计中可以看出，现行课堂教学评价大多数都采用指标法和评价标准。查阅国内外的教学评价前期研究，可见大多数专家学者在课堂评价领域，都集中在对教学目标、教学设计、教学过程、教学效果、教学方法等几方面展开评价，因此也给了本研究大致的方向。

经过整理，构建“导研互动”数学课堂评价体系的指标及其相应的评价标准，一级指标确立为教学目标、教学设计、导教过程、导学效果、专业技能；结合课堂需求、国内和国外专家的研究、课标以及实际情况，细化了二级指标及各二级指标的评价标准，如表4-1所示。

表4-1 “导研互动”课堂教学评价表

一级指标	二级指标	指标说明	等级				得分
			优	良	中	差	
教学目标	目标明确	1. 教学目标明确、具体，符合课标要求，教材分析到位，学情分析科学，体现引导学生主动参与学习的大方向； 2. 从知识和技能、数学思考、问题解决、情感态度价值观四个维度设计教学目标	5	4	3	2	
	目标分层	针对不同层次学生，有分层目标，因材施教	5	4	3	2	
教学设计	准确性与流畅度	1. 突出教学重点，有突破难点的策略体现； 2. 体现出激发学生参与的设计流程，有提升学习质量的具体措施	5	4	3	2	
	容量与难度的把握	找准知识的最近发展区，尊重学生的认知规律和不同学生之间的差异，教学设计“保底”但“不封顶”	5	4	3	2	

①曹一鸣. 一堂有深度的数学课[J]. 人民教育，2006（11）：37.

续表

一级指标	二级指标	指标说明	等级				得分
			优	良	中	差	
	注重知识联系	新旧知识联系紧密，调动已有的数学活动经验，使数学知识与其他学科产生联系	5	4	3	2	
	注重应用	情境问题设计合理，数学内容与生活实践的联系巧妙，教会学生在现实生活中和跨学科学习中运用数学知识	5	4	3	2	
导教过程	教学程序	1. 按照预定的程序进行教学，有明确的课堂路径，条理清晰； 2. 课堂组织合理科学，有效引导学生把握重点、突破难点	5	4	3	2	
	教学时间分配	环节时间划分、重难点时间分配合理，预留学生理解和思考的时间与空间	5	4	3	2	
	问题探究	1. 培养独立思考、合作探究的能力； 2. 培养提出问题、分析问题、解决问题的能力	5	4	3	2	
	数学思想与方法渗透	注重数学思想方法和数学文化的渗透，培养学生逻辑思维能力	5	4	3	2	
	师生互动	1. 课堂中体现阅读、表达与思考有机结合，交流与分享多向互动，实现深度对话 2. 师生关系和谐，课堂气氛融洽	5	4	3	2	
	评价与反馈	1. 对学生在课堂学习中生成的问题反馈及时，评价恰当； 2. 根据学情及时调整教学方案	5	4	3	2	
	学法指导	1. 对数学知识进行适度的拓展，促进知识的建构； 2. 重视反思，培养元认知能力，形成学习方法，让学生学会学习	5	4	3	2	
	信息技术融合	让信息技术助力教学活动的实施，提高课堂学习效率	5	4	3	2	

续表

一级指标	二级指标	指标说明	等级				得分
			优	良	中	差	
导学效果	行为参与	1. 学生能主动参与到学习活动过程，参与面广； 2. 学生参与课堂活动的时间充足； 3. 师生、生生之间多向对话，学生能够上讲台梳理收获	5	4	3	2	
	认知参与	1. 独立思考，建立新旧知识的联系，理性地、深刻地对数学知识本质的价值作出有说服力的判断和预测； 2. 善于倾听，能对别人的观点进行判断、整合，提出新的见解； 3. 主动交流，用自己的话表达数学概念、规律或算理； 4. 提出数学问题，提出可行性探究方案，找到解决问题的路径	5	4	3	2	
	情感参与	1. 学生主动学习、自主发展； 2. 学生能在学习活动中获得良好的情感体验，保持学习的高度兴趣	5	4	3	2	
	学习成果	通过建立形成性评价和及时反馈机制，促进学生自主学习和反思能力的发展，提升学习质量	5	4	3	2	
教师专业技能	组织管理能力	1. 教师课堂教学组织合理，过程流畅； 2. 教师基本功扎实，举止大方，文明得体，能及时捕捉课堂教学中生成的有用信息促进教学	5	4	3	2	
	语言表达能力	教师语言具科学性、逻辑性、启发性	5	4	3	2	
总评等级		分数合计					

为促进“三导”“三学”的“导研互动”教学范式深化，课堂评价主要采用指标等级评价方法。遵循“教为主导”“学为主体”的原则，评价体系从教与学的两个方面提出评价指标。其中，针对“教”确定四个一级指标：教学目标、教学设计、导教过程、教师专业技能。导学效果则重点以学生参与效果为评价指标。

（一）看教学目标的定位

教学目标明确具体，符合学科课程标准和学情，从知识和技能、数学思考、问题解决、情感态度价值观四个维度设计教学目标。

（二）看教学设计的预设

教学设计的评价主要包含以下四个二级指标：一是准确性与流畅度，评价教学设计的精准度，对教学重点、难点的处理，对激发学生参与的策略设计；二是容量与难度的把握，找准学生的认知最近发展区，教学设计要考虑不同层次学生的认知水平，能让上层生吃得好，让后进生吃得饱，让学生“跳一跳，摘果子”；三是注重知识联系，教学设计在新旧知识间的迁移处做好过渡，调动已有的数学活动经验，使数学知识结构化，并与其他学科产生联系；四是注重应用，问题情境设计合理，数学内容与生活实践的联系巧妙，实现数学从生活中来，并回归生活，教会学生在现实生活中和跨学科学习中运用数学知识。

（三）看教师的导教能力

教师的引导决定了学生的学习方向与学习深度，恰当的引导能帮助学生发现问题、归纳规律、掌握方法。教师的导教过程包含教学程序、问题探究、师生互动等。评价教师的教学方式，是否始终把学生置于学习主体的地位，在课堂上为学生搭建自主探究的平台，促进深度学习，促进自主学习能力的提升。

（四）看导学效果

从课堂与学生的角度来看，课堂教学效果与学生参与的深度有着密切的联系。孔企平教授在2003年时指出，学生参与包括行为参与、认知参与、情感参与。本文在借鉴孔企平教授的研究成果的基础上，把“导研互动”数学课堂中的导学效果分为行为参与、认知参与、情感参与、学习成果四个二级指标，从行为参与的积极程度、认知参与的深浅程度、情感参与的喜爱程度、学习成果的习得程度四个维度评价学生是否参与学习、学得怎么样。

（五）看教师专业技能

专业技能是课堂教学效率的保障，该指标主要从教师的组织能力、语言表达能力两个方面展开评价。

二、“导研互动”数学课堂的学业评价

以国家课程目标为导向，数学学科的学习评价，理应以数学核心素养的落地为评价内容。而事实上，老师们对数学核心素养一知半解，停留在“知道”层面或不知如何基于核心素养开展有效评价。

为此，2015年蓬江区组织全区教师开展了一次规模较大的问卷调查——你所理解的数学核心素养主要包括哪些方面，旨在为研究提供真实的数据分析和案例支持。本次调查共收回问卷755份。从被调查的755位教师提供的数据看，教师普遍认为数学核心素养包括数感、符号意识、空间观念、统计观念、模型意识、数学应用意识、数学人文精神等；数学科的关键能力包括数学运算能力、数学推理能力、问题解决能力、数学交流能力。

调查情况从侧面反映了蓬江区数学教师对新课程标准的理念有了一定程度的把握，《义务教育数学课程标准（2011年版）》所提的10个核心词在选项中均有充分体现。老师们普遍认同，数学素养是学生通过数学学习和实践活动，所获得的数学知识技能、数学思想方法、数学能力、数学情感和数学思维品质等比较稳定的心理状态。在收集数据、分类整理的基础上，初步确定了《蓬江区小学生数学素养评价指标体系》（以下简称“体系”）。2022年，《义务教育数学课程标准（2022年版）》正式颁布，在过去10个核心词的基础上再增加了一个关键词——量感。这使《蓬江区小学生数学素养评价指标体系》得到进一步修改完善。（见下表）

表4-2 《蓬江区小学生数学素养评价指标体系》（试行）

一级指标	二级指标	三级指标	评价要素	评价方法和工具
数学知识技能	概念性知识	了解概念 理解概念	●能从具体事例中，知道或能举例说明对象的特征	口试 纸笔测试 学生作业 数学日记 课堂观察 操作测验
	技能性知识	记忆知识 理解知识	●能准确记忆公式、定律、性质、法则 ●能理解公式、定律、性质、法则内涵及有关量的关系 ●能运用公式、定律、性质、法则进行分析、判断、推理	
	技能应用	运算技能 图形技能 统计技能	●运算技能的准确性和熟练性 ●图形技能的准确性和熟练性 ●统计技能的准确性和熟练性	

续表

一级指标	二级指标	三级指标	评价要素	评价方法和工具
数学思考	数学的研究对象	数量关系 空间形式	●对数感的把握程度 ●对“量”的感知及把握 ●理解数学符号所表示的意义和关系的认识 ●物体的空间形状、空间大小、空间位置及运动和变化的认识	口试 纸笔测试 学生作业 数学日记 课堂观察 操作测验
	运算能力	运算灵活性 运算简捷性	●会用多种方法进行运算 ●能灵活运用公式、性质、法则和运算律进行简便计算 ●用数学语言表达计算的算理或规律	
	空间想象能力	感知空间图形能力 灵活解决空间图形问题能力	●能描述实物或几何图形的运动和变化 ●能进行立体图形和平面图形之间的转化 ●能灵活解决求组合图形和不规则图形的面积和体积问题	
	数学思维能力	抽象概括能力 推理能力	●多角度、多途径去探索并概括出数和图形的规律 ●能从若干特殊事物当中进行比较归纳出事物的特征 ●能寻求证据、验证或举出反例 ●能清晰、有条理地解决问题 ●能运用数学语言合乎逻辑地进行交流	
问题解决	解决简单的实际问题	发现问题 提出问题 分析问题 解决问题	●了解图、表格或文字表述中的已知信息和待解决的问题 ●辨别和判断问题的类型，列出算式并求出计算结果。检验结果的准确性和合理性 ●能从现实生活中或已知的情境中发现并提出简单的数学问题。 ●能从已解决的问题中提出拓展性问题。	口试 纸笔测试 学生作业 数学日记 操作测验
	解决问题能力	解决实际问题的能力 创造性解决问题能力	●将实际问题转化为数学问题 ●能正确列出解决该问题的算式或方程等 ●能提出多种解决问题的方法和思路 ●能用数学语言解释解决问题的过程与策略	

续表

一级指标	二级指标	三级指标	评价要素	评价方法和工具
情感态度	学习数学的兴趣	好奇心 求知欲	●关注与数量关系和空间图形相关事物 ●对数学感到好奇，有想要获取并研究数学知识的情感倾向 ●喜欢探求与数学有关的问题	课堂观察 操作测验 问卷调查
	数学意识	数学感知 数学思想方法运用	●用数学的眼光来观察周围的事物 ●能运用数学思想方法表达事物特征及解决有关的实际问题 ●学会思考，反思学习方法，总结经验	
	数学学习自信心	自我学习效能感	●对数学学习的认识，指导数学学习的观念 ●由自己的数学水平、学习能力、表现获得奖励、赞扬、认可而产生的学习动力	

该指标体系以"知识技能""数学思考""问题解决""情感态度"四个课程目标维度为一级指标，在此基础上聚焦"核心能力"，拓展为二级指标，使核心能力成为评价的重要组成部分。例如，小学数学的核心能力——运算能力、推理能力、问题解决能力，均在"体系"中作为二级指标呈现，并细分出三级指标及具体的评价要素，为区域内小学数学评价改革提供了明确的内容指引，使"导研互动"课堂的教学评价在实处落地。

第二节　策略推进，让教师明确"怎么评"

一、评价原则

（一）发展性原则

评价要以促进学生数学素养全面、和谐及可持续发展为出发点，使学生明确自己发展的努力方向，从而促进学生数学素养的发展。

（二）循序渐进原则

素养的培养与评价要与学生日常数学学习结合起来，难易相当、逐步递进，以引发学生的数学学习兴趣、帮助学生树立数学学习的自信心、激发学习积极性。

（三）全体性原则

数学素养的评价要面向全体学生，全面照顾各个层次各类型学生，使每个学生的数学素养的发展过程都得到优化。

（四）导向性原则

导向性原则是指制定的课堂评价指标体系能够对教与学起引导方向的作用。以先进科学的教育理念作为理论支撑，促使教师的教学理念时时更新，教学行为尽力向评价体系靠拢，最大限度地实现“导研互动”教学所要求的教学目标、教学设计及教学内容等。

（五）可行性原则

可行性原则是指课堂评价指标要务实、简明，方便教师操作。建立可行性高的评价指标体系，首先要保证各指标立意清晰，使评价者在课堂评价时容易判断教师行为到底属于哪个指标，使快速划分教师的教学行为，进而评价老师有没有进行真正的“导研互动”教学。

二、实施“一主体，两结合”多元评价方式

“一主体，两结合”就是以学生为主体，定量评价与定性评价充分结合、评价过程与教学过程紧密结合。

以学生为主体——实现“他律”向“自律”的转变。强化学生主体地位，促进自我诊断、自我改进，帮助学生逐步养成良好的自我管理习惯；以教师、同伴、家庭为辅助，自评、同伴互评、教师评、家长评四评合一，实现“他律”向“自律”的转变，形成四位一体的多元评价方式（见图4-1）。

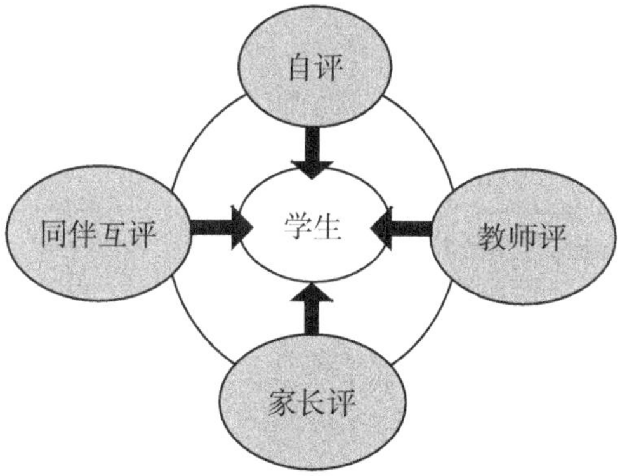

图4-1 四位一体多元评价方式

表4-3 “导研互动”课堂教学观察表

次数	互动点	互动形式					持续时间	效果	
		小组合作	一对一	一对多	多对多	其他		有效	无效
分析与建议									

三、评价过程与教学过程紧密结合，实现评价驱动教学

实践证明，学生不能准确理解教师制定的评价标准，无自主话语权，是导致课堂评价生硬镶嵌，评价与学习脱节的重要原因。让学生参与制订评价标准，是课堂评价与学习相结合的关键路径。

操作层面上，通过“导学，识别学习目标——建构新知，师生共同制订标准——创造迁移，评价完善——反思，达成学习目标”的整体教学环节，利用表现性评价任务的干预，撬动学生的学习，边学边评，“学”与“评”同构（见图4-2），从而建立“先学后评，评而后教”的教学模式。

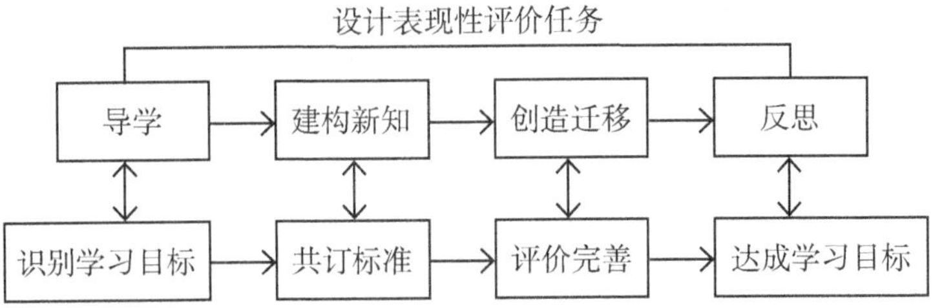

图4-2 “学”与“评”同构模式

由点切入，以点带面，由试点校带动蓬江区；由表及里，剖析内理，由课堂浮华洞悉教学内理。"核心素养"视野下的小学生数学素养评价研究，以评价为支点，探索出一条具有实效的数学教改校本化道路。

四、构建小学生数学素养测评框架

优化评价策略是促进数学素养发展的重要手段，以课标提出的11个核心素养关键词为依托，界定了小学生数学素养测评框架（见下图）。框架从内容维度、目标维度两大主线出发，综合运用卷面测试评价、表现性评价、成长档案袋，将评价过程与教学过程紧密结合，定量评价与定性评价、相对评价与绝对评价、主观评价与客观评价相结合，综合考查学生的数学素养表现。其中，内容维度包括义务教育小学数学教材中的"数与代数""图形与几何""统计与概率""综合与实践"四大领域的教学内容；目标维度指的是"知识技能""数学思考""问题解决""情感态度"四个课程目标维度。

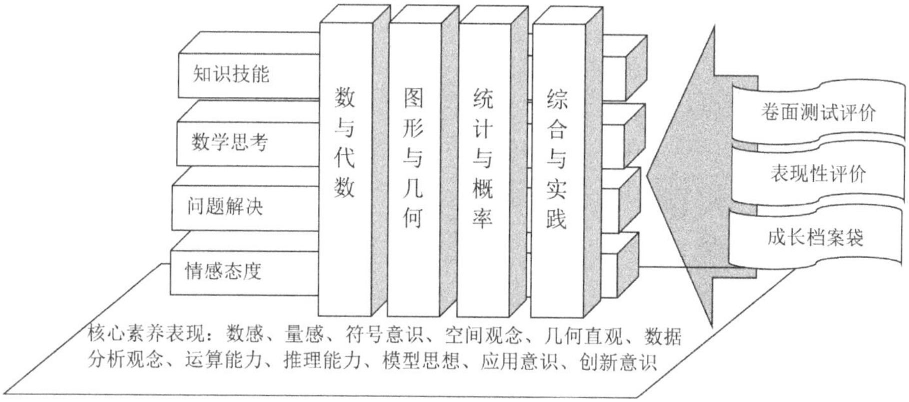

图4–3 小学生数学素养测评框架

（一）改进卷面测试，充实评价内涵

我国的卷面测试传统源远流长，目前，小学生学业评价中卷面成绩仍被视为学生学业成绩的重要指标甚至唯一指标。小学生学业评价存在着量化倾向严重、结果评价倾向严重、评价维度片面、评价功能单一等问题，忽视了评价促进学生发展的功能。教学过程中，定量评价是定性评价的重要依据，定性评价是完善定量评价的重要根基。只有两者结合，才能得到客观的、更具说服力的评价结果。

卷面测验在数学评价方法中多年占据首位，它有独特的优越性，也有不足。针对卷面测验在一定程度上不能客观地反映学生真实的数学能力的现状，对其进行“五关注，五突显”的改进：关注基础知识，突显趣味性；关注数学思考，突显探索性；关注问题解决，突显综合性；关注个体差异，突显开放性；关注情感态度，突显人文性。经过优化，卷面测试内容的综合性和趣味性增强了，增加了数学思考、数学方法策略、学习情感价值观三个维度的测评。卷面测试评价的量化内涵充实了，学生真实的数学学业水平得到有效体现。

1. 关注基础知识，突显应用性

小学数学基础知识涉及很多重要的概念、法则、公式，评价检测的重点是：学生是否真正理解，理解到什么程度，是否能够灵活运用。研究表明，数学知识只有置于学生的生活世界中，才能激活学习经验和智慧，才能较好地考查学生理解概念、建立模型、解释结果的意识和能力。

[样题]12个小朋友围成一个大圆圈，如果把他们看作12个定点，每相邻两个定点之间的圆弧长是1米，这个大圆圈的半径大约是（　　）米。（得数保留一位小数）

同样是已知圆的周长求半径，以前是直接给出周长抛出问题，单一且呆板。此样题立足生活背景，引起学生的生活回忆和情感共鸣，就变得有趣多了，也考查了抽象分析能力、提炼数学模型的能力。

[样题]为了让高龄老人、行动不便的人告别爬楼难，江门市推行给老楼加装电梯补贴政策。一幢7层高的老楼加装电梯总费用50万元，政府补贴减免10万元，剩下费用由住户分摊。下表是江门市某幢老楼的费用分摊表，吴大爷住在6楼，他支付的加装电梯费用比住在4楼的张大婶多多少万元？

	3楼	4楼	5楼	6楼	7楼
分摊比例	5.25%	7.25%	10.5%	12.5%	14.5%
分摊费用计算方法	住户分摊总费用×分摊比例				

“求一个数的百分之几是多少”是六年级“百分数”单元的基础知识点，传统测试里常用的修路、工程、生产等题目背景是学生熟能生巧的，但不见得是贴近生活、与时俱进的。摆脱老旧的命题背景，给经典知识套上具有时代特色的生活外套，这将给旧题赋予新意，激发学生的思维触角，突显数学与生活的密切联系，考查学生在新情境中应用数学知识解决问题的能力。

2. 关注数学思考，突显过程性

测试题应充分展现数学知识形成与发展的过程，给学生提供想象、探索、验证、创造的思考空间，考查学生解决问题过程中的观察、分析、主动探究、选择方法的能力。

[样题]把平行四边形剪下左边一角，再平移到右边，就形成了一个长8dm，宽6dm的长方形。原来平行四边形的面积是（　　）dm^2。

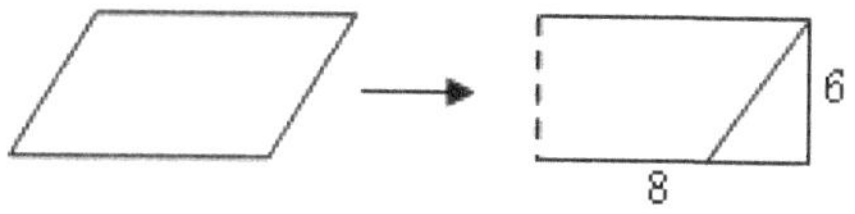

本题考点是平行四边形的面积计算，但形式上改变了机械套用公式的简单做法，呈现了平行四边形转化成长方形的过程，让学生在转化后的长方形中找到对应的底和高，进而求出面积。此题突显了平行四边形转化成长方形的数学原理，对学生的观察、想象、联系、分析等高阶思维提出了明确的要求。

[样题]把右面的展开图围成正方体后，与“+”相对的是（　　）。

A. ○

B. ×

C. □

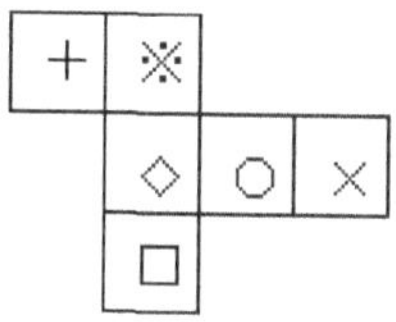

该题突显了空间想象能力的考查。学生要在头脑中把展开图折成正方体，再想象与“+”相对的是哪个图形，这需要学生在头脑中建立正方体的表象及各个面之间的关系。与简单地盘问正方体有几条棱、几个顶点、有什么特点等僵化的知识相比，该题目更能反映学生的思维层次，真正发展数学素养。

以上两个样题，均从知识形成的过程角度展现，关注了数学思考的考查，特别是数学高阶思维的考查，对数学课堂的实施提供了清晰的导向。

3. 关注问题解决，突显综合性

传统的测试题从已知到未知，结构模式化，学生只需要牢记几种典型题的解题套路，这样十分不利于学生解决问题能力的培养。基于学生数学素养发展的评价测试，试题的设计要有综合性，调动多方面的知识，寻求多种方法和策略，方能培养学生读取信息、整理信息、分析问题、解决问题等多方面的综合能力。

[样题]（1）小红和小军一起玩游戏，同时掷两个骰子，得到两个数。想一想，它们的差可能是几？

（2）他们两人轮流掷，如果差是0、1、2，小红赢，否则算小军赢。这个游戏公平吗？你能联系学过的知识说说理由吗？

这是一道关于游戏公平的测试题，需要学生综合运用枚举法、列表法、对比分析等策略，确定两数之差的范围，借助组合、统计、概率的知识发现规律，理解规律，利用规律解释现象，解决游戏公平问题。该题与教材中“两个骰子之和”有一定联系，但不能照搬。学生可以借助已有的活动经验来尝试解答，也需要寻求新的规律以支撑数学判断与说理。用数学的眼光观察现实世界、用数学的思维分析现实世界、用数学的语言表达现实世界，在这道样题中得到充分体现，是一道综合性极高的题目。

4. 关注个体差异，突显开放性

面向全体，尊重差异，在承认差异的基础上促进个体的发展，是发展性原则的体现，而试题的开放性恰恰能满足这个要求。有意识地提供一些开放性题，不仅为学生提供自主思考、拓宽思维空间的机会，而且有助于培养学生多样化的解题思路，培养应用意识和实践能力。

[样题]小东观察统计了一个路口10分钟内通过的各种车辆的情况，制成下表。

种类	摩托车	小汽车	公共汽车	面包车	货车
辆数（辆）	12	29	6	8	3

运用表中的数据提一个数学问题，使得计算结果等于$\frac{1}{3}$。

条件开放的测试题，从多余的条件中选取合适的，考查了学生筛选信息、重组信息的能力，打破思维定式，培养发散思维和创新意识。

[样题]

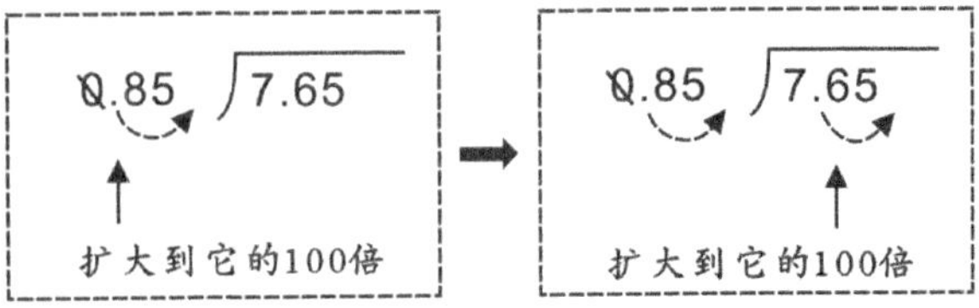

观察上图中被除数与除数的变化，它的数学依据是：

这道样题考查了小数除法的算理，比起“你是怎么算的，为什么这样算”，该题的设计更富有个性化，给予学生图文并茂的直观例子，从举例子的角度，聚焦被除数现除数的变化，从变化中考查算理；“数学依据”要求用数学的语言解释算法，也是富有个性化的考查，语言表达不拘泥于固定的句式，能够把算理表达清晰，即得分。这是引导教师们重视计算课中算理的教学，加大数学表达培养力度的好题。

5. 关注情感态度，突显人文性

关注学生的情感、态度和价值观，在测试题中注入人文元素，促进学生人文素养的提高也是素养评价中的重要目标之一。

[样题]

材料阅读

全球儿童安全组织发布的一项调查显示，中国每年约有50000名儿童因意外伤害而失去生命。

中国儿童平均每月意外死亡人数统计图

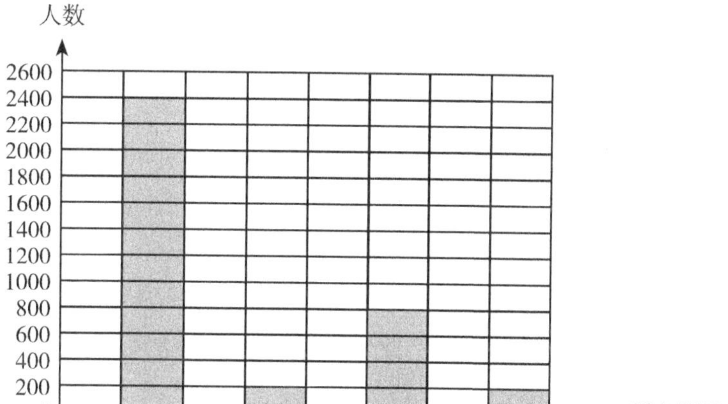

（1）按一个月30天计算，平均每天约有多少名儿童是因溺水死亡的？

（2）阅读以上材料，你有什么想法要跟小伙伴们分享？

比起刻板的说教，以大数据的形式渗透安全教育，不失为一种“润物细无声”的教育方式。通过对形象数据的观察对比，触发学生深层次的思考和真情实感的流露。动之以情、晓之以理，正是培养人文素养的策略关键所在。

[样题]科学家发现，长时间低头玩手机，会让颈椎时刻承受重压。成年人的大脑平均重5.4千克，当一个人看手机时，头部会向前倾，由于物理杠杆作用和重力作用，颈部肌肉需要承受更大的质量，如下表所示：

颈椎与身体竖直方向的夹角	颈部承受的质量	图例
0°	等于大脑的质量	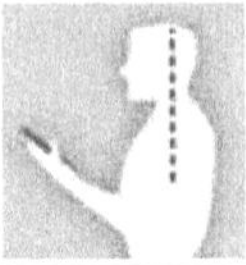
15°	是大脑质量的2.5倍	
30°	是大脑质量的3.75倍	
60°	是大脑质量的5.6倍	

（1）当颈椎与身体竖直方向的夹角是30°时，颈部承受的质量是几千克？

（2）一个初生婴儿的体重约是3千克。当颈椎与身体竖直方向的夹角成60°时，大约相当于把多少个初生婴儿挂在人的颈部？

（3）看了以上信息，你想说些什么？

长时间低头玩手机成为不少现代人的生活习惯，对下一代的影响也是可预见的。通过以“数”说理的方式让学生了解这些行为背后隐藏的危害，既是科普又满带情感关怀，比空洞的说教强得多。

通过以上五个方面的改进，试题内容的综合性和趣味性增强了，不再仅仅拘泥于基础知识和基本技能，增加了数学思考、数学方法策略、学习情感价值观三个维度的测评，使学生真实的数学能力得到体现，也增强了素养评价的实效性。

（二）引入表现性评价，拓宽评价维度

表现性评价，就是通过创设问题情境，在解决实际任务的过程中，对学生进行观察分析，评价学生在创新能力、实践能力、合作能力以及科学的价值观等方面的发展情况。设计表现性评价任务，可以在真实情景中检测出学生对程序性知识（也即实践技能）的掌握程度。与卷面测试评价方法相比，表现性评价既可以给学生评分，也可以对学生的学习情况进行诊断，它重视过程性评价、质性评价、非智力品质的评价，克服了卷面测试只关注认知性能力的片面性，拓宽了评价维度。表现性评价的形式主要应用于课堂回答问题、同伴合作交流、操作、实验、资料收集、作品展示等。

表现性评价作为定性评价的重要方式，适当分布在课前、课中、课后，克服了传统评价只关注知识本位的片面性，使过程性评价重新回归。不同的表现性任务需要不同的评价标准，但是，总体上可以归结为如下六项指标：

表4-4 表现性评价指标参考

一级指标	二级指标
学生参与状况	能全程、专注地参与活动
	动脑动手，独立思考
对任务的理解和分析	能理解任务的要求和含义
	能分解任务，确定操作步骤
对数学方法的运用	能从不同角度分析和解决问题
	能运用适当的数学方法解决问题
合作交流技能	组内合作有序，帮扶有效
	组内开展倾听、交流，配合默契
展示汇报技能	组内展示有序、充分
	组间展示充分，敢于提问、质疑
目标达成状况	按时完成任务，解决问题
	作品或结论清晰明了，有实用价值

表现性评价中不仅包括反映学生表现结果的指标，同时也包括像学生在完成任务的过程中所采取的态度、方法等这样的过程性指标，有效弥补了纸笔测试的不足和缺陷。在具体实施评价时，学生、教师、家长等都可以作为评价主体参与进来，根据不同的任务，适当开展自评、互评、师评、家长评，充分体现评价主体的多元化。

如在四年级“复式条形统计图”中，设计表现性评价任务及评价量表。通过读数学、做数学、讲数学，评价学生对问题的理解水平，思维策略，态度和信心。

“电视节目调查”表现性任务

电视台决定要制作一台让小学生感兴趣的电视节目，但是他们需要你的帮助，要求你推荐一些新的电视节目。请给电视台的叔叔阿姨写一封信，告诉他们，你们组的小朋友喜欢什么样的电视节目，你认为你的朋友们都看什么节目。这封信应该包括以下四部分内容。

1. 设计一份调查问卷，用图表总结出问卷的结果。
2. 分析你从调查中获得的信息。

3. 你们小组的同学能代表小学生的意见吗，为什么？

4. 从你同学喜欢的电视节目中得出结论，并推荐给电视制作人。

表4-5 “电视节目调查”表现性评价任务量表

评价指标	一级水平	二级水平	三级水平
对任务的理解和分析	准确理解调查的要求与含义，正确分解任务，确定操作步骤，有清晰的解决思路	较为准确地理解调查的要求与含义，能分解任务，确定操作步骤，有比较清晰的解决思路	不能理解调查的要求与含义，无法分解任务，确定操作步骤，没有清晰的解决思路
对解决策略的运用	能根据任务情境灵活选择合适的统计图表、运用科学的方法开展调查统计	初步根据任务情境选择合适的统计图表，在同伴或教师帮助下开展调查统计	不能根据任务情境选择合适的统计图表、无法开展调查统计
对任务解决的解释与说明	根据调查统计结果进行合理预测和推断，并作出解释	根据调查统计结果进行基本预测和推断，并作出解释	不能根据调查统计结果进行预测和推断

与卷面测试评价方法相比，表现性评价主要通过量表进行评价：不仅评价学生“知道什么”，更要评价学生“能做什么”“做到什么程度”；学生的理解水平，思维策略，态度、信心，解决问题的能力等。注重对学生的数学思考方式、理性思维和理性精神、应用意识与创新精神等方面的评价。

（三）善用成长档案袋，丰富评价方式

建立“成长记录袋”是学生开展自我评价的一个重要方式，它能够反映出学生发展与进步的历程。善用成长档案袋，有利于关注个体差异，关注自我评价，反映探索过程及取得的进步，让学生体验成功的喜悦。利用成长记录袋，我们主要引导学生收集以下资料：

•在日常生活中发现的数学问题；

•解决问题的方案和过程；

•解决问题的反思；

•数学小论文，数学日记；

•学习评价表；

•最满意的作业；

…………

探讨基于小学生数学素养发展的评价方式，我们在课题研究中进行了有益的尝试：评价目标多维、评价主体多元、评价方式多样，使评价内容更全面，评价手段更灵活，评价结果更科学更立体；评价过程与教学过程紧密结合，既提高评价的可行性，又减轻了教师对学生实施评价的工作负担，受到实验班家长和学生的支持与好评，为小学数学评价改革的研究提供了新的思路。以评价为导向，实现数学教学从“传授知识技能”向“培养数学素养”的转变，我们一直在路上。

案例

表现性评价任务设计案例[①]

——以小学数学四年级“四边形的内角和”为例

一、活动任务设计

1. 适用教材内容：人教版小学数学四年级下册第五单元“三角形”

2. 时间：课后拓展、单元测评

3. 地点：教室

4. 活动准备：任意四边形若干个、剪刀

5. 任务设计：

（1）猜想四边形的内角和是多少度？

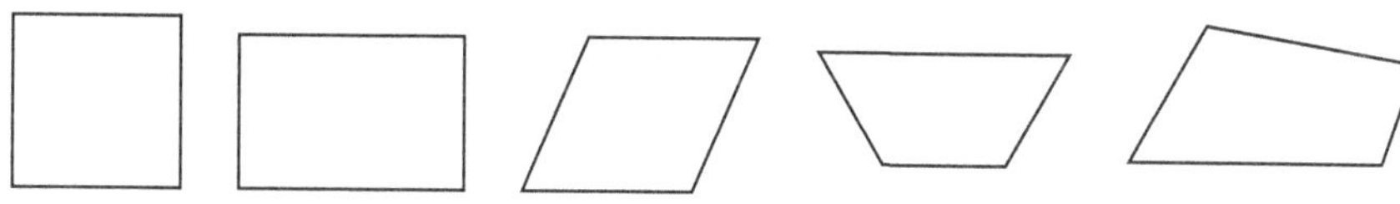

（2）以小组为单位，证明猜想。详细写出你的想法。

6. 设计意图：

“图形与几何”是小学阶段数学课程的重要内容，也是开发学生思维的必要课程，对学生的核心素养的形成与发展具有直接的影响，“四边形内角和”是四年级下册，学生学习了三角形内角和的基础上一个拓展和延伸。设计“四边形内角和”作为表现性评价的任务，利于SOLO分类的理论对学生思维层次分析，主要是考虑到此知识对学生思维能力的考察比较有代表性。学生通过小组研讨四边形内角

①该案例由江门市实验小学廖健珍老师提供。

和，经历猜想、观察、思考、推理、归纳的过程，不同的学生呈现出不同的数学思维层次，表现出来的探究推理能力，体会转化的数学思想，形成解决问题的方法的能力都不同，能很好地实现过程评价的目的。

二、评价结果

（一）学生的总体表现

本次测试样本是四年级2班53人，通过表现性任务评价过程发现：在提出问题猜想时，约72%学生都能进行大胆而有依据的猜想，大多数学生猜测的依据的正方形、长方形也是四边形他们的内角和为四个直角也就是360°，所以猜测任意的四边形内角和也是360°；20%学生能提出猜想，但没有依据，凭感觉提出，认为对四边形内角和的猜想很陌生，不敢提出猜想；在验证猜想过中，小组成员大多数能做到积极讨论，自信地表达观点，并能运用动手操作出实例来佐证自己的观点，大多数同学能听他人分享的观点，有序地参与讨论，但有小部分同学比较懒于动手，等待小组其他同伴的思考劳动成果，如下图为学生小组讨论环节。

A. 小组探讨四边形内角和

B. 小组积极参与讨论

从学生验证出的成果来看，超过一半的学生能想到两到三种方法去验证四边形内角和的方法。由于刚学三角形内角和，绝大多数学生能想到的是把四边形沿对角分成两个三角形，发现四边形的四个角之和就是两个三角形内角之和，四边形内角和=180°+180°=360°。

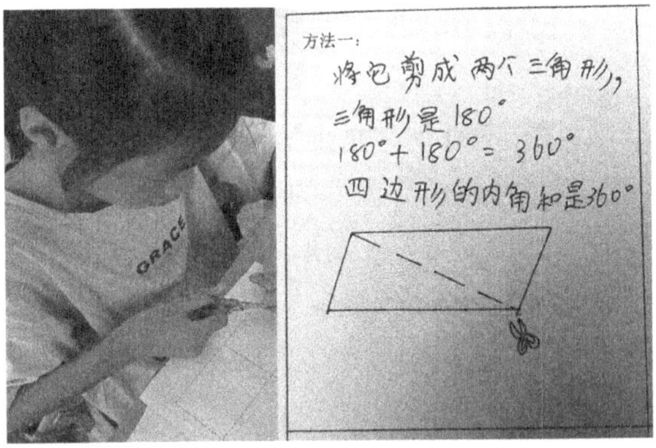

C. 学生把四边形内角和转化为两个三角形内角和

也有很多同学们用最直接的方法，用量角器直接量出四边形四个角的度数，再把四个角加起来，考虑测量的误差，也能证明四边形的内角和为360°。

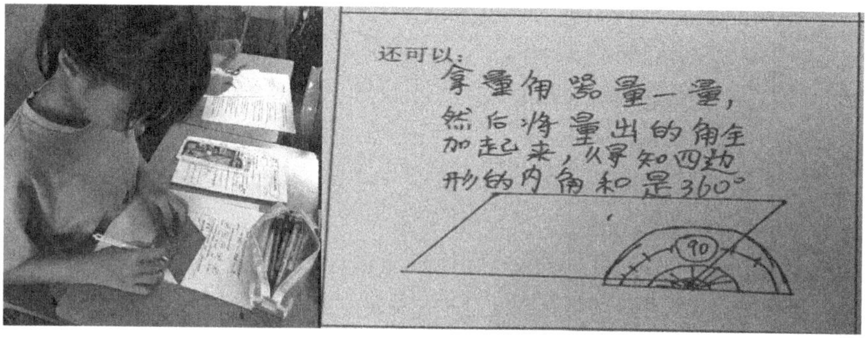

D. 学生用测量法探究四边形内角和

还有些学生想到了很童真的做法，直接把四边形的角挖出来，再重新拼起来，发现刚好围起来一个“圈”，即四个角组成了一个周角360°。

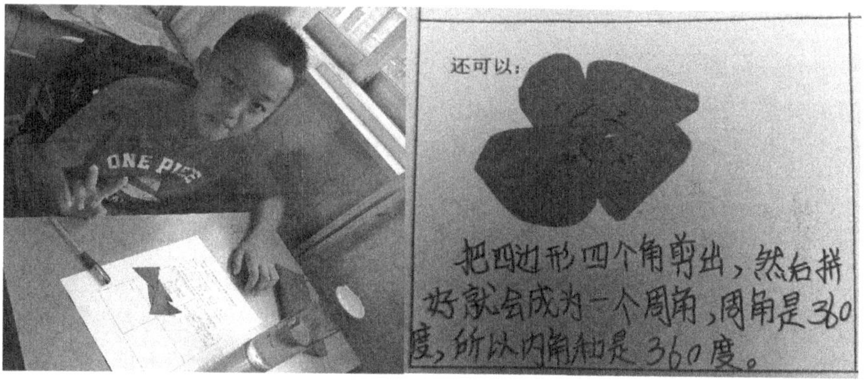

E. 学生用撕拼法四边形内角和

还有少部分同学觉得用正方形或长方形的内角和是360°的特殊情况直接认为四边形的内角和是360°，极少数同学能通过探究拓展总结多边形内角和的求和公式（n-2）× 180°；极少数同学不会提出自己的想法。

（二）基于SOLO分类理论的学生思维层次分析

基于以上学生的表现情况，我们对学生探究“四边形内角和”的结果有了进一步的了解。但对学生数学学习的质性评价不仅仅只是关注结果，还需要关注认知过程，需要建立思维能力培养的层次。而SOLO分类理论，就是针对学生解决某一具体问题的表现，通过描述分析学习结果在思维结构上的复杂程度，反映学生从“量变”到“质变”的过程。依据SOLO分类五种思维水平的层次水平划分和描述，笔者对四年级学生解决此题的思维层次做了进一步的分析：

（1）前结构水平（1人，约占比1.9%）：“四边形有四个角”这种回答，学生没有读懂问题的意思，思维混乱，凭自己感觉乱写一句话。

（2）单结构水平（6人，约占比11.3%）：“我知道正方形的内角和是360°”或“我量得长方形的内角和是360°”“我量得平行四边形的四个角是360°”这类学生只考虑自己熟悉的个别四边形的或特殊的四边形，知道它们的内角和是360°，并没有从特殊推导到一般性，单凭一点论据就跳到答案上去，虽然这些同学有一定的思维能力，但这些同学的回答显示了浅表性的思维结构。

（3）多点结构水平（40人，约占比75%）：“我用了如下方法知道四边形内角和是360°。方法一，用测量的方法量得一个四边形四个内角之和都是360°；方法二，我还会把一个四边内角撕出来，拼在一起刚好形成一个周角；方法三，我还能从把一个四边形的四个内角，分化为两个三角形的内角和180°+180°=360°去证明四边形内角和是360°”。

这些学生找到了多个解决问题的思路，分别去证明四边形的内角和，对问题有了更多的理解，有一定的思维能力，但是却没能把这些思路有机地整合起来，从回答的方式看，基本上只注意孤立的素材和方法，而使回答收敛太快，没形成相关问题的关系网络。

（4）关联结构水平（5人，约占比9.4%）：这些学生也找到了如上“多点结构”的多个解决问题的思路，并且还会加以思考。“我们小组通过合作实践，不管选出是正方形、长方形、平行四边形还是一般的四边形，都能通过‘测量法’‘撕拼法’‘转化为两个三角形内角和’的方法，证明四边形的内角和为360°。综合可知，并不是特殊的四边形如正方边形、长方形的内角和才是360°，任意一个四边形内角和都是360°。”处于这一结构层次的学生对问题的要求有了一个整体的把握。他们能利用关联进行整合，有一定的归纳能力，基本能独立解决较为复杂的具体问题。

（5）抽象扩展水平（1人，约占比1.9%）：这是最高的水平层次，更强的钻研精神和创新意识，这类学生不仅能对四边形内角和问题有了整体的把握，还能够对问题本身进行有逻辑性的演绎和拓展，由四边形内角和的推导方法，拓展五边形内角和甚至n边形内角和也可以用转化为多个三角形内角和来推导出内角和为（n−2）×180°，导出新的更具有开放性和抽象性的假设或理论，从而能举一反三，将其运用于新的问题情境中。

（三）对教学的启示

1. 表现性评价开阔教师的评价视角

综合以上分析，10岁左右学生正常应处于多点结构思维水平，对照基于SOLO分析数据，大部分学生均属于这一思维水平，还有11.3%学生超过了正常水平，达到关联和抽象扩展思维结构。由上案例可见教师以评价对错为重心转移到学生回答问题的思维结构水平上，其评价标准不是预设的，而是游离和价值多元的，这些都可能引发新的思考，这些新的思考往往成为新思想、新发现的重要来源。这对指导教学评价学生的数学思维具有重要的现实意义，尤其在小学数学“图形与几何”板块更能为一线教师的教学评价提供借鉴作用。

2. 表现性评价促进师生的整体建构

表现性评价在评价学生的创新精神、实践能力、合作精神、学习兴趣、学习习惯等方面具有相当明显的优势，从内涵上与新课程的评价理念息息相通。在小学生数学实践活动中引进它，将它作为现有小学生数学学习评价制度的一种补充，能切实有效地促进学生思维和实践能力的提升，这为深度学习提供了要素保障，同时也为教师发现学生存在的问题，及时调整日常教学提供了一个很好的沟通和改进机会，从而有力地促进师生共成长，整体建构意识进一步提升。

表4-6 “导研互动”课堂表现性评价量表

活动任务：　　　学生姓名：　　　班别：

<table>
<tr><th colspan="2">项目</th><th colspan="3">评价标准</th><th rowspan="2">评价等级</th></tr>
<tr><th colspan="2">评价指标</th><th>一级水平（A）</th><th>二级水平（B）</th><th>三级水平（C）</th></tr>
<tr><td colspan="2">对任务的理解和分析</td><td>能进行大胆而有依据的猜想</td><td>能进行猜想，但欠缺方法</td><td>猜想无依据</td><td></td></tr>
<tr><td colspan="2">完成任务时采取的策略</td><td>能想出有效的方法验证猜想</td><td>验证猜想的方法不够科学</td><td>不会动手操作验证猜想</td><td></td></tr>
<tr><td rowspan="3">表现出来的态度、习惯与信心</td><td>学习态度</td><td>参与度很高，多种感官参与学习</td><td>比较被动参与课堂活动</td><td>没有参与课堂活动中</td><td></td></tr>
<tr><td>学习习惯</td><td>小组成员通过讨论的方式共享他人的观点和想法合作有默契</td><td>小组成员很少进行交互，部分学生被动参与，未能有效合作</td><td>小组成员之间各持己见，甚至争执，无法实现合作</td><td></td></tr>
<tr><td>学习信心</td><td>对学习充满信心</td><td>对学习信心不足</td><td>对学习缺乏信心</td><td></td></tr>
<tr><td colspan="2">对任务解决的解释与说明</td><td>用准确的语言描述验证的过程</td><td>基本能描述验证的过程，但语言不够流畅</td><td>未能把验证的过程表述出来</td><td></td></tr>
<tr><td colspan="2">学业成果的体现</td><td>掌握问题解决方法并能用语言正确表述操作过程</td><td>知道问题解决的方法，大概能说出操作过程</td><td>无法理解问题解决的方法</td><td></td></tr>
<tr><td colspan="2">学生的综合评价</td><td colspan="4">（　　）个A　　（　　）个B　　（　　）个C</td></tr>
</table>

第三节 以数学写作促进学生自我评价能力的形成

写作，意即写文章，它不是新事物，多年来几乎成了语文、英语学科的“专利产品”。数学写作也就是写与数学学习有关的文章，如数学日记、数学小论文等。让学生写数学学习的文章，国内的研究起步较晚，也不多。但在国外，写作与学习的密切关系在20世纪60年代就受到美国教育界的关注。70 年代开始，一些数学教师开始在课堂上引入数学写作活动。90年代后，越来越多的数学教师开始在课堂上实施“通过写作来学习”（Writing-to-learn，简称 WTL）活动。WTL活动的开展是以有关心理学理论为基础的。通过写作，学生把在数学学习中的所思、所悟、所想用文字或符号的形式呈现出来。

Vygotsky 认为，语言与思维之间有着密切的关系，而写作需要写作者组织内部语言，使其完全可以理解，从而必须对“意义网络”进行主动建构。Bruner认为，写作有助于思维。Countryman 指出，写作能为学生提供机会，建构他们自己的数学知识，能帮助学生解释他们不熟悉的内容，理解复杂的系统、探索问题的新解法。Lodholz则认为，将口头信息写下来，乃是学生理解数学的核心。Johnson 认为，写作之前，学生必须进行相当多的思考，组织他们的思想，提炼学过的概念；而写作过程中，学生得到了表达思想的实践经验。因此，写作是一种“极有价值的工具”。

在数学写作学习活动中让学生进行学习过程记录、自我反思、自我评价，意味着学生要进行自我反省、自我审视与诊断，进行自我促进与激励。事实上，这就是元认知体验与元认和监控对学习过程的导向与控制。元认知是美国心理学家弗拉维尔（J.H.Flavell）在1976年提出的概念，它是指人对于自己认知活动的认知。逐步培养元认知能力，引导学生学会自我评价，是促进自主学习、提升“导研互动”课堂教学效率的有效途径。

要培养学生自我反思、自我评价的能力，在教学过程中应给学生提供参与评价的机会，让他们成为评价的主体。叶圣陶指出：“尝谓教而教各种学科，其最终目的在达到不复需教，而学生能自为研索，自求解决。”要达到这样的目的，须引导学生按照既定的目标和标准，对自己的学习进行自我检测，作出正确的评价，促进自己的学习。

一、关于数学写作的思考

《义务教育数学课程标准（2022年版）》中提道：“评价不仅要关注学生数学学习结果，还要关注学生数学学习过程，激励学生学习，改进教师教学。采用多元的评价主体和多样的评价方式，鼓励学生自我监控学习的过程和结果。”写作是一个广阔的平台，它给学生提供了表现自己的所知所能的机会，引导学生认识自我、建立自信；写作是一台摄录机，它使学习过程细致重现，引导学生关注自己学习数学的过程；写作是一台监测仪，引导学生反思解决问题的策略和思维方式，反思学习态度和学习方法，学会自我教育。把写作巧妙地迁移到数学教学中，无疑是为学生提供了一个用数学语言或自己的语言表达数学思想方法和情感的机会。实践证明，数学写作有助于培养和评价学生的自我评价能力。

二、关于指导数学写作的实践

要通过数学写作培养学生的自我评价能力，关键是提高写作的主动性，树立自我评价意识；捕捉写作的契机，教给学生自我评价的方法；最终养成良好的自我评价习惯。

（一）营造良好的“写作”心境，树立自我评价意识

小学生的自我评价意识比较薄弱，他们习惯了被动接受教师的评价，而且轻易相信这些评价（事实上教师有时也无法避免评价的偏差）。要调动自我评价的主动性，营造良好的“写作”心境，教师在日常教学中要尽力做到：

1. 当一位民主参与者

充分发挥教师的亲和力作用，主动参与到学生的学习探索中去，和他们一起体验探索的艰辛，分享成功的快乐；要客观评价每一位学生，做到一视同仁、公平公正；创设轻松愉悦、民主和谐的写作氛围，让学生放心地写。

2. 当一位亲切的聆听者

尊重每一位学生，让他们畅所欲言，细心倾听他们的心声。允许学生有标新立异的想法、与众不同的说法。当学生发现老师是一个理想的倾诉对象，他们就会用心地“写”。

3. 当一位情绪煽动者

教师要善于煽情。积极主张人人参与数学写作，热情鼓励学生在写作中交流思想和经验，充分肯定在写作中自我剖析、自我教育的态度，大力开展各式各样的奖励活动，如优秀作品定期评选与展览、线上互评作品及留言、表彰“自评小标兵”“反思小能手”等。当学生在写作中找到成功感，当学生意识到评价是发现问题、自我提高的妙法，他们就会积极地写。

良好的写作心境是肥沃的土壤，它促使数学日记、作文成为师生沟通的桥梁，使小学生的自我评价意识在写作中逐步成长。

（二）捕捉写作的契机，促进学生正确评价自己

在实施的起始阶段，教师可提出引导性的问题，鼓励学生从多方面反思、评价自己的学习。例如，学习的过程中你有哪些发现？遇到棘手的问题吗？你做过什么决定？结果怎么样？对自己的表现满意吗？以后，可陆续转用日记、作文的形式，紧紧抓住以下四个方面的契机，让学生写出自己在学习活动中取得的成果，遇到的困难，成功的体验，存在的问题，自我评定，以及改进的方案。

1. 观察身边的“镜子”，反馈自我

小学生自我评价的独立性不强，往往以别人对自己的评价作为参照点，如同学互评、家长的评价、教师的评价。别人对自己的评价、态度就像一面镜子。学生通过这面镜子，即从别人的评价中看到自己的形象，形成对自己的认识和评价。

如李乐恒同学的日记：

今天班上进行数学科代表选举活动，黄老师让我们每人投票选一位同学。我多想当上数学科代表啊！点票的时候，我紧张极了，心想：我的数学成绩好，上课又积极举手发言，声音响亮，同学们应该会选我吧！结果出来了，不是我，竟然是雷嘉琪！她发言的声音还没我响亮呢，怎么会是她？今天真的失望透了！

（老师的话：乐恒，其实你的票数也不少，有相当一部分同学支持你呢！成绩固然重要，但是，善于帮助同伴同样重要。同学们更喜欢谦虚友好的伙伴，继续努力吧，别灰心！）

小学生的自我认识往往不够全面，带有一定的盲目性。科代表评选活动中，同学们的取向就是一面客观的“镜子”，给一向自视过高的小男孩带来了困惑。通过纸上谈心，教师可以及时掌握学生的思想动向，并充分利用这个机会导向点拨，让学生更清晰地了解自己在数学学习中的优点和缺点。在这里，“老师的话”是一面重要的“镜子”，可以巧妙地帮助学生正确认识自我。

2. 评价同伴，感知自我

学生的自我认识、自我评价并不是单线的运动过程。从儿童意识的发展特点来看，认识别人总是比认识自己在前，学会评价别人又比学会评价自己在前。遵循儿童意识的发展规律，借助“写作”，通过与别人的比较，剖析学生在数学学习中的比较心理，同样可以促进自我评价能力的形成。

如学习了“鸡兔同笼”问题后，杨志坤同学的作文——

“鸡兔同笼”趣解

“有鸡兔同在一个笼子里，共有35个头，94只脚，问鸡兔各有多少只”是一道典型的“鸡兔同笼”应用题。我们数学兴趣小组几个成员“发明”了四种解题

方法，瞧！

小梁独创了列举法。他说：“我猜兔大概有20只，那鸡就有15只。这时总脚数为20×4 + 15×2=110（只），比原来的总脚数多，证明兔多了。把兔减少，鸡要增加。依照这个方法一直往下列举，一直列到12只兔，23只鸡时，正确答案不就出来了嘛！”(见下表)

兔头（个）	兔脚（只）	鸡头（个）	鸡脚（只）	总脚数（只）	分析
20	80	15	30	110	110比94多，兔要减少，鸡要增加。
18	72	17	34	106	106比94多，兔要减少，鸡要增加。
16	64	19	38	102	102比94多，兔要减少，鸡要增加。
12	48	23	46	94	假设与实际相符，结果正确。

我想：这个方法容易理解，可是不方便。

小聪说：“如果每只鸡和每只兔的脚数相同就好办了，假设每只兔都砍去2只脚，这时候鸡和兔都有2只脚，则共有35×2=70（只）脚，比94只少了24只脚。为什么脚的总数少了呢？”小方快人快语接道：“因为每只兔少算了2只脚，一共少算了24只，24÷2=12（只），就是兔的只数。那么鸡的只数就是35−12=23（只）。”大家都笑了，这个解法就叫“砍脚法”吧！

机灵的小林忽然一拍大腿，兴奋地说：“咱们还可以用‘生脚法’！如果每只鸡再长出2只脚，每只鸡兔的脚数也可以相同啊！这时，鸡和兔共有35×4=140（只）脚，由于每只鸡多算了2只脚，因此现在的总脚数比实际一共多算了140−94=46（只），所以鸡的只数是46÷2=23（只），兔是35−23=12（只）。”

好一个“砍脚法”和“生脚法”，看起来似乎不一样，其实都是先把每只鸡兔的脚数统一起来，方便理解和计算。我的方法就与众不同：“假设鸡单脚站立——金鸡独立，兔缩起前腿用两条后腿站立，这时的总脚数只有原来的一半，94÷2=47（只）；而且鸡脚跟鸡头同样多，兔脚是兔头的2倍，根据一一对应的方法47−35=12（只），这个相减的结果就是兔的只数了！”大伙想了一会儿，才慢慢明白过来。我的方法虽然比较难理解，可是胜在快捷。大家异口同声说：“就叫‘金鸡独立法’吧！”

同学们，你们还有其他新点子解《鸡兔同笼》问题吗？比比看，谁想得多，想得妙！

——该文发表在《小学数学》

与同伴交往，是学生获得自我认识的重要来源。杨志坤同学的文章描述的就是一个学习专题中小组讨论的过程。在文章中，他比较了四种解法的异同和优劣，点评同伴思路的过程有效地引导他反思了解决问题的策略和思维方式，培养了敏锐的批判性思维和创造性思维。在教学过程中，如果教师引导学生经常运用对比、分析的视觉写出学习的经历，学生就能逐步学会“知彼”“知己”，在比较、反思的过程中掌握自我感知、自我评价的方法，并建立起积极的学习态度和学习自信心。

3. 谱写成败交织的乐章，判断自我

学习的过程实质上是一个实践过程，学生在实践过程中按照预定的目标，通过一定的中介，力图实现自己的愿望。这里可能会出现两个结果：其一是学生通过自己努力达到预期目标，这一结果将强化学习的能效感和成就感，建立学习自信；其二是未达到预期目标，这样就促使学生对自己的能力、手段和方法进行全面反省，重新认识和评价自我，形成对自我的反省意识。

如学习测量后，欧阳咏欣同学的作文——

今天的数学课上，我们小组合作测量了课室的长度。

测量之前，我从课室的前门到后门走了一回，一共20步，步长是50厘米左右。我想：课室大概有10米长吧！瑞瑞也走了一回，他猜课室大概是9米长。到底谁对呢？“用皮尺量一量就知道了！”组长说。

测量开始了，组员们纷纷拿出自己的皮尺，沿着墙边开始量。一条皮尺不够长，我们就把皮尺一条接一条地量。五条皮尺都用上了，还是不够，怎么办呢？有的同学想到了做记号，每量一次就用粉笔头在末尾做记号，然后把尺子拉到后面用“0”对准记号继续量，我们的皮尺一米长，数一数量了几次就知道有几米了。瑞瑞摆弄着地上的皮尺，忽然叫道：“我发现两个方砖刚好是1米长，那么一个方砖就是50厘米了。其实数方砖也可以知道总长度啊！”这真是一个好方法！于是，我们分成两个小队，有的用皮尺量，有的数方砖，大家得出的结果是课室差不多有11米长！哈哈，生活中有不少物体都是测量的好工具，测量还是讲方法讲技巧的！

这一次活动，我们小组的同学共同努力，攻破了一个个难关，大家高兴极了！黄老师表扬了我们，聪明又能干！

——此文发表在《小学数学教学》

成功的学习经验就像催化剂，经过写作的强化可让学生如虎添翼，怀着更积极的心情向更高目标奋发。在一节课结束前、一次实践活动后、一次周末评价中，我们经常引导学生在写作中反思：这道题我做对了吗？我在哪个关键点处理得比较好？我选择的方法是否合理？还可以在什么情况下选用这个方法？本周我有哪些进步？……这样做并不多余，它正是把学生在学习过程中一些正确的、好的做法不断强化，由自发状态上升为自觉状态的有效途径。

有时候小学生的自我评价会显得简单、片面，容易看到自己的优点，较少能认识和修正自己的过失。建构主义学习观认为，学生的错误不可能单独依靠正面的示范和反复的练习得以纠正，必须经过一个自我否定的过程，让学生分析错误产生的原因，让他们明白为何出错，才能有效避免重蹈覆辙。写作就为学生提供了一个深刻反思的平台。

如学习了连乘应用题后，罗伟同学的反思“作文”——

一次错误中的收获

今天，我们学习了连乘应用题。做练习的时候，老师要求我们仿照例题，自己编一道连乘应用题。老师先给我们出了一道例题：

小鹏家每人每天吃早餐用了2元，照这样计算，他们一家4口7天吃早餐一共用多少元？

我一听，这真是一个又轻松又有趣的任务。我拿起笔，一口气就把题目编出来了：生产小组每人生产16个零件，照这样计算，5个人4天一共生产零件多少个？

正当我得意洋洋地把题目读出来时，我的好朋友蒋景文却嚷开了：“老师，我认为第一个已知条件应该改为‘生产小组每人每天生产零件16个。’因为例题里的单一量是跟人数、天数直接相关的，而罗伟编的单一量只跟人数直接相关，这样题目根本解答不了。”我听了，赶忙看题，对呀，我怎么没注意到这个问题呢？

课后，我认真地把这两种连乘应用题进行了对比：

（1）生产小组每人每天生产16个零件，照这样计算，5个人4天一共生产零件多少个？

（2）学校买了5盒皮球，每盒12个，每个皮球6元，一共要付多少元？

观察已知条件，我们可以看到它们的相同点是都有单一量，第（1）题的单一量是“生产小组每人每天生产16个零件”，第（2）题的单一量是“每个皮球6元”。但是它们的单一量又有着自己的特点。第（1）题的单一量同时跟“天数”和“人数”两种数量有直接关系，一个都不能少，同时总量也是随着这两种数量的变化而变化，这类连乘应用题的特点是总量跟随两种数量的变化而变化；而第（2）题的单一量却只跟“个数”有直接关系，总量最终也只随着“个数”的变化而变化，因为“盒数”的增减实际上也就是个数的增减。这类连乘应用题的特点是总量只跟随一种数量的变化而变化。

经过这节课的学习，我不但牢固地掌握了这两种连乘应用题的结构特点，而且学会了从错误中总结经验教训。同学们，其实错误并不可怕，充分利用错误还可以让你进步得更快呢！

——此文发表在《小学数学》

学习实践是一曲成败交错的乐章，通过自我优点的发现，可以激发学生进取的热情，用闪光的思想行为不断照亮自己前进的路；而对自身不足的坦言，可以明确努力的方向，自我加压，变成动力。凭借写作，自我判断、自我评价能力在实践中潜移默化，演奏成和谐的协奏曲。

4.“吾省吾身”，反省自我

古语云：“吾日三省吾身”。至今，引导学生经常自我反省、心理分析，仍然是培养自我评价能力的重要途径。自我评价包括对自己数学学习的认识能力、实践能力的自我认识和评价，以及对自己的情事意志、情绪状态的总体把握和评价，并由此产生自信心、自我优越感、自我平衡感。我们让每个学生准备一个“足迹回忆录”，把学习过程中的经历、应对措施随时记下来，每周利用一个专门的时间进行集体回顾，通过多维评价进行集体反思和个人反思。

如学习除数是两位数的除法后，黄绮琪同学谈到自己的学习方法——

根据余数试商

在除数是两位数的除法中，最难试商的要算这种题了$26\overline{)240}$、$24\overline{)118}$。同学们不难发现，这类题目的除数是一个不太接近整十数的两位数，被除数的前两位又不够除，计算时需要用被除数的前三位来试商。初学的时候，我试商经常碰壁，做得慢而且心里没把握。我想，大概是因为不熟练，需要多做练习吧！后来经过不断练习，进步也不大。原因到底在哪儿呢？在一次练习中，我意外地发现：其实余数中藏着重要的暗示，根据余数试商就是一个好方法！

例如：$26\overline{)240}$

我想：可以把26看作30，应商8。26乘8等于208，240减208等于32，余数32比除数大，证明商小了。32里面有1个26又余6，所以商应该增加1改为9，多出来的6就是余数。

有时会遇到商大了的情况，如：$24\overline{)118}$

我把24看作20，试商9。24乘9等于216，乘积比被除数要大28，证明试商大了（如式1）。28里有1个24又余4，当时我认为商要减1，改商8，结果乘积还是比被除数大4（如式2），为什么呢？我细心分析了好一阵子，终于明白：商和除数的乘积比被除数大28，商减1后，乘积其实只少了1个24，和被除数相比，还是多4。所以商应该减2，改商7，余数是20（如式3）。

（1）

$$\begin{array}{r} 9 \\ 24 \overline{\big)\,188} \\ 216 \\ \hline -28 \end{array}$$

（2）

$$\begin{array}{r} 8 \\ 24 \overline{\big)\,188} \\ 192 \\ \hline -4 \end{array}$$

（3）

$$\begin{array}{r} 7 \\ 24 \overline{\big)\,188} \\ 168 \\ \hline 20 \end{array}$$

经过这次学习我不但学会了根据余数试商，提高了计算的速度，而且明白了学习需要勤思考，掌握方法。我还要在这个方面多加努力，掌握更多更科学的学习方法！

——此文发表于《数学小灵通》

这种方法不一定适合其他人，难能可贵的是学生在写作中领悟到的远远不止知识。像这样，让学生学会对学习过程和学习结果进行自我分析、自我反省、自我调整、自我教育，不就是我们一直以来为之奋斗的目标吗？

“醉翁之意不在酒”，数学“写作”的意义并不在它本身，而是借此促进学生自我评价能力的发展，通过提升元认知能力来促进自我完善、自我提升。掌握自我评价的方法仅仅是自我评价形成的开端，让学生养成良好的自我评价习惯，达到主动学习和发展，才是我们最终的目的。良好的习惯的养成不能靠纸上谈兵和一朝一夕，它是一条遥远而艰辛的路，需要教师持之以恒，在教学过程中有的放矢，采取扎实有效的教学措施。

第五章

“导研互动”数学课堂案例赏析

课例1

精准施“导”，让理性的思维绽放光彩

——“分数的意义”实践与思考

课前思考

人教版小学数学教材五年级下册“分数的意义”，作为一个单元的起始课，是学生第一次正式接触分数的开端，是小学阶段数的认识领域的一次重要扩充。分数的意义对于后续研究分数的基本性质、分数运算、四则运算的意义、分析问题、解决问题的重要性是显而易见的。另外，它对于百分数、比例的学习也有直接的影响。

学生在三年级时已对分数有了初步的认识，初步感知把一个物体平均分成几份，取这样的一份或几份，用分数表示；学生对分数来源于“平均分”已有比较深刻的认识。本课时需要引入“单位1”的概念，理解“单位1”不仅指一个物体，也包括许多物体组成的整体，引导学生从具体的实例中抽象、概括分数的意义，引导学生理解分数意义的实质。

课前调查既是对学情的了解，也是引导课前预学的桥梁。教师在课前做了一个简单的学情调查：

你能用画图、文字等不同的方式表示出$\frac{1}{4}$吗？至少表示出2种，请在5分钟内完成。

调查数据显示，在接受调查的180位学生中，85%的学生能用多种方式表示出$\frac{1}{4}$，表示方式多以一个图形或一个物体为“单位1”，仅有9位学生用多个物体组

成“单位1”。46%的学生能用自己的语言描述$\frac{1}{4}$,“平均”一词得到大部分学生的关注，但是，没有一位学生能使用“单位1”的概念。

从一个物体到一个整体,“单位1”含义的完善是本课的重难点，学生对“单位1”的理解仅仅停留在“一个物体”的层次，对使用符号化语言描述分数有一定障碍。课前调查从数据实证角度，科学地反映出各层次学生比例，学生的图文表述跃然纸上，思维轨迹被透视得清清楚楚。

从访谈可知，学生在课前普遍存在一些疑惑，如：分数是数吗？与过去学习的整数有什么联系和区别？“单位1”和“单位”有什么不同？作为教师，也对分数有深浅不一的思考，如：分数这一概念是基于什么引入的？是基于测量与计算得不到整数结果，还是为了表示小于单位1的量？“单位1”的实质是什么？教师在教学实践中还存在一些长期以来悬而未解的困惑，如：学生嘴里所说的分数的意义，如何避免停留在鹦鹉学舌的层面上。

基于以上思考，于是有了如下的实践。

课堂实践

一、认识“1”

师：周围有哪些物体的数量可以用1来表示？

生：一个人、一把香蕉、一群羊、一个班集体、一束花……

师：小小的1无所不包，老师给它加上引号吧，知道为什么吗？

生：因为1可以表示很多东西。

师：对的！“1”不仅可以表示一个物体，也可以表示由许多物体组成的一个整体。1的内涵变丰富了！今天我们要带着这个“1”，踏上有趣的分数探究之旅。

设计意图

在三年级初步认识分数时，学生没有形成单位“1”的概念。而在本课，认识单位“1”是一个重点，就是把“1个东西”平均分过渡到把“1个整体”平均分。从本课起,“1”不仅仅是一个物体。开门见山地提出对“1”的内涵理解，就是引导学生重新认识“1”。

二、从“1”到单位“1”

师：一根木棍，能看作“1”吗？

生1：可以。

师：小明用它来测量保温壶的高度，把一根木棍的高度看作“1”，那么，保温壶的高度，该用哪个数来表示？

生1：用3表示。把一根木棍的高度看作“1”，保温壶有3个这样的单位1，就用3来表示。

师：筷子的高度，用几来表示？为什么？

生2：是2。有2根木棍那么高。

师：杯子呢？

生（齐）：1！

师：木棍所看作的“1”，其实就成了一个计量单位。正因为如此，数学上把这样的“1”叫单位“1”。

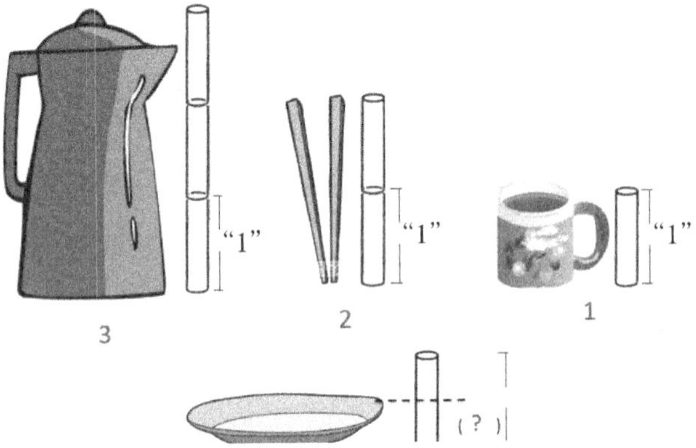

师：接着看，盘子的高度该用哪个数来表示呢？

生（齐）：$\frac{1}{2}$。

师：不过，大家为什么都选择用$\frac{1}{2}$来表示呢？

生1：因为盘子的高度不足一根木棒高，也就是不够1个单位。把木棒平均分成2份，盘子的高度是其中的一份那么高，用$\frac{1}{2}$来表示。

师：说得真好！三千多年前，分数也是在这样的背景下产生的！

设计意图

分数，它首先是一个数，是可以数出来的、由若干个计数单位累加而成的数。该环节意图从“度量”的意义来引导学生理解分数，理解计数单位的产生与应用，理解作为计数单位的一种——分数单位是如何“度量”物体的。

三、从“四分之一”到“几分之几”

1. 感知“整体”

师：关于分数，我们课前做了小调查，老师选择了几个同学的作品，请几位同学说一说，是怎么表示出$\frac{1}{4}$的？

生1：把一个正方形平均分成4份，取其中的一份，就是$\frac{1}{4}$。

生2：把4个太阳看作单位“1”，把单位“1”平均分成4份，表示这样的1份，就是$\frac{1}{4}$。

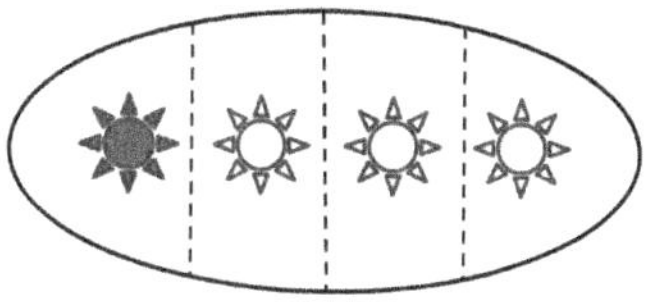

$\frac{1}{4}$

师：大家想向他们提问吗？

生3：为什么把4个太阳圈起来？

生2：圈起来就是把4个太阳看作单位“1”，虚线表示均分成4份。

师：两位同学所表示的$\frac{1}{4}$最大的不同是什么？

生4：一个是以单个物体（正方形）为单位“1”，另一个以一个整体为单位“1”。

师：这位同学表示的更有意思，能看懂吗？

生5：把8个“乐”字看作单位1，平均分成4份，表示这样的1份是$\frac{1}{4}$。

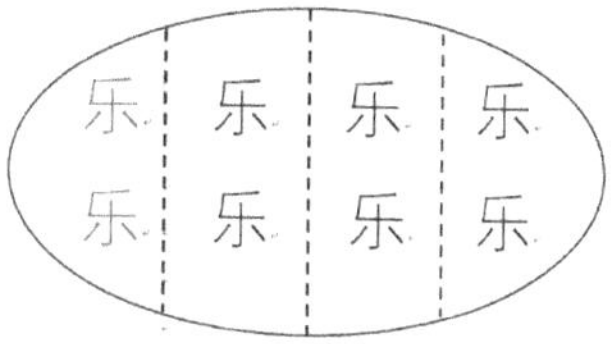

师：1个、4个、8个物体都可以看作单位1，大胆想象一下，单位1里的物体还可以是多少个？

生6：只要是4的倍数都可以。

生7：多少个都行！

2. 概括$\frac{1}{4}$

师：敢不敢挑战自己，探究多元化的$\frac{1}{4}$？请看——

生：敢！

（学生独立画一画，写一写，再集中反馈，展示作品）

选择喜欢的图，表示出$\frac{1}{4}$。

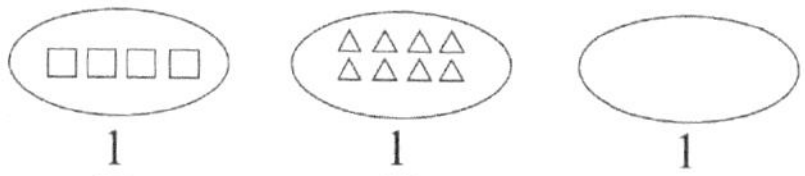

$\frac{1}{4}$ $\frac{1}{4}$ $\frac{1}{4}$

师：请同学们仔细观察，这些作品为什么都表示$\frac{1}{4}$？

生1：把4个正方形平均分成4份，把8个三角形平均分成4份，都是平均分成4份，表示其中的1份，所以都表示$\frac{1}{4}$。

生2：我在第三个圈中画了20个圆，平均分成4份，其中1份就是这些圆的$\frac{1}{4}$。

生3：我画了2个蛋糕，平均分成4份，其中1份就是这些蛋糕的$\frac{1}{4}$。

生2：我发现能不能用$\frac{1}{4}$表示，与单位“1”没有直接关系。

师：同学们都发现了，只要是把单位“1”平均分成4份，表示这样的1份，就能用$\frac{1}{4}$来表示。

生5：把单位“1”平均分成4份，表示这样的1份，用$\frac{1}{4}$来表示。

师：那么，$\frac{1}{4}$到底表示什么意思？

生6：$\frac{1}{4}$就是把一个整体平均分成4份，取其中的1份。

3. 拓展分数

师：除了$\frac{1}{4}$，你还想到哪些分数？画一画，涂一涂。

（学生独立画一画，写一写，再集中反馈，展示作品）

生1：把16只小鸡平均分成4份，取其中的3份，就是这群小鸡的$\frac{3}{4}$。

生2：把一包900克的面粉平均分成9份，其中的2份，就是这包面粉的$\frac{2}{9}$。

…………

师：我们刚刚表示出这么多分数，到底什么叫分数？先独立思考，再小组交流。（代表反馈，师生交流，形成结论：把单位1平均分成若干份，表示这样的几份的数，就是分数。）

师：同学们，看看课本上是怎么说的？分数意义中哪部分描述的是分母？分子呢？

生：平均分成几份，这里描述的是分母；表示这样的一份或几份，指的就是分子。

设计意图

维果茨基的“最近发展区”理论认为：支架式学习是指围绕事先确定的学习主题，建立一个概念框架，把学生的学习从一个水平引向另一个水平的学习方式。根据以往的教学经验，分数的意义之难，在于其内涵的复杂性与多样性。为使学生深刻地理解并准确地表达分数的意义，课中共引导学生分三次来概括分数的意义：一是在直观操作的基础上围绕单位“1”的三个层次的内涵（一个物体、一个计量单位、多个物体组成的一个整体）概括$\frac{1}{4}$；二是在单位“1”概念的基础上直观表达其他分数，并概括出其意义；最后，结合教材的描述概括出“若干份”“一份或几份”与分数各部分所对应的意义联系。激活学生相关的数学活动经验，帮助学生积累根的知识储备，让分数的意义在丰富的土壤中自然地生长出来，这正是一步一步地逼近和抵达分数核心的途径。

4. 认识分数单位

师：除了分数的意义，课本中还提到了什么概念？

生1：分数单位。

生2：表示这样一份的数也称为分数的计数单位，简称分数单位。

师：回想一下，我们学过的整数、小数，有没有计数单位？

生3：都有的！

师：根据计数单位，你能完成以下练习吗？

60由（　　）个十组成

40000由（　　）个万组成

0.08由（　　）个0.01组成

$\frac{4}{7}$由（　　）个$\frac{1}{7}$组成

（学生独立完成，集体反馈）

四、巩固练习，拓展应用

1. 对比图中的分数

（1）用分数快速表示各图中的红花占了单位“1”的几分之几。

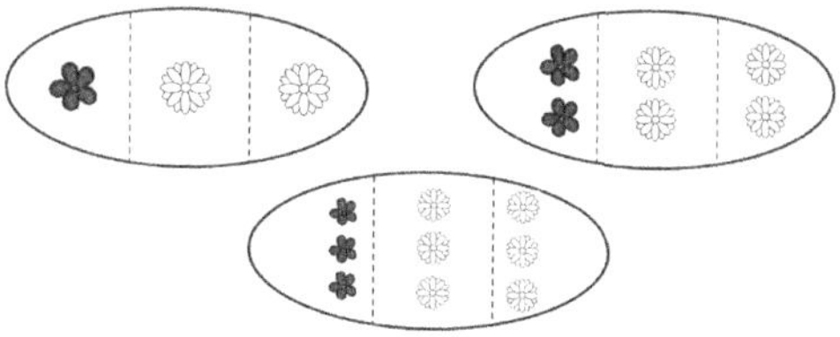

师：这三幅图，既然都表示$\frac{1}{3}$，为什么红花的朵数却不相同？

生：单位1、总朵数不相同，所以每个图的$\frac{1}{3}$包含的朵数不一样。

（2）用分数快速表示各图中的红花占了单位“1”的几分之几。

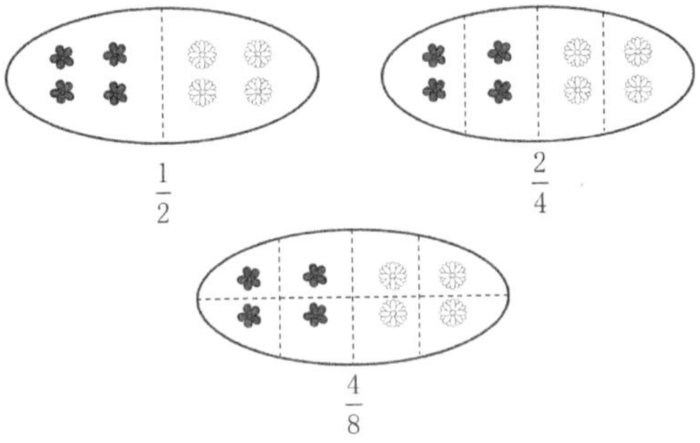

师：观察这三幅图，你又发现了什么？

生1：单位“1”一样中包含的红花朵数一样。

生2：为什么分数却不相同？

生3：因为它们平均分的份数不一样，表示的份数也不一样。

生1：所以分子、分母自然不相同。

生4：我发现这些分数都一样大，都表示$\frac{1}{2}$。

师：这么看来，要准确表示一个分数，我们既要关注单位“1”是什么，还要关注平均分的份数，表示这样的几份。

设计意图

“比较是一切理解和思维的基础，我们正是通过比较来了解世界上的一切的。”分数概念的建立不是立竿见影的，通过单位“1”、份数变量的多轮比较，在异中求同、同中求异中加强体验，在强烈的认知冲突与思维运动中，方能加深对概念的理解。这些均需要教师相机引导。

2. 数轴上的分数

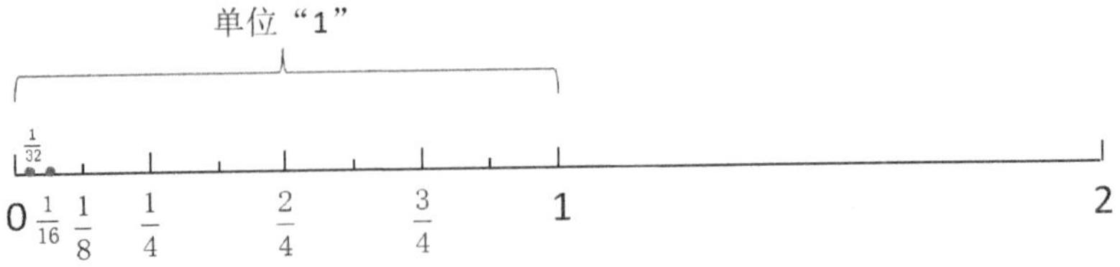

（1）把0～1这段数轴看作单位“1”，整数2、3、4……的位置，你能找出来吗？

（2）$\frac{1}{4}$的位置在哪里？$\frac{2}{4}$、$\frac{3}{4}$的位置呢？

（3）$\frac{1}{8}$、$\frac{1}{6}$、$\frac{1}{3}$的位置，你会找吗？

（4）$\frac{9}{10}$、$\frac{99}{100}$、$\frac{999}{1000}$的位置在哪儿？你发现了什么规律？

（5）如果有一个点在1～2之间，用什么分数表示呢？

五、全课总结

通过今天的学习，你收获了什么？

关于分数，还有很多知识等待我们去学习。热爱学习的你们，要主动出击哦！

课后有感

一、读懂学生，找准学习起点

日常教学中，我们经常会遇到这样的困惑：认真地备了课，却没能完成预期的目标，为什么呢？很多时候，老师们备课、写教案的目的主要是为了使自己的课堂教学能够有序地进行，很少考虑教案能否体现学生的知识与能力、过程与方法、情感态度和价值观。教案只是教师施工的蓝本，可是在教学的过程中，课堂随机生成的事件总是出乎意料，使我们的“美好设想”溃不成军，往往没有能按教案中设计的步骤顺利进行，课堂效率大打折扣。

数学课程标准强调，数学教学活动必须建立在学生的认知发展水平和已有的知识经验基础之上。教师应该正确把握教学内容，了解学生的实际情况，把握教学起点，根据学生的现实起点整合教材和进行课堂教学，这对一节课的成功与否意义重大。鉴于此，课前通过对学生进行学情调查，从宏观角度了解学生的学习起点。从一个物体到一个整体，“单位1”含义的完善是本课的重难点，学生对“单位1”的理解仅仅停留在“一个物体”的层次，对符号化语言描述分数有一定障碍，这些都在预想之中，但是未能准确摸到人数比率。课前调查科学地反映出学生的人数比例，让我对学情有了更全面的感知，重新审视了这一环节的处理，对什么东西能用“1”表示，“单位1”的命名作了仔细体验。学生在逐层深入的体验中，充分理解了1和“1”，“1”和“单位1”的联系、区别，为分数意义的产生奠定了扎实的基础。

二、问题驱动，成就一节好课

什么是好课？好课如美食，食之果腹又满口余香。我以为，一节好课不仅夯实知识技能，让学生吃得饱，还要让学生吃得香，即开启学生的智慧之门，激发学习自主性。传授知识技能，是解决温饱问题，这是教学的基本职能，不是最终目的；实现知识技能向智力、能力的转化，提升学习能效感，才是真正的终结。

良好的问题驱动于一节好课来说，不可或缺。问题的设计应有助于激发数学思维，引出数学有核心意义的数学问题，成为吸引学生主动参与学习，发现、提出、分析、解决问题的良好载体。“什么是分数”是本课的核心问题，围绕这一核心问题，设计了由8个关键问题组成的问题串，使课堂在关键问题的引领下走向深入。

序号	问题	设计意图
1	有哪些物体的数量可以用1来表示？今天给1加上引号，知道为什么吗？	明确“1”不仅表示一个物体，也可以表示由许多物体组成的一个整体
2	把一根木棍看作“1”，用它测量保温壶、筷子、盘子的高度，分别用哪个数来表示？	经历分数产生的过程，知道分数概念是基于测量与计算得不到整数结果而产生的
3	选择一张图表示出$\frac{1}{4}$。单位“1”不一样，为什么都表示$\frac{1}{4}$？	多元表征$\frac{1}{4}$，体会分数意义的本质
4	谁能概括说说$\frac{1}{4}$表示的意思？	引导概括$\frac{1}{4}$的意义
5	除了$\frac{1}{4}$，你还想到哪些分数？画一画，说一说。概括什么是分数。	从特殊分数到普遍分数，归纳分数意义
6	三幅图都表示$\frac{1}{3}$，为什么红花的朵数却不相同？	体会单位“1”的重要性
7	单位“1”相同，红花朵数一样，为什么分数却不相同？	体会要准确表示一个分数，既要关注单位“1”，还要关注平均分的份数，表示这样的几份
8	能在数轴上找出分数吗？如果有一个点在1～2之间，用什么分数表示？	体会分数与整数的联系与区别，为带分数的学习埋下伏笔

以上流程，由8个关键问题组成。每个问题，都是让学生说出已知，在满足学生表达愿望的同时，引导学生探索未知的领域，基础知识与技能落到实处，实现“吃得饱”又“吃得好”。

分数是小学阶段数的认识领域的一次重要扩充，而“分数的意义”这一课的学习在较大篇幅上研究了作为比例的分数，对作为一个数的分数，研究力度不足。事实上，学生对“分数是数吗，与整数有什么联系和区别”这些问题是心存疑虑的。基于知识结构化视角，实现分数从“比例”含义向“商值”含义的过渡，课末设计“数轴中的分数”的问题串：把0～1这段数轴看作单位“1”，$\frac{1}{4}$该如何表示？$\frac{2}{4}$、$\frac{3}{4}$的位置呢？$\frac{1}{8}$、$\frac{1}{6}$、$\frac{1}{3}$的位置在哪？有规律吗？$\frac{9}{10}$、$\frac{99}{100}$、$\frac{999}{1000}$的位置在哪？有什么规律？

在数轴上找分数，丰富了分数内涵，拓宽了思维空间，引导学生明确分数作为一个数的意义存在，把分数纳入数的体系，并为带分数的学习做好铺垫。

三、多维对比，透析分数本质

过往经验告诉我们，如果分数概念的教学，仅仅停留在教师领着学生实物、模式、符号、语言之间切换，一遍又一遍地拷问学生，这个分数、那个分数表示什么，学生是难以真正经历分数意义的抽象过程的，致使他们嘴里所说的分数的意义，只是停留在鹦鹉学舌的层面。以“感知—对比—归纳—抽象”为主线，我在课堂上开展了多次对比归纳活动。课前布置学生，用不同的方式表示$\frac{1}{4}$，课中交流反馈，在大量出现的$\frac{1}{4}$的表象呈现中，引导学生在观察对比、思考：这些图的“单位1”不一样，为什么都表示$\frac{1}{4}$？练习环节，再补充两组体验意义的题目：一是“单位1”不同，而都用$\frac{1}{3}$表示；二是“单位1”相同，每份的个数也相同，而平均分的份数与表示的份数都不相同。通过多次观察对比，让教学内容和教学过程充满数学味，分数意义的建构在逐层对比中剥离出来，学生学得主动，收获满满！

课例2

“导”与“学”，平衡中坚守学生立场

——“负数”教学实践与感悟

课前思考

数学教学应该在“导”与“学”之间寻找平衡。然而，平衡点在哪里？如何找到这个平衡点？以“认识负数”一课为例，从学科视角来看，负数源于“表示相反意义的量”，最早的文献中也记载或反映着类似的观点。因而，不少教师在教学时，着力引导学生从表示一系列“相反意义的量”入手，在“原有的数已无法满足表示相反意义的量”时，自然引出负数。同时，教材的安排也是通过大量的零上、零下气温的讨论和研究，转入“收入为正，支出为负”等情境引入，再过渡到数轴上表示正负数。看似简单的“负数”，实则内涵丰富。但是目前普遍的教学的效果是，学生在经历负数的课堂学习后，与原来没有明显的区别，也就是教学没有给学生带来改变。学生学与不学一个样，这样的教学不禁让我们反思：课堂的教学目标定位是否合适？学生的认知起点又是怎样的呢？在学生已有的现实或知识背景中，是否已经有负数的身影？如果有，负数在他们的头脑中又是什么样的？

事实上，笔者在所进行的问卷、访谈中发现，六年级的学生对负数已经有了较多的经验储备，负数的读法、写法基本不存在问题。而且，学生所理解的负数，并不是以“相反意义的量”的形态存在。他们认为，所谓负数，就是比0小的数。负数作为基数的意义与过往的知识并存，这是学生最朴素的认知状态。

“导研互动”课堂倡导在儿童真实的经验与数学发展的历史轨迹之间寻找“最近发展区”，教师如何还原数学知识的发生和发展，让学生经历负数知识“被发现”“再创造”的过程，使教学服务于学生的学习，是一个值得探讨的问题。很庆幸，学生用精彩的表现给了我们热烈的回应。

课堂实践

一、揭示课题

师：请看标题，这节课我们交流、探讨什么内容？

生（齐）：负数！

二、感受“负数”，唤醒经验

1. 同桌交流

师：课前，大家已经做过“负数”研究学习材料，请跟同桌交流第1小题，说说自己找到的负数的例子，可以互相提问。

> **“负数”研究学习**
>
> **班级：　　　　姓名：**
>
> 1.（1）有关“负数”的例子：
>
> ______________________________
>
> （2）关于负数，我知道：
>
> ______________________________
>
> 2. 为什么要有“负数”？
>
> ______________________________
>
> 3. 关于负数，我的疑问：
>
> ______________________________

2. 集体交流

（1）举例子

师：请同学上来分享。

生1：我在商场见过表示楼层的负数，地下−1、−2楼。

生2：存折里有负数

……

（2）读、写法：

师：刚才同学提到负号，它的样子和以前我们认识的减号一样，不过，在这儿，叫负号，会读吗？

（指黑板上板书，学生齐读负数）

师：刚才读的数，都是负数。我们以前认识的绝大部分的数，都是正数。

设计意图

学生不是以零基础走进课堂的，结合生活经历，让学生列举生活中负数的例子，发现原来学过的正数不够用，从而感受数域拓展的必然性。经过交流和讨论，对整数进行统一分类，确定正、负号的用法。

三、认识负数，意义表征

1. 出示问题情境

师：我们认识负数，除了知道负数的样子，还要能解释它表示的意义。“海拔高度−3米”“微信支付账单−3元”“某地气温−3摄氏度”，你能用自己喜欢的方式，表达对这些−3的理解吗？

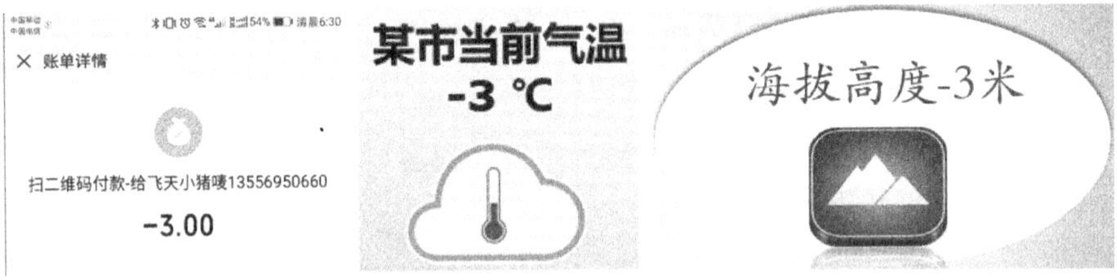

（学生独立思考，小组交流）

2. 全班反馈，明确意义

（1）

生1：欠账3元，用去3元，都能用−3元表示。

师：能听懂？谁有问题向他发问？

生2：那+3元表示什么？

生1：挣了3元，得到3元，就是+3。

师：在这个情境中，+3和−3所表示的意义是怎样的？

生3：不相同的。

生4：意思是相反的。

（2）

师：另外两个情境图，哪个小组来说说看？

生5：海拔高度−3米，指的是水下3米。

生6：我们小组还画了图，从图中可以看到，海拔高度−3米，是把海平面看作0，−3米表示海平面以下3米。

师：好生动的表达，大家认为怎么样？

生7：这个图画得好，把0和−3的位置表示得很清楚！

生4：从图中还可以看出，山的高度是用正数表示的，因为它们在海平面的上面。

生8：海平面以上的高度和以下的深度，用的分别是正数和负数，它们的意义是刚好相反的。

师：这里有3个数据，你能猜出它们分别是图中A、B、C哪个点的高度吗？

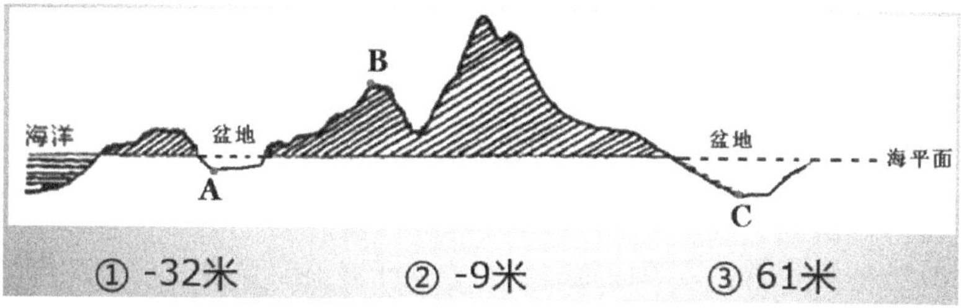

（学生独立思考，全班反馈）

（3）

生9：我们小组也用画图的方法来表示−3摄氏度。请大家看，以0摄氏度为标准，−3摄氏度表示0下3摄氏度。

师：还有补充吗？

生1：0下3摄氏度到底是个什么情况？

生9：我从书上看到过，0℃是冰点，达到这个温度要结冰的。

生10：我们广东的冬天基本没有达到这个温度，北方常有。

生1：−3℃是比0℃要冷吗？

生9：对咯，就是这个样子（做出冷得打寒战的动作）！

（全班都笑了）

师：老师也带来三个温度计，你能读出这些温度吗？怎么想的？

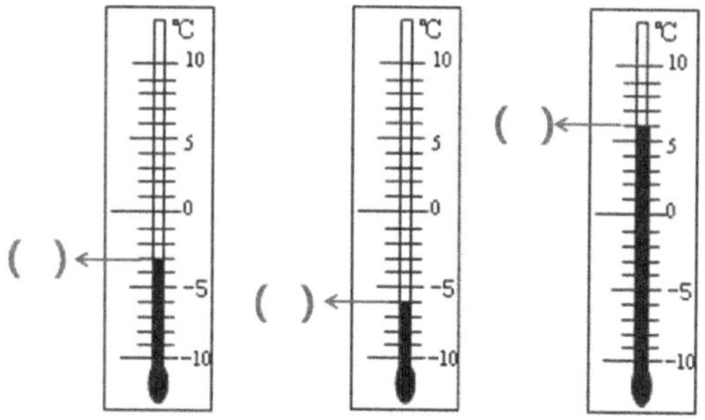

（学生独立思考，全班反馈）

生6：这些温度计，都是以0℃为标准，0以上的用正数表示，0以下的用负数表示。

生11：0以上和0以下的温度，是一组相反意义的数。

师：你们的理解真准确！

3. 小结负数的意义

师：回顾刚刚的三个−3，表面看似不一样，其实背后均有相同的内涵。让我们一起来小结：

海平面以上记作正，海平面以下记作负；

0摄氏度以上记作正，0摄氏度以下记作负；

在原有的钱数基础上收入记作正，在原有的钱数基础上支出记作负。

师：以上的记作正，以下的记作负，说明正数和负数表示的意义恰恰如何？

生（齐）：相反的！

设计意图

在人类的认识过程中，巧用类比的方法，让学生分别解释生活中多个场景中“−3”的含义，逐步体会具有相反意义的量。丰富的生活实例，使学生从不同的角度探讨负数的意义与应用，跳出“负数就是比0小的数”的原生态认知，进一步升华负数的含义。

四、数形结合，厘清关系

1. 数形结合

师：老师要拿温度计变个小魔术！把温度计以0℃为中心，顺时针旋转90度，去掉温度计外壳，留下刻度和数，就成为数学中一根美丽的线，称为数轴。

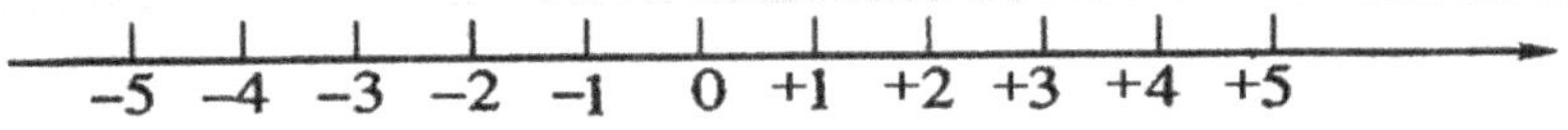

生：太神奇了！

师：请仔细观察，负数跑到哪边了？你能找到+5和−5吗？是怎么找的？

生1：以0为中心，往左边数5格能找到−5，往右边数5格能找到+5。

师：−100和+100，能找到吗？

生2：能！继续往左或往右数，就能找到。

生3：这根直线的两端没有尽头。

师：说说你的理由。

生3：就像自然数是无数个的，负数也是无数个的，所以这根直线的两端没有尽头。

师：观察这条直线，你们还发现了什么？（同伴讨论）

生4：正数和负数是一组具有意义相反的量，负数与正数总是成双成对出现的。

生5：正数越往右边越大，负数越往左边越小，正数和负数都是无限的。

生6：0是正数和负数的分界线。

师：观察得仔细，说得也明白！

2. 厘清关系

师：研究了这么久，你会区分正数、负数吗？

生1：负数有“–”号；正数比0大，负数比0小。

师：关于“+”“–”的使用，还有什么疑问？

生2：正数省略前面的+号，还是正数吗？

生3：既然可以不写，为什么还要写上+号？

生4：负数省略前面的–号，还是负数吗？

生5：0是正数还是负数？为什么？

师：谁来解答？

…………

设计意图

在人类的认识过程中，刷新对0的重新认识，是本课教学重点之一。比起机械记忆，数直线的引入更有利于学生建立正数、0、负数的联系，结合“0”的原有意义，建立0的“分界线”意义，自主完成数域扩充。

五、介绍负数的由来，渗透数学文化

师：刚才我们经历了探究负数的过程，几千年来数学家又是如何研究负数的？

（播放视频）

师：负数一路发展如此艰辛，但却凝聚了古今中外无数数学家对真理的执着与坚韧，就如同学们一样，面对数学难题展现出理性与好学的优秀品质，在学习过程中勇于开拓和创造，真让老师感动！

设计意图

在人类的认识过程中，负数的产生与发展经历了漫长的质疑、辩论、认同、发展阶段。历史经验的价值，在于启发学生面对新知的立场与态度：在探索一些新知、新概念时，旧观念与新生事物相悖，产生疑问是不可避免的；在这些历程中，勇于接纳新知、与时俱进地进行科学探索，无疑是一种尊重科学的创新思维，而这正是现代人所必须具备的。渗透数学思想方法，负数的文化演变是该课中必不可少的一环。

六、走进生活，运用负数

师：下面，我们走进生活，看看生活中的负数。

1. 如果向东走用正数表示，向西走用负数表示

（1）小东从学校出发，走“+730米”到达（书店），去长和公园要走（–500米）。

（2）如果从书店出发，走-500米，小东可到达（超市）。

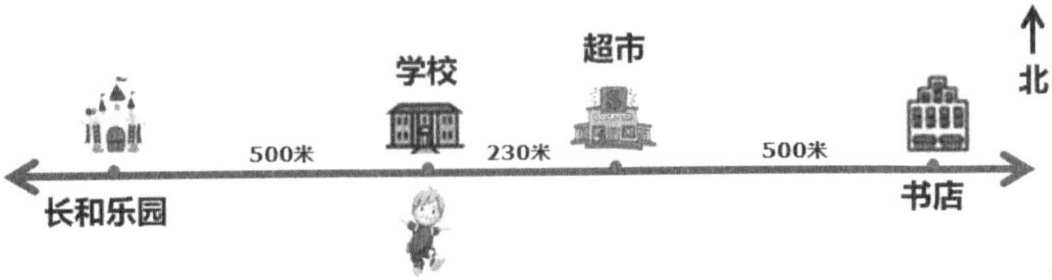

师：同样是走-500米，为什么小东到达的地方不相同？

生1：起点不同，O的位置不同，所以到达的地方不一样！

生2：把什么看作O，决定了到达的终点。

2. 身高中的负数

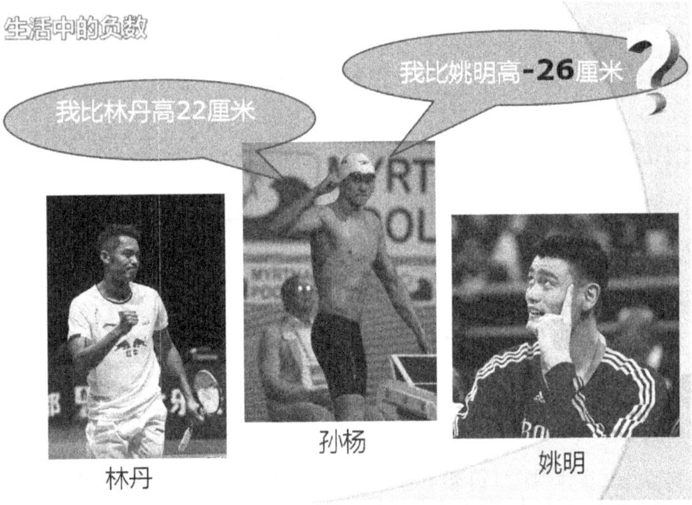

师：孙杨比姚明高-26厘米，是真的比他高吗？

生1：不合理啊！

生2：孙杨应该比姚明矮的。

师：孙杨比姚明高-26厘米，这是以哪位的身高为标准？

生3：姚明。

生4：把姚明的身高看作“0”。

生5：比0高-26厘米，也就是比0少吧。

生2：所以，这句话的意思是孙杨比姚明矮26厘米。

师：看来，“高-26厘米”不是真的高。同理，生活中有些增长也不代表变多的，有一种增长叫负增长，有一种资产叫负资产。有兴趣的同学可以查阅资料了解学习。

设计意图

负数来源于生活。让课堂练习走近生活，让学生充分体会负数与实际生活的联系。生活中常见的方向与路线模型、比身高模型，都是体会数学知识广泛应用的素材。负增长、负资产等生活应用，也是拓展知识面，建立辩证数学观的有效手段，促使学生带着好奇的心走出课堂。

七、全课总结

师：今天我们学习了正数和负数，大家的表现都很棒！

最后请大家再思考一个问题，正数和负数都有无穷多，会不会依然不够用，还需要产生新的数？如果再遇到一种新的数，我们可以从哪些角度去研究呢？

通过负数的学习，大家掌握了数的一般学习方法，老师更希望大家可以通过自学掌握更多的知识，增长更多的智慧。

课后有感

在“导”与“学”之间寻找平衡，“导研互动”课堂始终坚持学生立场。本课注重从以下三个方面开展“三导”教学。

1. “导问”——以关键问题架构课堂学习

“关于负数，你已经知道哪些生活中的例子”“为什么要学习负数”“关于负数，我还有什么疑问”作为课前的预学的三个大问题，是引发概念教学起点的设计，避免了把一节概念课上得零零碎碎，可以给学生腾出更多的思维空间，激发学生的思维活力。由于负数在生活中大量存在，学生对于负数已经有了一定的经验储备。通过交流与分享，唤醒与激活经验，使生活中的负数的基本含义、负数的读法与写法等，都在伴随着初步展示这一过程逐步解决。教师还可以根据学生的学习需要、反馈表现进行评估和分析，寻找教学起点与终点之间的差距，定位最近发展区，以便准确地确定新课的教学目标。

2. “导研”——交流中坚守学生立场

从生活中的“典型例子”切入，以付款、海拔、气温三个问题情境驱动，引导学生进行多元表征，建构、表达属于自己的数学理解。其中，三个场景的顺序安排也是作了一些处理。付款是最为常见易懂的，更有利于理解一正一负、一支一收的意义内涵；海拔是次之的，一高一低、线上线下，基于直观图例也是可以融通理解的；气温最为抽象，限于地域生活体验的不足，生在广东的孩子对温差的感性经验不足，而这一生活模型却是演变数直线的雏形，必不可少，因此放在最后。

“什么样的数是负数?”在寻找答案的过程中，我们发现，无论是文字表征，还是画图表征、数据或算式表征等，学生所理解的负数，在慢慢地从“比 0小的数”向“相反意义的量”过渡。导学的过程是具体的、可观察的、可测量的，学生的思维是可见的、可触摸的，以学生认知起点为指向，本达到了预期的学习结果和标准。

3. “导思”——在数学文化渗透中培养数学学习方法

数学文化的传播不是一朝一夕就能完成的，数学意识、数学思想、数学精神、数学品质等隐性的数学文化传承，总是在潜移默化的学习历程中沉淀。经历负数的产生、理解、应用，以及对负数历史由来的了解，学生会进一步拓宽学习的视野。“正数和负数都有无穷多，会不会依然不够用，还需要产生新的数?”“如果再遇到一种新的数，我们可以从哪些角度去研究呢?”这些问题设计，着重通过负数的认识，引导体验数域学习的普适性方法，从数的意义、产生、读写等方面展开数的研究，采用阅读文献、联系生活、多元表征等手段，形成学习方法策略，将对后续的发展终生受用。学生在中西方对负数的研究进程中，体会中西方文化的冲击，深入了解负数的抽象性，感受理性思辨精神的优势，将为数学思想方法的启蒙迈出坚实的步伐。

课例3

让有效回应提升数学实验活动的价值

——“可能性”教学实践例谈

教学内容

苏教版小学数学教材四年级上册第64～67页例1、例2，“试一试”“练一练”及练习十第1～4题。

课前思考

2011年的修订版教材对概率板块的内容作了适当的改动，与实验版教材不同的是，在四年级安排了“可能性的大小”这一单元内容，让学生通过研究“游戏的公平性”问题，感受可能性是有大小的；六年级则安排了“用分数表示可能性的大小”。教材的改动，是考虑到这些教学内容的抽象性，不容易为低年级学生所理解。然而，从教学实践看，即使调整到中、高年级，这个板块内容的教学也不容乐观。不少教师觉得它看起来简单，教起来却力不从心，逻辑混乱。究其原因，关键是对“可能”“不可能”“一定”这三个数学概念之间的逻辑关系把握不到位所致。

首先，由于教材是从“可能”“不可能”“一定”三个词语的生活应用出发编排教学内容的，并没有突出“确定现象”和“不确定现象”等上位概念，使得不少教师的教学常常停留于生活应用，没有关注“可能”“不可能”“一定”与“确定现象”“不确定现象”的整体联系和逻辑体系，课上完了，学生对三个核心概念的认识还是表层的。其次，这是一节以数学活动形式为主的课，不少教师的专注力倾向于活动的形式多样、活动的组织等表层的常规事件，忽略了数学活动背后的数学方法与活动经验的总结提炼，使得数学活动热闹非凡，活动之后收获甚少，学生对三个核心概念的理解不求甚解。

本课教学须在强化直觉学习和操作参与的同时，更注重直觉活动背后的数学逻辑和活动意图，透过知识目标，关注教学中所要培养的概率思想等核心素养。

课前互动

游戏：石头剪子布，谁输谁装酷

第一轮：选出两位同学对拼，下面的同学先猜一猜：谁会输？

（对拼开始）

师：游戏结束，你猜中了吗？

（有的说猜中，有的说没猜中）

第二轮：再选出另两位同学对拼，下面的同学先猜：谁会输？

师：游戏结束，这次你又猜中了吗？

（第一轮猜中的，这轮有的没猜中，有的猜中）

师：这个游戏看起来很简单，但是猜测游戏结果，我们有时得心应手，有时事与愿违，这当中有些什么奥秘呢？带着这个问题，进入今天的学习吧！

设计意图

“石头、剪刀、布”是一个经典的小游戏，也是操作方便的随机实验。课前，选取学生熟悉的、感兴趣的游戏活动，调动学生的学习热情，提起学习注意力，引发思考：猜测游戏结果，有时得心应手，有时事与愿违，这当中有些什么奥秘呢？激发学习的好奇心与求知欲，引导发现赢和输是不会跟随个人的意愿发生的，游戏结果具有不确定性，初步感受简单随机事件的随机性、客观性。

教学实践

一、抛硬币，感知“不确定”

（一）列举硬币落下的结果

师：请看，这是一个硬币，硬币的两面有什么不同？

生1：有“1元”字样的一面称为正面，有花形的一面是反面。

师：抛硬币是一种简单的游戏。一枚硬币抛出后落下来，朝上的一面会是什么情况呢？谁来猜？

生2：可能是正面朝上。

生3：可能是反面朝上。

生4：正面或反面朝上都是有可能的。

师：为什么大家都不约而同用上“可能”一词？

生5：硬币有正面和反面两面，所以落下来可能正面朝上，也可能反面朝上，两种情况说不准哪种会发生，只能用“可能”描述。

（二）硬币落下的不确定性

1. 活动要求

师：是不是真如大家说的那样？下面做个小实验，要求：抛1枚硬币，两人合作，每人抛3次。每次抛之前，先猜可能是哪一面朝上并记录结果。

师：活动要注意什么，谁来提个醒？

生1：每人抛3次，要记得填写记录表。

生2：抛的时候向上一抛，用手一拍，打开，这样结果更准确。

师：建议在组内两两配对，讨论二人如何分工合作。找到你的小伙伴，商议一下。

“抛硬币”实验记录表

姓名	猜测的结果（正/反）	实际结果（正/反）

（学生讨论，活动开始）

2. 活动反馈

师：请一位同学说说抛硬币的过程与体会吧。

生1：我们抛了13次，有时结果是正面朝上，有时反面朝上。

师：在抛之前，能确定结果是哪一面朝上吗？

生2：不确定。

师：大家也有这样的体会吗？

生3：有的，心里想着正面，可是结果不一定这样。

师：小伟同学连续三次抛到正面朝上，如果再抛一次，能确定还是正面朝上吗？

生1：第4次还是正面朝上。

师：有不同意见吗？

生4：不确定，硬币有2面，每一次抛的结果可能是正面，也可能是反面朝上。

师：有谁能听懂她的话？

生3：前三次抛得的结果，对第四次没有影响吧！

生5：每一次抛硬币得到的结果都是独立的，不受前面的影响。

师：3次之后，硬币的两个面还在吗？有没有哪个面因此变重或变轻？

生6：没有改变，还是那个样。

师：因此，每一次抛硬币，都是一次独立的实验，在抛之前，能确定结果吗？

生7：不能确定，结果有两种。

师：通过实验，我们确认了“抛一枚硬币，结果可能正面朝上，也可能反面朝上，有两种情况。”

像这样结果不止一种情况，而事先又不能确定是哪一种结果出现的现象，在数学上称为不确定现象。不确定现象的结果通常用“可能……可能……”来描述。

设计意图

本环节主要通过抛硬币实验，在观察、操作和交流的直观活动中使学生初步感受简单随机现象，了解抛硬币这一简单随机现象的特点，能列举出抛硬币现象中所有可能发生的结果，感受每一次实验的结果具有独立性，不会相互影响，不会受人的意愿而改变，能初步应用可能性的知识解释这些简单的随机现象，形成初步的随机意识，发展学生的数据分析观念。

二、摸球游戏，加深理解

（一）不确定现象的多种结果

师：不确定现象在摸球游戏中也是存在的。

（出示图1：在袋子里装入黄球和红球、白球、绿球各1个，形状、大小、材质完全相同）

师：闭上眼睛，从袋中任意摸一个球，会是什么情况？

生1：我可能摸到红球，可能摸到黄球，可能摸到绿球，也可能摸到白球。

师：这跟刚才研究的抛硬币的情形是——

生2：一样的，结果不确定。

师：是的，因为袋中有4种颜色的球，也就是结果有4种情况，每种情况都有可能发生，属于不确定现象。

（二）不确定现象结果发生的可能性有大有小

1. 问题驱动

师：（出示锦囊）同学们，这个锦囊里装有一些球，有红色和黄色两种，如果不倒出来，你有办法知道哪种颜色的球数量多吗？

生1：偷看一眼。

（生齐笑）

生2：摸几个出来试试看。

师：真会想办法，下面我们就来做个摸球实验。

2. 明确要求

师：每个小组摸球20次，每人轮流摸出一个球，在摸球情况记录表上记录颜色，再把球放回去，把袋子里的球捣一捣，然后继续摸球。最后根据记录的结果，统计出你们组摸到红球和黄球的总次数。

师：实验需要小组中所有同学合作完成，该如何分工？大家先在小组里商量一下。

（学生小组合作做实验）

“摸球”实验记录表

	记录摸出的次数（画正字）	合计
红球		（　　）次
黄球		（　　）次
合计		（　　）次

3. 推理归纳

（1）次数——个数

（汇总各小组的实验数据，展示到屏幕上）

师：请大家仔细观察实验数据，你能从中发现什么？

生1：总体上，摸出红球的次数多，摸出黄球的次数少。

生2：也有的小组摸出红球次数与黄球一样多，有的摸出红球次数少。

生3：1～4组摸出红球次数多一些，5～8组红球次数少一些，总体上还是红球次数多。

师：从摸出的次数，你能猜测红球和黄球的个数哪种多吗？

生4：由次数可猜出，放入红球个数多，黄球少。

师：他是这么猜的，你们想的跟他一样吗？

生1：我们也这么想。

师：每个袋子里都有红球和黄球，为什么摸出红球的次数比较多？

生5：因为袋子里放的红球多，黄球少。

师：猜测对不对呢？我们一起打开袋子！数一数红球和黄球各有几个。

学生汇报：1～4组的袋子里有4个红球、1个黄球，5～8组的袋子里有3个红球、2个黄球。

师：猜对了吗？

……

（2）个数——可能性

师：联系摸球结果和袋子里球的数量，你明白了什么？

生1：放进的红球多，摸出红球的可能性大，放的黄球少，摸出黄球的可能性小。

生2：放进的红球越多，摸出红球的可能性越大。

师：个别小组摸出的红球次数少，是不是就说明红球个数放得多，摸出的可能性反而小呢？

生3：会不会是他们组的红球少一些呢？

生4：不会呀！

生5：个别组摸出红球的次数少，而一旦把几个小组的数据进行汇总，规律就出来了。

生6：我们组摸到第10次时，摸出的黄球多，后面摸到30次时，就是红球的次数多了。说明摸的次数足够多，结果还是摸出红球的次数多。

师：摸出红球、黄球的次数，可以帮助我们猜测它们的个数。但是小范围、短时间的数据偶尔会出现相反的结果，这么看来，不能片面地看一组小数据，数据还得科学地用。

生5：放进的个数多，摸出的次数也多。

师：摸出两种颜色球的可能性是有大有小的。可能性的大小到底与什么有关？

生6：与球的个数有关，个数越多，摸出的可能性越大。

师：从这个锦囊（4红1黄）里摸一个球，摸出什么球的可能性大？

生7：摸出红球的可能性大。

师：从里面任意摸一个球，能确定摸出红球吗？

生8：不能确定，只是摸出红球可能性大，并不代表一定摸出红球，因为摸到黄球也是有可能的，这是不确定现象。

设计意图

这个环节主要通过摸球活动进一步体验随机事件的特点，引导学生说出一个简单事件可能发生的所有结果（多种结果），了解摸球事件发生的可能性的大小，定性描述一些简单事件发生的可能性，并能联系条件说明可能性的大小与什么因素相关；在参与学习活动的过程中使学生感受数学与生活的联系，并发现数学的价值，获得学习的成功体验，培养学生对数学学习的兴趣；体会随机事件在大量重复试验下蕴涵着规律，培养科学使用数据的意识与策略。

（三）不确定现象向确定现象转变

师：老师将这个黄球替换成红球，和刚才相比，摸到红球的可能性会怎样？

生1：摸到红球的可能性比刚才大了，摸到的一定是红球，因为袋子里全是红球。

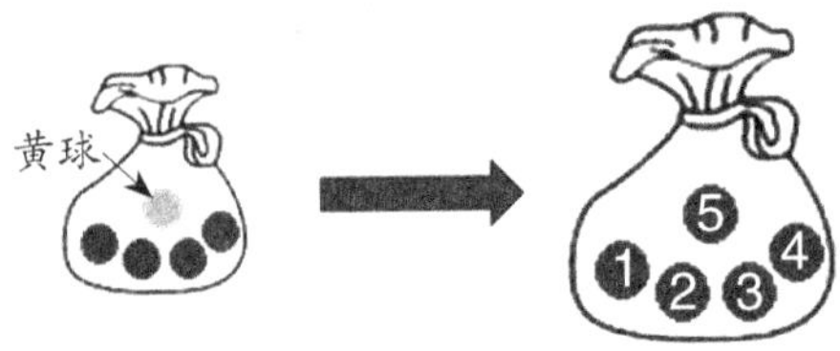

师：现在可能摸到黄球吗？

生：不可能，因为袋子里没有黄球了。

师：像这样，生活中有些事件的发生是确定的，要么一定会发生，要么不可能发生，这样的事件称为确定事件。

师：这时候，你还能用“可能”说一句话吗？

生2：摸到的可能是1号红球，可能是2号红球，可能是……

师：小明说，从右边这个袋子里摸一个球，每次摸到的都是同一个球。同意吗？

生3：不同意！虽然摸到的都是红球，但是摸到的可能是1～5号红球的其中一个。

生4：5个红球都有可能摸到，不一定每次摸到同一个球。

设计意图

“不确定现象”与“确定现象”不是水火不容的两个对立面，在特别的条件下，是可以互相转化的。本环节设计了“换球”活动，引导学生感受“不确定现象”转化成“确定现象”的过程，并能根据条件把“一定”发生的事件转为用“可能”“不可能”来描述。可见，“不确定现象”与“确定现象”是你中有我、我中有你的辩证的存在。

三、练习巩固

（1）口答

（2）芳芳参加商场抽奖活动，她说：连续转6次，总能中1次特别大奖。

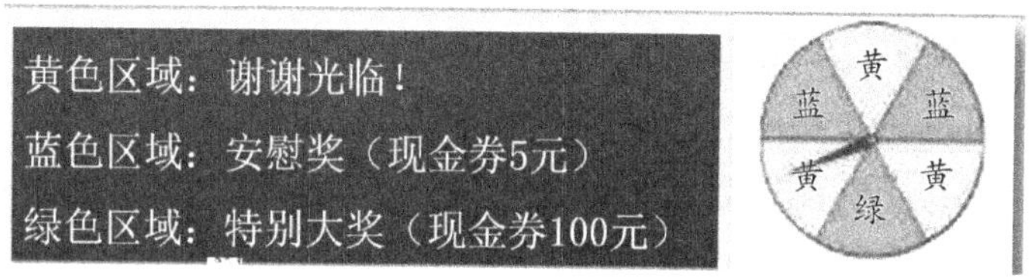

（3）你知道吗？

师：国际上足球比赛抛硬币看正反面来决定哪个队先发球。裁判员为什么要抛硬币？你们觉得用抛硬币的方式决定谁先发球，这种做法公平吗？为什么？

有的同学说公平，有的说不公平。课后，有兴趣的同学请研究课本第66页的这组数据，答案就藏在数据里。

你知道吗

硬币都有正、反两面。它被抛起后落下来，可能是正面朝上，也可能是反面朝上。在同一条件下，把抛硬币的试验反复进行多次，结果会怎样？

下面是五位著名科学家试验后分别得到的数据。看了这些数据，你有什么想法？

试验者	抛币次数	正面朝上次数	反面朝上次数
德·摩根	4092	2048	2044
蒲　丰	4040	2048	1992
费　勒	10000	4979	5021
皮尔逊	24000	12012	11988
罗曼诺夫斯基	80640	39699	40941

四、全课总结

师：我们的课快结束了，今天学会了什么，有什么体会？

课后有感

本课中，学生经历抛硬币、摸球等实验和游戏，会有很多收获和体会，有些想法虽然主观、感性，却是挖掘随机事件的本质的良好契机。教学中，教师应如何科学组织数学活动，如何接过孩子的反馈信息，及时引导学生深入思考，让教学反应和处理合乎概率论知识，有效体会随机事件的特点？

一、科学地组织实验活动

与开展活动的数量相比，活动的质量更为重要。本课主要开展了抛硬币和摸球两次数学实验活动，并着重改进了过往的活动设计，旨在保证活动数据的有效性及挖掘活动的数学价值。对学生的引导经历了以下过程：首先，在活动之前先进行猜测。如“一枚硬币抛出后落下来，朝上的一面会是什么情况呢？谁来猜？”又如“从摸出的次数，你能猜测红球和黄球的个数哪种多吗？”猜测的安排使思考走在前，让学生带着思考进行实验，体现了探究学习的基本特征。然后，学生亲自动手进行试验。学生的试验通常带着主观色彩，为千方百计证明自己的猜想而做一些影响结果的“小动作”。如抛硬币活动中，为了得到正面朝上，学生在抛的过程中会固定某个手位，人为地影响实验结果。为引导学生理性地进行实验，并保证实验数据的科学性，在实验要求中教师需对学生做明确的指引：抛的时候向上一抛，用手一拍，打开，这样结果更准确。又如在摸球游戏中，提出要求：每个小组摸球20次，每人轮流摸出一个球，在摸球情况记录表上记录颜色，再把球放回去，把袋子里的球捣一捣，然后继续摸球。最后根据记录的结果，统计出你们组摸到红球和黄球的总次数。

再者，师生共同整理实验数据，引导学生将所得结果与自己的猜测进行比对。最后，分析实验结果，此处突出理性分析，培养严谨的数据分析意识。

二、“数学”地引导学生的“随机”体验

日常生活中存在着大量的“确定性现象”和“随机现象”，学生对此有一定的生活基础。但是，他们对这些现象的感知并不是与生俱来的。对简单的随机现象的初步认识，不能靠听，也不是靠瞎想，而是靠实验体验到的。例如，在抛硬币活动结束之后，老师提出追问：“小伟同学连续三次抛到正面朝上，如果再抛一次，能确定还是正面朝上吗？”面对这个提问，学生的反馈可谓差异明显。认为第四次必定反面朝上的同学较多，他们主观地想象已经有三次正面朝上，第四次肯定轮到反面朝上了；有的认为还是正面朝上，因为自己希望结果是正面朝上；还

有的认为两种可能都有，但是说不上原因。可见学生的活动体验有着很大的随意性，深度交谈让学生充分意识到随机事件无论重复多少次，只能预知会发生哪些结果，但永远都无法事先确定会发生哪一种结果。如果没有深度交谈，引导学生从结果随机性的角度去思考问题，体验就只能停留在“玩一玩”的层面，无法理解不确定现象的独立性与随机性。

三、正确面对小概率事件

在摸球游戏中，我们希望实验能生成一个刻画事件发生可能性大小的数量指标，这些数据是讨论概率的基础。但是，试验中经常会不可避免地出现一些与规律相悖的小概率事件，这让不少老师为难，并想办法避而不谈。诚然，教师必须对小概率事件有所了解，才能在课堂的随机生成状态下从容地正面回应。在本课的分析数据环节，教师提出：个别小组摸出的红球次数少，是不是就说明红球个数多，摸出的可能性反而小呢？这一问题的提出，让学生陷入了沉思。有学生反问：“会不会是他们组的红球少一些呢？”显然不是。很快，该组学生代表指出：“我们组摸到第10次时，摸出的黄球多，后面摸到30次时，就是红球的次数多了。这说明摸的次数足够多，结果还是摸出红球的次数多。”看来，规律一直都在，只是出场顺序有先后，同样的实验重复进行下去，红球、黄球都有可能摸出，如果摸出黄球的次数领先，有可能是暂时的，这恰恰体现了随机现象的随机性和可能性无处不在。教师顺势小结：“摸出红球、黄球的次数，可以帮助我们猜测它们的个数。但是小范围、短时间的数据偶尔会出现相反的结果，这么看来，不能片面地看一组小数据，数据还得科学地用。”利用随机现象的契机，渗透数据意识和数据使用策略，这又为学生形成优良的学习品质做好铺垫。

课例4

践行数学思考为核心的“导研互动”课堂

——以“平行四边形的面积”为例

课前思考

“平行四边形的面积”是人教版实验教材五年级上册的一节单元起始课，也是空间与图形领域当中具有标志性意义的一节课，这部分内容是在学生掌握了平行四边形的特征以及长方形、正方形面积计算的基础上进行的。学生在此之前学习长方形、正方形的面积是通过数方格、填表找规律来总结方法的，利用图形之间的转化关系推导公式，本课时是小学阶段的第一次。

教材通过比较长方形、平行四边形两个花坛的大小这一生活情境引出问题，然后呈现数方格、填表找规律和三位学生将平行四边形剪、拼成长方形来展现平行四边形面积计算方法的两种探究过程。解读教材，不难发现，把平行四边形转化成面积相等的长方形是解决平行四边形面积问题的基本思想和关键所在。纵观整个单元，"平行四边形的面积"这一课时的教学是让学生感悟化归思想，对后续学习三角形的面积、梯形的面积和组合图形的面积有着积累经验、举一反三的重要作用。在解决平行四边形面积这一问题过程中，学生真实的想法，到底是什么？如何自然真实地唤醒学生割补转化意识，如何通过数学活动让学生感悟转化的思想和方法，是本节课教学中教学必须思考的关键问题。

首先，两个花坛大小比较的生活化情境能否真正让学生产生思维冲突，唤醒学生对平行四边形与长方形建立联系的意识，能否激发学生探究平行四边形面积的数学思考？其次，根据以往的观察发现，学生对"不满一格的都按半格计算"，是不好理解的。因此，教材编写意图让学生经历直观数格子的活动，促使产生剪、拼成完整方格的意识，进而萌发把平行四边形转化成长方形的想法，多少有点一厢情愿。

回顾学生的已有认知，我们发现学生"把平行四边形转化成一个长方形"的生活经验及数学活动经验都是相当缺乏的，就像前面所分析的，学生在学习长方形正方形面积时积累了数方格、填表找规律的方法，但是"把平行四边形割补成长方形"是没有前车可鉴的。对于学生来说，他们在面对这一新问题时原生态的思维是怎样的呢？这需要我们跳出自我思维的定势，站在学生的角度来重新思考问题。

为此，课始进行了学生对平行四边形面积计算问题原生态思考的测试调查。

题目是：请尝试计算下面平行四边形的面积。

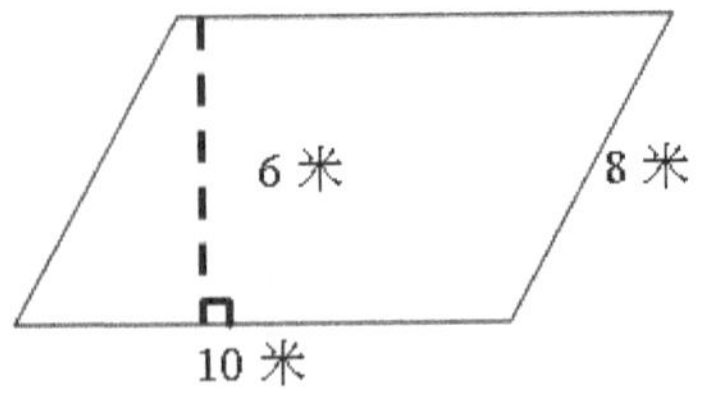

测试结果如下：

平行四边形的面积计算方法	底 × 邻边	底 × 高	（底+邻边）×2	其他
比率	39.2%	27.5%	25%	8.3%

通过调查，发现学生面对求平行四边形面积这一新问题时，联想到长方形面积计算是较为自然、普遍的思维，长方形面积计算是学生关于平面图形面积计算唯一的数学经验，因此有接近40%的学生使用“底 × 邻边”的方法。有25%的学生受长方形周长计算影响，使用了周长公式计算面积。这样的联系是一种本能的思考，是学生转化思想雏形的自然流露，正是这些最真实的想法充分暴露了学生在知识迁移时遇到的困惑和思维的误区。充分让学生展露自己真实的想法并反思自己的想法，是尊重学生、以学定教的起点，更是本课让学生明理顺思、体悟转化方法、探究平行四边形面积计算的最好课程资源和学习方式。基于以上认识，确立本课的教学主导思想：以数学思考为核心，让学生在尝试交流中归因明理。

教学过程

一、呈现问题，激活旧知

师：同学们，请看屏幕！这个平面图形大家还记得吗？关于平行四边形，你有哪些认识？

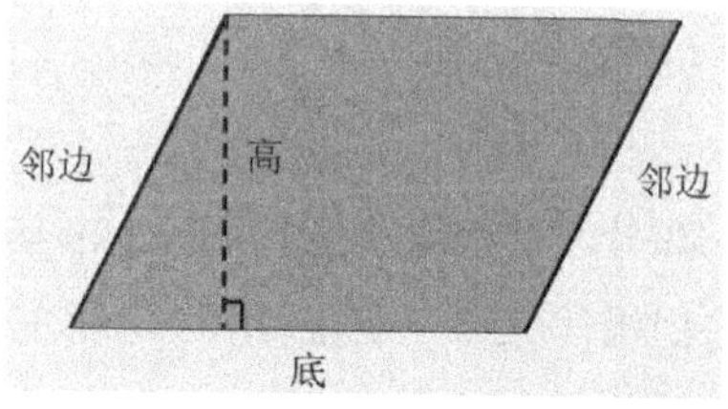

（请学生指出两组对应的高和底和邻边；平行四边形的特性：容易变形）

师：好，今天我们继续研究关于平行四边形的知识！同学们手中都有一张平行四边形的纸片，你有办法计算它的面积吗？请同学们独立思考，把算式写在练习本上。

设计意图

从面积意义切入，引导学生进一步理解面积的含义，思考计算平行四边形的面积需要知道哪些信息，该如何计算出面积。此教学设计一方面可以激发学生的探究欲望，另一方面便于暴露学生真实的想法，为下面的探究提供了方向。

二、展现思维，提出问题

1. 投影反馈学生使用的方法

（1）(底+邻边）×2；

（2）底×邻边；

（3）底×高。

2. 交流想法

师：这三种不同的计算方法，你能看懂吗？

生1：方法（1）不对，算的是周长，不是面积。

生2：方法（2）是正确的！长方形的面积等于长×宽，所以平行四边形的面积等于底×邻边。

师：为什么会想到长方形？

生2：平行四边形容易变形，一拉就变成长方形。

师：同学们在计算平行四边形面积时想到了以前学过的长方形面积计算，很会动脑筋！这样的猜想推理对不对呢？

生3：把平行四边形拉成长方形，这个长方形与原来的平行四边形面积是不是一样呢？

师：这个问题提得好！

生4：如果面积不相同，计算出来的结果就不是平行四边形的面积了。

生5：感觉不一样大。

生2：你能证明它们的面积不一样吗？

设计意图

教师巡堂发现相当一部分学生都采用底乘邻边的方法计算，及时肯定了学生这些错误计算方法背后的积极因素——遇到新问题能主动联想学过的旧知识，让学生明白面对新问题将其转化成已有知识是一个宝贵的想法，呵护了学生心中化归思想的萌芽和学习的自信。

三、师生交流，探究方法

师：谁能证明拉动而成的长方形与原来的平行四边形面积是不是一样大？

（学生沉思）

师：老师这里有个宝贝，也许大家用得上。

（出示平行四边形框架）

1. 平行四边形与长方形面积相等吗

师：把平行四边形拉成长方形，什么变了，什么没变？

生1：四边的长度没变。

生2：拉成长方形后，平行四边形的周长没变，可是四个角的度数变了，面积好像也变了。

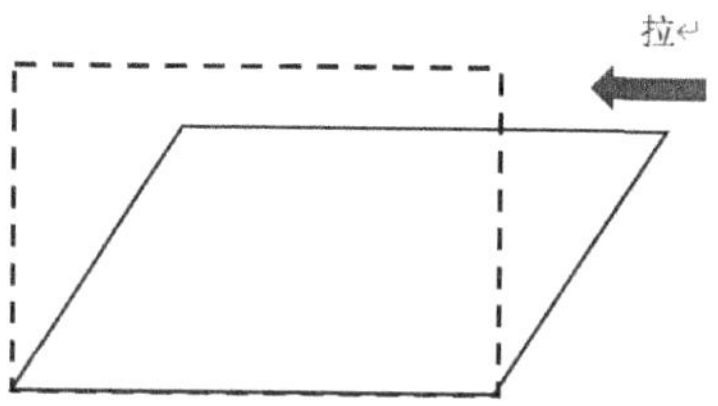

师：面积发生变化了，你是怎么发现的？

生3：长方形比平行四边形更高些。

师：长方形面积比平行四边形大，大了哪一个部分，能指出来吗？

生3：右边的阴影三角形割补到平行四边形左边，刚好能填补左边的三角形空缺，长方形高出来的一块补不了。

生4：增加了上面一个长方形的面积（生指）。

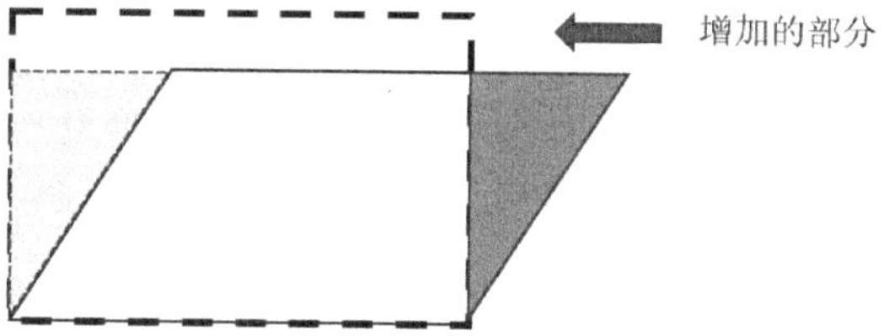

生5：拉动而成的长方形与原来的平行四边形面积确实不是一样大。

生6：长方形更大些。

师：所以，“底×邻边”算出来的是不是平行四边形的面积？

生（齐）：不是！

师：到底是哪个图形的面积？

生7：“底×邻边”相当于“长×宽”，这样算出来的是拉成的长方形的面积，却不是原来平行四边形的面积。

师：原来“底×邻边”计算了一个比平行四边形大的长方形的面积！所以平行四边形面积不能用“底×邻边”的方法计算。

生8：那么平行四边形还能不能转化成长方形呢？

师：这是个值得探讨的问题！如果平行四边形能转化成与它面积相等的长方形，问题就好办了！

设计意图

通过平行四边形与拉成的长方形的对比，学生顿悟自己原先思考的错误所在，自觉地发现拉成的长方形与原来的平行四边形是不相等的。而更具深远意义的是，这一重大思想的发现，为成功探究平行四边形面积的计算迈出了质的一步。研究平行四边形的面积，把它转化成长方形时面积必须相等。这是学生以后学习其他平面图形相互转化的核心所在。

2. 平行四边形能转化成跟它面积相等的长方形吗

师：你能把手中的平行四边形转化成跟它面积相等的长方形吗？动手试试看，并算出它的面积。

（小组合作探究）

生1：我们是这样操作的——沿着平行四边形的高剪一刀，把这个三角形向右平移，原来的平行四边形就转化成长方形。

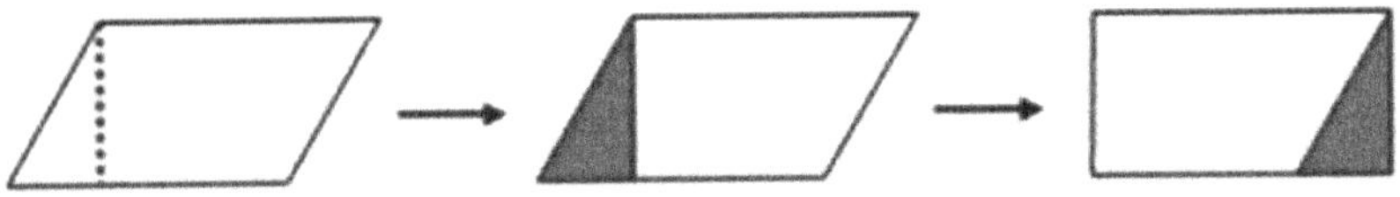

师：转化后的长方形是不是与平行四边形的面积一样大？

生1：一样的。从平行四边形的左边剪下一块，割补到右边，这个过程中整张平行四边形的纸片没有发生损耗，所以我们认定面积没有发生变化，只是形状改变了。

师：讲得真好！同组的同学有补充吗？

生2：我们是受到刚才平行四边形框架拉成长方形的启发想的这种方法。

生3：我们小组也看出来了！平行四边形与长方形之间就差一个“三角形”啊！

（全班都笑了）

生4：我有不明白的地方，同样是割补一个三角形，为什么这里的面积没变，上面拉框架的却变了？

生5：因为拉动框架的时候，图形的“高”发生了改变。

生2：高变了，所以面积变了。

生4：看来平行四边形的面积与“高”有关，与邻边无关！

师：多么重要的发现！给大家点赞！其他小组有没有不同的转化方法？

生6：我们小组的操作有点不同，是从中间沿着高剪一刀，再平移，拼成长方形。

师：这个方法如何？

生7：行啊！转化后的面积也是不变的，成功变身长方形。

师：这么看，平行四边形与长方形之间不一定差个“三角形”啊！

（全班都笑了）

生8：我们小组发现，还可以拿“三角形”说个事！我们是这样割补的。

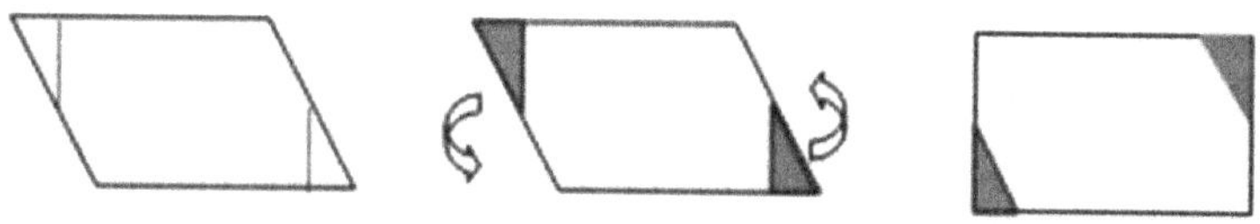

师：此处应该有掌声！

（全班鼓掌）

师：同学们展示了多种不同的转化方法，观察它们的特点，发现了什么共同点？

生9：转化成的长方形的面积与平行四边形的面积都相等。

生10：几种方法都不约而同地沿着平行四边形的高剪开。

生11：为什么呢？

生8：为了得到直角，可以拼成长方形。

（掌声响起）

3. 你有办法算出平行四边形的面积吗

师：你能根据平行四边形与长方形的关系，推算平行四边形的面积吗？

生1：平行四边形的面积=长×宽。

师：有同学向他提问吗？

生2：“长×宽”算的是长方形的面积还是平行四边形的面积？

生1：这两个图形面积相等啊！

4. 画一画，强化转化

师：下面我们不剪，只动手画，你能把平行四边形转化成面积相等的长方形吗？请拿出练习纸，在图中画一画。

（学生动手画）

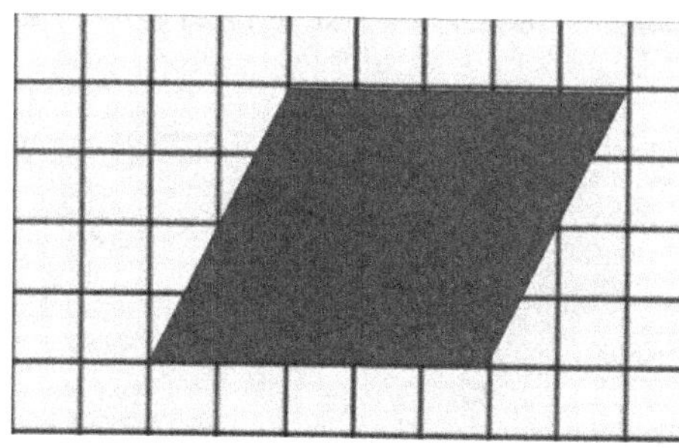

师：在这个图中，你有办法求出原来这个平行四边形的面积吗？

生1：平行四边形的底，割补后成了长方形的长；平行四边形的高，割补后成了长方形的宽。长方形的面积是“长×宽”，所以平行四边形的面积=底×高。

生2：转化后的长方形面积等于平行四边形面积，长方形的面积是“长×宽”，所以平行四边形的面积是“底×高”。

5. 抽象联系，形成方法

师：现在，老师再提高要求，你能不剪、不画，直接算出平行四边形的面积吗？请拿出2号练习纸，开始！

师：你是怎么做的？

生1：直接测量平行四边形的底和高，底×高=平行四边形的面积。

师：怎么想的？

生1：把平行四边形转化成长方形，面积不变，底相当于长，高相当于宽，因为长方形面积=长×宽，所以平行四边形面积=底×高。

师：如果用S表示面积，A表示底，H表示高，这个公式就可以写成S=AH。

设计意图

通过拉一拉，学生发现将平行四边形转化成长方形必须等积，这是学生掌握化归思想的重要转折。但是，化归思想的习得单靠一次直观操作，是不足以落地的。如何将这一思想转化为具体方法并形成技能呢？本课接下来设计了三个活动：画一画、想一想、算一算，由“动”到“静”、由“外”而“内”的数学活动，充分让学生亲历、体悟等积转化的过程，通过“说一说”“指一指”逐步发现平行四边形与等积的长方形之间的内在联系，这是对转化思想不断认识、内化的过程，也是本课的第二个教学重点。

四、练习巩固，拓展思维

1. 心思缜密：你能计算下面平行四边形的面积吗

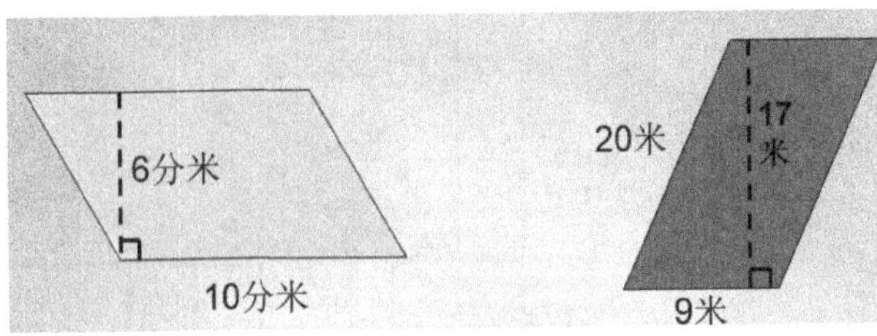

2. 火眼金睛：选择正确答案

（1）求下面这个平行四边形的面积，正确的列式是（　　）。

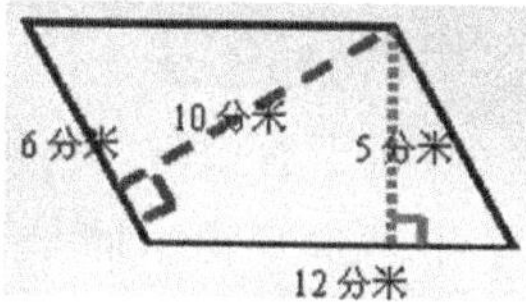

（2）下面这块大理石的面积是10平方米，求它的高是多少米，正确列式是（　　）。

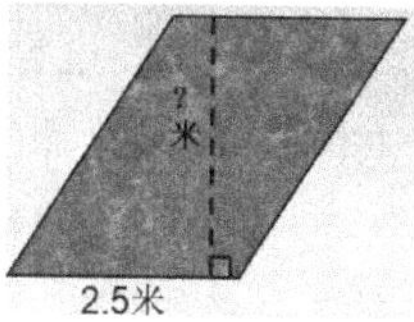

3. 触类旁通：下图中几个平行四边形的面积相等吗

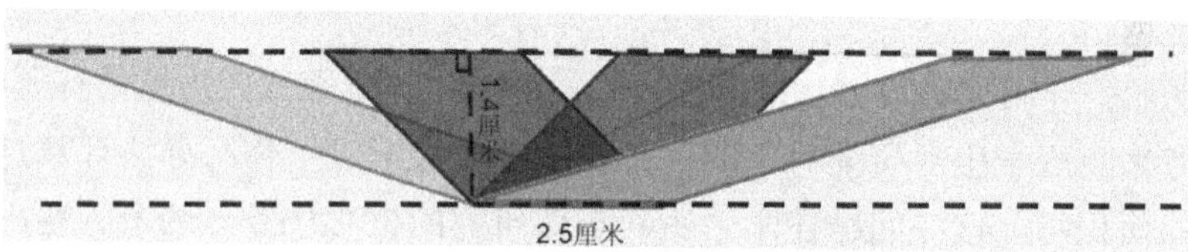

师：你能用一句话总结刚才的发现吗？

（等底等高的平行四边形面积一定相等）

4. 下面几个平行四边形面积都相等，你发现了什么

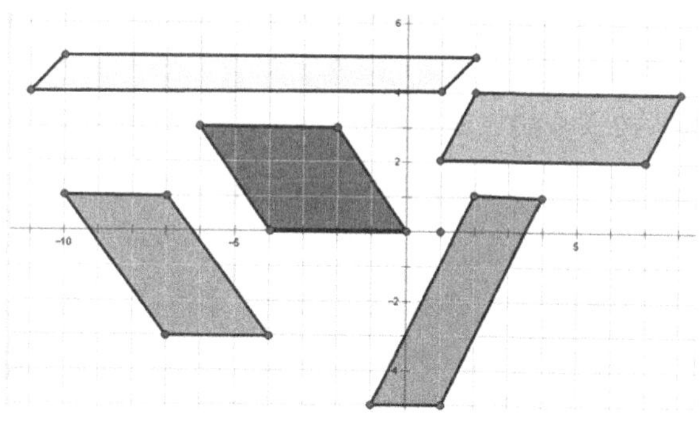

（面积相等的平行四边形不一定等底等高）

设计意图

立足思考为核心，练习设计应当是一个引导学生由浅入深、层层推理，发现知识之间互通点的过程。通过“等底等高的平行四边形面积一定相等？”“面积相等的平行四边形一定等底等高？”，实现变式联通，激发学生的思考，完善学生对“底”“高”“面积”之间关系的深入理解。

五、全课总结（略）

课后有感

对于有效教学，不同的学者有不同的描述。我认为，有效教学不是教师教给学生多少知识，而是通过学习学生能发展什么的基本目标改善学生的学习方式，促进数学地思考，锻炼数学思维，发展数学素养。本课牢牢把握“一核心”和“两统一”推进教学进程。“一核心”即以数学思考为核心，“两统一”就是学生的主体地位与教师的主导作用两者和谐统一。

一、围绕目标，在活动过程中展开数学思考

教学内容富有思考性，能让学生的思维更积极、更深入，对其思维具有训练作用，给学生“茅塞顿开、豁然开朗”之感，带给学生认知能力和学习方式上的解放与超越。

在课始，开门见山地出示平行四边形，通过“关于平行四边形你有哪些认识”这一思考来唤醒学生对研究对象的已有认知，而后通过“你有办法计算这个平行四边形的面积吗”这一问题让学生明确本课研究的核心任务。两个问题串起导入环节，简洁明了，没有制造生活情境，有的只是对学生认知起点的关注，和学生新知学习必需的上位知识的铺垫。对于探究平行四边形面积来说，“高”“底”“邻边”“平行四边形容易变形”等概念是最直接的，也是学生所需的上位知识。唤醒这些已有知识，与创设平行四边形与长方形大小比较的情境和进行操作暗示相比，这样的操作对突破教学重点更有意义，也让攻破难点的过程变得更真实和富有挑战。

二、直面难点，使学生的思维可视化

在交谈中，学生暴露了思维错误的根本所在：只关注到平行四边形与长方形之间“形”的转化，而忽视了转化的“质”——面积守恒。从平行四边形变成长方形，面积变没变呢？这是学生普遍忽视的问题。教师及时抛出一个问题：将平行四边形拉成长方形，什么变了，什么没变？教师引导学生对问题展开关键的思考，引发学生将平行四边形转化为长方形时对“面积守恒”的关注。“你们这样的猜想对吗？把平行四边形拉成长方形，这个长方形与原来的平行四边形面积是不是一样？”此问题激发了学生对验证活动满满的渴望和期待，此时学生的思维是积极的、充满活力的。

为了自然真实地唤醒学生割补转化意识，通过数学活动让学生体悟转化的思想和方法，课中特地设计了“拉一拉”的环节，是基于学生真实思维的有效教学，因为学生只有经历自我认知的否定过程，才会产生求真的渴望和求真的方法，这样的学习是植根于学生心灵深处的，直面难点，才能真正实现对知识的意义建构。

三、互动对话，学与教和谐统一

上课不是教师表演、学生配合的过程，也不是教师把静态教学内容填充到学生的头脑中，而是由教师引导师生多向对话的过程中，学生自主建构知识，达成学的主体地位与教的主导作用和谐统一的进程。现代教学理论将教学活动描述为“一种教师、学生、文本之间对话的过程”。的确，互动对话是学与教和谐统一的生态条件。本课围绕化归思想，以关键话题引发逐层深入的思考，串起师生多向互动的大格局，设计了“平行四边形与长方形面积相等吗”“能把平行四边形转化成跟它面积相等的长方形吗?”“能推算出平行四边形的面积吗”“不剪不画，还能算出平行四边形的面积吗”四个支架问题，实现了教师与学生、学生与学生在教学过程中多种视界的沟通、汇聚、融合，在一定程度上使学生个体的认识偏见得以纠正，获得新的视界。学与教和谐统一，不能只看课堂中有没有对话的行为或言语形式，判断课堂有没有发生真正“对话”，关键取决于受教育者之间是否实现了精神层面的信息传递，教育者的观念与行为是否实现了互动的实质。

课例5

融合现代信息技术手段，揭示数学知识核心价值

——以“确定位置”为例

教学内容

人教版数学教材五年级上册第19～20页。

教学思考

本课属于小学阶段空间与图形领域中“位置与方向”的教学范畴，处于义务教育的第三学段，教学目标是把物体抽象成点，将点转化成数对，建立点与数对的关系。在第四学段，将学习用代数式表示点与点之间的关系。因此，本课既是第一学段用上下、前后、左右等描述物体相对位置的拓展，又是第四学段学习平面直角坐标系的基础，本节课在整个知识体系中起着承上启下的作用。本课中，对于数对的作用，如果学生的体会仅仅停留在为了表示生活中物体的位置，是远远不够的；但是在小学里不可能也不必要说清楚建立坐标系的意义。如何让学生建立数对与点的关系，感知数对产生的价值？这是笔者在课前思考的焦点。

学生在低年级认识了上、下、前、后、左、右、里、外；在中年级学习了东、

南、西、北和东南、东北、西南、西北八个方向描述物体的位置；队列中的物体位置用“第几排第几个”来表示，学生也积累了一定的生活经验，但是表达意识不强，思考不够全面。要精准表达物体的位置，表示物体的动态和运动中的位置，是将生活经验上升为数学表达，是思维方式上质的飞跃。因此，充分利用信息技术手段，启发学生观察、分析、思考、交流，多感观参与学习活动，是突破重难点的关键。

本节课内容看似简单却蕴藏着更为丰富、饱满的数学价值，引入数对就是要认识平面坐标系，而平面坐标系的根本作用在于表示函数图像。笔者用“望远镜”对本节课的内容进行宏观把握，纵向联系了三个学段的知识脉络，做到了三个注重：一是注重信息技术的有效应用，化不见为可见，化静态为动态，为抽象为具体，从而激发探究欲望，启发数学思维；二是注重从学生已有的生活经验出发，从情境中发现问题、归纳问题从而建立数学模型；三是注重数形结合，通过形式多样的活动搭建数对与平面坐标图中点的一一对应关系，使抽象的知识变得直观而富于思维含量。

教学过程

一、捕捉生活现象，感悟数对

1. 谈话引入

师：老师想认识咱们班的班长，谁来说说他所在的位置？

（预设：学生根据已有经验回答班长在某人的左边、前方、东南方等）

师：这样表述，第一位置不明，某人的左边、前方、东南方可不止一个人；第二，要想找班长，得先找某人的位置，不方便。

（教师用课件出示教室的座位分布情况，引导学生提出用第几组、第几个来表述）

师：如果只告诉老师，班长在第4组或只说第2个，结果会怎样？

（小结：要准确找到位置必须说清楚是第几组第几个，从而引出课题“确定位置”）

设计意图

通过生活情境，制造认知冲突，通过追问，让学生感受：确定位置时，一维数据是不够的，确定位置需要从二维角度出发，这也是数对由两个数组成的来源。

2. 探究新知

（1）写一写

师：老师想认识其他同学，你能用“第几组第几个”的方式写出自己的位置吗？教师适时用教学助手平台共享几组有代表性的位置，并引导学生归纳出：确定第几列一般从左往右数，确定第几行一般从前往后数。

（2）试一试

师：老师刚刚板书了几个同学的位置，感觉又累又费时。“第几组第几个”或“第几列第几行”的方式都有些啰唆，有没有简洁快捷的记录方式呢？

（学生以小组为单位展开研究，并直接写在平板上，教师及时在大屏幕共享各小组的方法）

预设学生的方法：①5列 3行 ②5 A 3B ③5/3 ④5，3

（3）评一评

师：这些方法似乎都挺简洁，到底该选哪一种呢？

①还不够简洁；

②字母表达的意思不明；

③够简洁，疑似跟分数混淆；

④简洁，没有与其他符号冲突。

（引导学生汇报讨论结果，师生互动，对比优化，一致认为第4种最好）

（4）理解数对

［以（5，3）为例，明确数对的读法和写法］

师：5表示的是什么？那3呢？

生：5表示第5列，3表示第3行。

设计意图

问题驱动的教学策略，让学生围绕“有没有简洁快捷的记录方式”寻求解决方案。写一写、试一试、评一评、说一说等多维度的活动，让学生充分感知数对产生的必要性及其简洁性，感受数学的美。信息技术的引入使探究过程更高效，课堂交流更有深度。

二、运用立体整合，体验数对

1. 在制表中体验数对

（1）座位图抽象为方格图

师：大家能利用数对给我们班做一张座位表吗？

（学生平板和屏幕上首先显示座位图，演变成点子图，最后显示方格图）

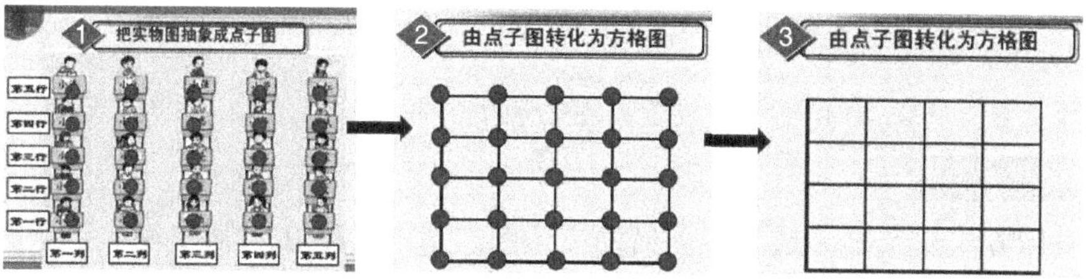

师：仔细观察，每位同学处于方格图中的什么位置？

生：横线和竖线的交点上。

（2）同桌合作，制作座位表

以同桌为单位，学生利用平板电脑，在方格纸上用数对表示位置。（见图1）

活动要求：

①哪一个格点是第1列第1行？把它标为A，用数对标出位置。

②给A所在这一行的其他格点标上数对。

③给A所在这一列的其他格点标上数对。

④一共有几列，有几行？

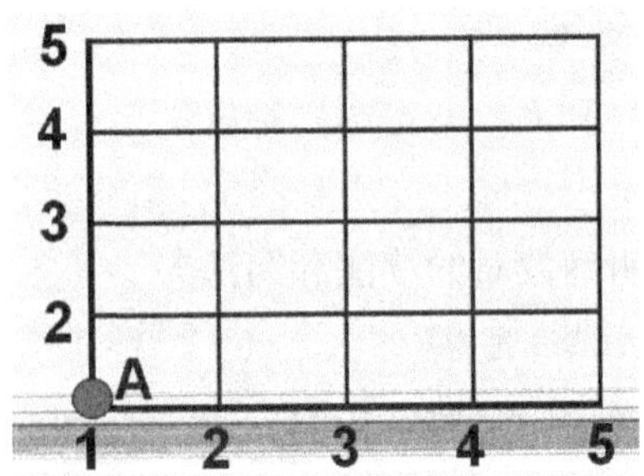

（图1）

（3）汇报总结，抽象提升

师：现在，表格制好啦，大家知道数对的次序怎样定吗？

生：(列数，行数)。

师：看看鼠标停留在谁的位置上，谁就站起来，其他同学在平板上标出数对。

生1：我的位置是（6，4）。

生2：我的位置是（4，6）。

生3：我的位置是（3，3）。

师：（3，3）是个特殊的数对，和它相似的数对还有吗？请在平板电脑上画出来。

师：如果鼠标停留在讲台的位置上，你能用数对表示吗？

(课件和平板电脑同步演示：方格图动态生成横轴和纵轴上的0坐标)

生：（0，3）。

师：数对（0，0）表示的位置，在哪里呢？请在平板电脑上画出来。

设计意图

坐标方法要及早渗透。本课借助方格图，帮助学生在头脑中建立起平面直角坐标系的雏形。“数形结合”是平面直角坐标系创始人笛卡尔的数学思想的精髓之一。而本环节的设计，从实物图到点阵再到方格图，使学生的思维经历两次抽象过程，实现了学生思维的飞跃和知识的升华，从而较好地突破了本课的教学难点。

2. 在活动中内化数对

（1）横坐标上的点

师：请同学们看大屏幕，方格图中点A的位置（如图2），你能用一个数对表示吗？

生：（4，5）。

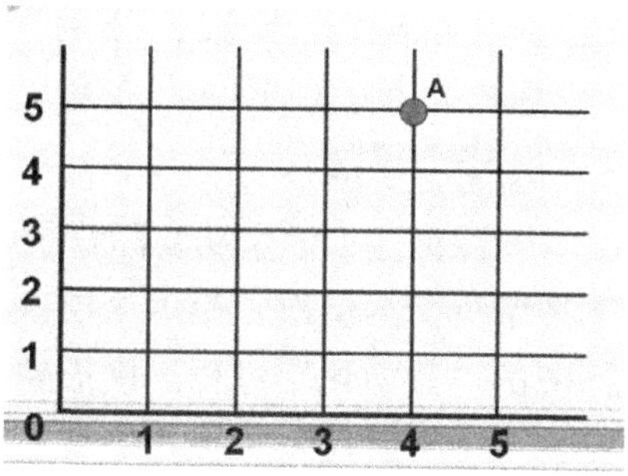

（图2）

师：这个点向右平移2 格，你还能用一个数对来表示吗？

生：（6，5）。

师：再往右平移呢？

生1：（7，5）。

生2：（8，5）。

生3：（9，5）。

师：还可以往右平移多少格？（无数格）

师：仔细观察，这些点都有什么共同的特点？

生1：都在同一直线上。

生2：都在第5行，所以数对第二个数都是5，列数不一样，数对的第一个数不相同。

师：如果要用一个数对表示这条直线上任意的一个点，你有办法吗？

生1：（a，5）。

生2：（m，5）。

生3：（x，5）。

师：说得真好！我们就用（x，5）来表示。

（2）纵坐标上的数

师：现在有一个B点（5，y），能猜出它的位置在哪里吗？请在平板电脑上把它画出来。

（学生操作平板，反馈）

生1：第一个数是5，这个点在第5列，B是第5列中的一点。

生2：B是第5列中的任意一点。

师：如果把符合条件的这些点连起来，会是什么样子？请在平板电脑上画出来。

生：形成一条竖直线。

师：还能在方格图中找到具备这种特征的点吗？用数对表示它们的位置。

生1：（0，y）、（1，y）、（2，y）、（3，y）……

师：是的，我们可以找到无数条这样的竖直线，它们都是点的组合。

（3）课间小游戏

师：请位置为（x，6）的同学站起来。（第6行）

生1：请位置为（2，y）的同学站起来。（第2列）

生2：请位置为（x，y）的同学站起来。（全体同学）

设计意图

新课标注重学生从实际背景中抽象出数学模型，注重探索其规律变化的过程。本环节分两个层次，第一个层次以制作座位表为载体，让学生经历实物图——方格图的“数学化”过程。由形象思维向抽象思维的转化是小学生学习过程中的难点。为了突破这一难点，笔者充分利用信息技术的动态优势，把由实物图抽象成方格图的演变过程细化为以下三个动画：（1）由实物图抽象成点子图；（2）由点子图转化为方格图；（3）在方格图上用“数对”确定点的位置。第二个层次以观察、想象、操作活动为主线，配合平板电脑的使用，形象地建立点与数对的关系，深刻挖掘平面坐标系第一象限中点的特征及规律，渗透数形结合的重要数学思想，领会有序数对的数学本质。

三、搭建实践平台，应用数对

1. 实践回归：“动物园里的场馆”

学生完成教材第20页的例2，集体反馈。

设计意图

该层次的练习意在进一步巩固用数对确定位置，检查学生对本课教学重点的掌握和对教学难点的理解。

2. 思维拓展：“给数对找邻居”

学生根据要求在平板电脑上找到A点的邻居（如图3）

（1）与点A（5，4）同一列，距离A点2格的邻居；

（2）与点A（5，4）同一行，距离A点5格的邻居。

师：说一说，你是怎么想的？

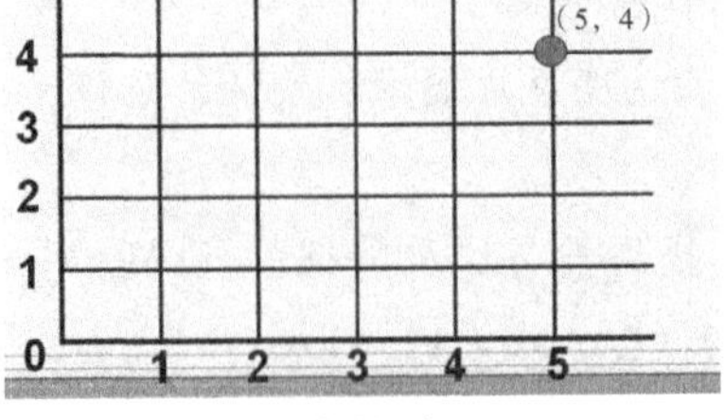

（图3）

设计意图

找邻居活动不仅进一步加深了学生对数对含义的理解，同时拓展了学生的发散性思维，通过平移找到同行或同列上点与点之间的位置关系，点与数对的一一对应关系，也渗透了绝对值的应用及平面坐标系无限延伸的特点。

3. 课外延伸：“生活中的数对”

课件视频介绍：地球仪的经纬线，电影院的座位是用数对的方法标记的；举世闻名的兵马俑，它的排列是用数对的方法加以区别的；国际象棋的比赛是用数对进行记录的。还有我们熟悉的围棋、中国象棋也和数对有着密切的联系。

设计意图

声色并茂的视频，把数对的知识由课堂延伸到课外，向学生展现精彩的知识殿堂。通过大量实例的介绍，不仅拓宽了学生的视野，也让学生深切地感受到数学知识的应用价值。

四、创设趣味游戏，活用数对

“棋逢敌手”游戏规则：学生分为红方和黑方两队，出示这样的一个棋局（如图4），并规定，无论哪一方先下子，都要用数对记录棋子先后的位置。例如：黑方炮2平5，用数对记录为从（2，3）到（5，3）；接着，红方马2进3，用数对记录为从（2，1）到（3，3）。

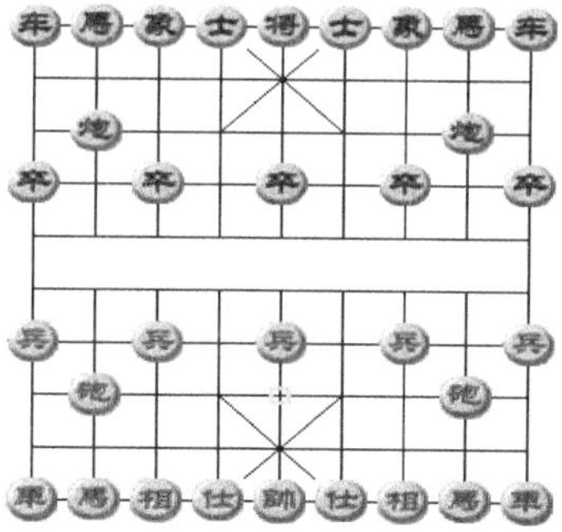

（图4）

设计意图

学习是一种个性化行为，作为老师，应当在课堂中创设一个有利于张扬学生个性的“场所”，让学生的主动性和创造性得到尽情释放。活泼有趣，富有开放性和人文性的游戏设计，既让学生自觉运用了数对的知识，又潜移默化地体会到中华文化的博大精深。

五、作业设计

课后使用平板电脑，与同桌开展“棋逢敌手”游戏，延用上课的游戏规则。

设计意图

好玩的游戏让学生津津乐道。延伸到课后，如何玩出趣味，又玩出数学味，并让学情及时得到反馈？信息技术的交互性和跨时空性可以突破传统作业的短板，把以上问题一一解决。

课后有感

1. 源于生活，找准学生思维的起点

教学成功的关键在于教师的教立足于学生的学。而要使学生在教学活动中处于主体地位，教师则应当成为学习活动的促进者。因此，课一开始笔者创设了认识班长、认识同学的问题情境，唤醒学生“确定位置”的元认知，让学生在争议中产生认知冲突，从而激发探究新知的强烈欲望，为后面数对知识的学习奠定了坚实的基础。

2. 信息互动，拓宽学生思维的广度

信息技术与教学深度融合，带来的是信息共享与交流的灵活性和跨时空性。本课充分使用了教学助手平台，为教学提供多元交流的活动平台，促进学生的主动参与，突出个性发展，拓宽思维的广度，让智慧的火花随时绽放。在此过程中，学生对于用数对确定位置的理解也水到渠成。

3. 和谐融合，挖掘学生思维的深度

精心设计的体验数对活动，与信息技术手段和谐融合，富有趣味性、层次性和高效性，架起了具体与抽象之间的桥梁，在潜移默化中渗透了坐标思想，激发学生的思考向纵深发展。从教室小课堂拓宽到生活大课堂，从走出教室到面向国际，从数对知识到数学思想的感悟，信息技术与教学深度融合成为创新高效课堂的有力支撑，从而保障了教学质量的提高。

课例6

问题情境，驱动深度思考①

——以“不规则物体的体积”教学为例

教学内容 人教版数学教材五年级下册第39页例6及练习。

教学过程

一、激趣引入，揭示课题

课件展示刮刮乐抽奖界面，学生刮出奖品：橡皮泥、魔方、奥利奥饼干盒、石头、冰墩墩。

---

①本文作者为广东省江门市蓬江区教师发展中心黄肖慧老师、广东省江门市蓬江区范罗冈小学丁玉敏老师。

师：同学们，请观察这些奖品，你能提出什么数学问题？

生1：这些物品的体积有多大呢？

师：哪些物体的体积是我们学过的？怎么计算它们的体积？

生2：魔方、饼干盒这些都是正方体和长方体，利用公式$V=a^3$、$V=abh$可以计算。

（板书：规则物体　$V=a^3$　$V=abh$）

师：剩下的物体还可以用公式求出它的体积吗？为什么？

生3：剩下的都是不规则物体，不知道怎么算。

（板书：不规则物体）

师：“不规则物体的体积”就是我们今天要解决的问题，我们一起来研究不规则物体的体积。

教学评析：好的开始是成功的一半，利用刮刮乐抽奖游戏激趣，借助“一墩难求”的冰墩墩，点燃了学生的学习欲望。再通过学生自己提出数学问题，变“要我学”为“我要学”。

二、启发诱导，交流探索

1. 初步感悟等积变形的方法

师：同学们可以用什么方法求出橡皮泥的体积？

生1：可以捏成规则图形，再测量。

师：为什么它可以捏成一个长方体或正方体？

生2：橡皮泥可变形。

师：为什么要捏成这样的规则物体？

生3：捏成一个长方体或正方体，都是我们学习过的，方便计算。

师：真会想办法！一起看小东的操作过程。

（播放快闪视频，呈现具体的操作过程）

师：同一块橡皮泥可以捏成长方体或正方体。在这个过程中，什么变了？什么不变？

生1：形状变了，体积没变。

师：在数学中，物体的体积不变，形状改变了，我们称之为“等积变形”。把不规则的橡皮泥转化成了规则的物体，利用的就是“等积变形”原理。

（根据视频中小东测量的数据，学生独立计算体积，集体反馈计算结果。）

师：有同学发现问题了吗？

生2：为什么同一块橡皮泥，分别转化成长方体和正方体后，计算出来的体积却不同？

生3：因为捏的过程和测量的过程会存在误差。

教学评析：捏橡皮泥是孩子非常熟悉的生活情境，通过快闪视频及一系列的问题串，引发学生思考在这个过程中什么变了，什么没有变，初步感悟等积变形的方法，再引导学生思考并发现问题：为什么同一块橡皮泥，分别转化成长方体和正方体计算出的体积不同？学生在生生互动中认识到实际操作过程中误差的存在。

2. 探索测量不规则物体的方法

师：我们可以通过刚才的方法来求石头的体积吗？

生1：石头不可变形，不能捏。

师：有办法求出石头的体积吗？小组内先讨论，再动手试试看。

小组合作探究：

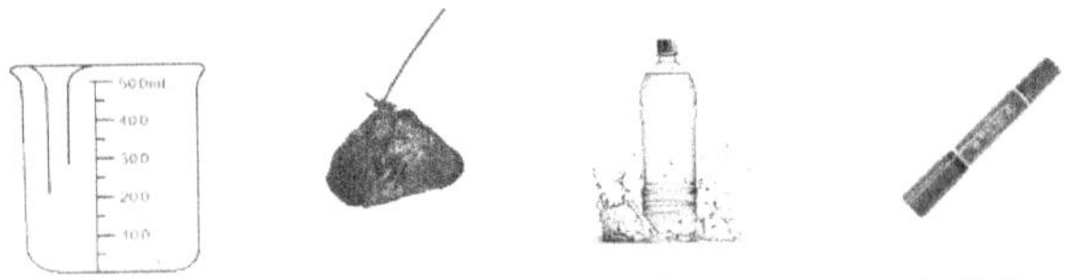

量杯　石头　水　记号笔

研学活动要求：①小组交流，计算石头体积需要记录哪些数据；

②记录测量数据，计算体积；

③完成研学单的活动一。

小组汇报：

（1）升水法

生1：先放100毫升水，再放入石头，这时水面上升后大约是220毫升，用220−100=120毫升，石头的体积就是120立方厘米。

师：在实验的过程中需要注意些什么？

生2：石头要完全浸没在水中。

师：在操作过程中，记录了2次数据，为什么这么做？能分享一下吗？

生1：为了计算上升部分水的体积，上升部分水的体积就是石头的体积。

生2：我们叫这个为“升水法”。

师：同学们有提问的吗？

生3：能不能总结一下“升水法”的计算方法？

生2：用水加石头的总体积－水的体积=石头的体积。（V物＝V总－V水）

（2）降水法

师：其他小组有不同的方法吗？

生4：把石头和水放进容器内，记录数据是350毫升，再拿出石块，记录这时水的体积是180毫升，那么石块的体积就是350−180=170（毫升）=170（立方厘米）。

师：你们的方法与第一小组的有什么不同？

生4：我们的方法是先记录水和石头的总体积，再拿走石头，记录剩下的水的体积，相减得石头的体积。

生5：下降部分水的体积就是石头的体积。这叫“降水法”。

（V物＝V下降）

（3）溢水法

生6：我们的方法跟前两组都不一样，先往量杯中装满水，再放入石头，这时候水就溢出来了一些，溢出来水的体积就是石头的体积。

生5：这种方法要注意什么？

生6：水要装满，否则测量就不准确了。

师：能给这种方法起个名字吗？

生6：“溢水法”。（V物＝V溢水）

（4）回顾小结

师：无论是“升水法”“降水法”还是“溢水法”，都可以求出石头的体积，这些方法统称为“排水法”。

教学评析：课堂教学应该让学生站在课堂的正中央。通过学生操作、汇报、生生互问互答等方式，充分尊重学生的主体地位，在生生对话和师生对话过程中，共同提炼排水法。在操作的过程中让学生注意石头要完全浸没在水中，进一步建立“石头的体积=总体积-水的体积”基本的计算方法。

三、建立模型，突破难点

1. 探究不规则物体的数学模型

师：如果没有量杯，用没有刻度的长方体或正方体容器，还能通过测量求出石头的体积吗？想挑战一下吗？

小组再合作探究：

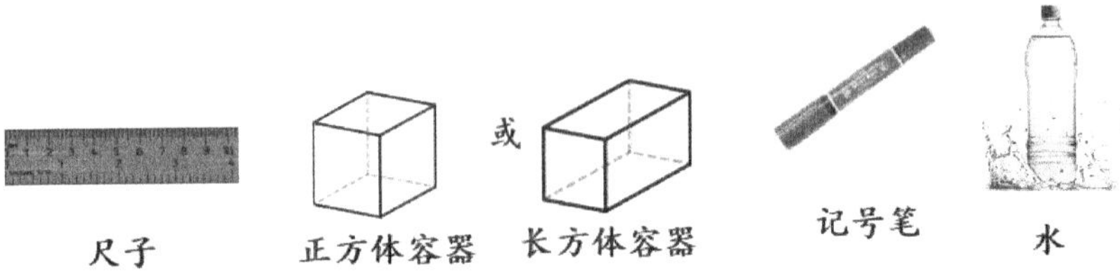

汇报交流：

生1：我们用长方体容器，测量它的长是10厘米，宽是8厘米。放入一些水，量出水面的高度是8厘米，放入石头后水面的高度是10厘米，列式为10×8×10−10×8×8= 160立方厘米。

师：你们的做法用的是上面提到的哪种方法？

生2：升水法。

生1：上升部分的水就是物体的体积。

生3：计算方法还可以简便些。上升部分的水的形状还是一个长方体，而且长、宽、高都能测量，可以直接计算。

生4：对的！这个长方体的长是10，宽是8，高是10−8=2，所以这部分的体积就是10×8×2 =160立方厘米。

师：石头是不可变形的，水是可以变形的，可以把不可变形的石头转化成可以变形的水，因为体积不变，再借助容器把水转化成规则的图形，这样就可以算出石头的体积了。

教学评析：通过动手操作和计算说理，建立计算模型。学生在分辨说理中再次感受等积变形的方法，深入理解了不规则物体的体积就是上升部分水的体积，培养学生的量感。在深入感知等积变形的方法中再次体会转化的数学思想。

2. 拓展不规则物体的测量方法

师：这个冰墩墩也想知道自己的体积。把它放进水里，试试能不能测量出他的体积？

（学生把冰墩墩放入水中）

生1：排水法不可行，冰墩墩浮上来了。

师：还有什么方法？

生2：用沙子替代水。

师：这个方法不错！请观看视频。

（播放“排沙法”测量冰墩墩的体积）

师：无论用哪种方法，只要体积相等，都可以将不规则的物体转化为规则物体进行体积计算。

教学评析：新课标指出，课堂教学应引发学生的数学思考，培养学生的创造性思维。通过测量冰墩墩的体积，制造认知冲突，拓展用沙子代替水，引出排沙法和排米法。方法不同，本质却相同：只要体积相等，都是将不规则物体转化为规则物体。通过对比观察，引导学生思考不同方法的适用性，再次培养学生思考问题、解决问题的能力和创新意识。

四、巩固知识，拓展应用

（1）冰壶是由花岗石研磨而成，把它沉没在长5分米、宽4分米的长方体容器里，水面由3分米上升到3.4分米，冰壶的体积是多少？

（2）在一个底面积是80平方厘米的长方体容器中，拿出梨后，水面下降了1厘米，求梨的体积。下列算式中，正确的是：（　　）

① 80×5　　② 80×（5−1）　　③ 80×1

（3）爱迪生测灯泡的故事

一天，爱迪生把一个没有灯口的空玻璃灯泡交给助手，让他量一量它的容积。那人轻飘飘地说了一句：“这太简单了。”两小时后，当爱迪生进来问他是否算好时，却见他满头大汗，桌上到处是计算公式，八字还没一撇呢！你能帮他解决这个问题吗？

（4）冰块可以用今天学的知识测量体积吗？

教学评析：练习设计由浅入深。第1、2题突破“上升到”和“下降了”的区别，培养学生认真审题的习惯；第3题让学生用今天学的知识解决伟大科学家爱迪生提出的问题，增强了学生的自信心，培养了兴趣；第4题让学生再次陷入沉思，发现今天学习的知识不能解决，又该怎么办，让学生带着问题走出课堂，为今后的学习铺垫基石。

五、反思总结，深化理解

师：请同学们谈一谈这节课你的收获，并说出你的期望。

六、板书设计

不规则物体的体积

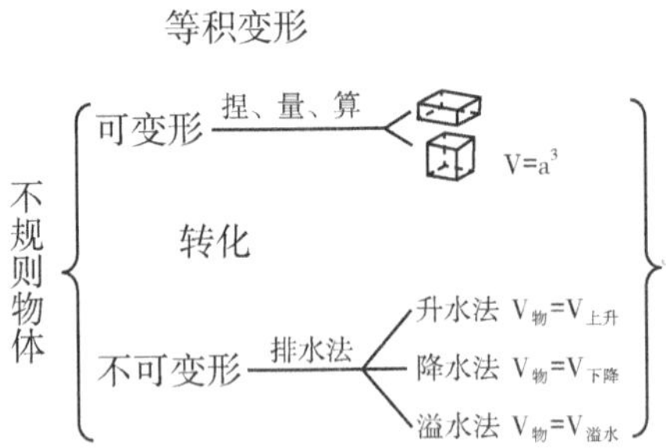

$V_{上升}=Sh_{上升}$

$15\times10\times(6.8-6)$

$=15\times0.8$

$=120\times(cm^3)$

$V_{物}=V_{总}-V_{水}$

$15\times10\times6.8-15\times10\times6$

$=1020-900$

$=120(cm^3)$

全课总评

一、明确目标，精准定位深度体验

“不规则物体的体积”一课蕴涵了丰富的数学思想方法，教师在明确教学目标，精准预判学情的基础上，才能引领学生经历知识的形成、发展过程，深入体验数学思想方法。基于教材研读与学情预测，本课的教学目标确定为：

（1）知识与技能：使学生通过观察比较认识“不规则物体”，验证并运用“排水法”，测量出不规则物体的体积。

（2）数学思考：了解升水法、降水法、溢水法的适用性，理解它们的本质都是等积变形，体会转化的数学思想。

（3）问题解决：通过动手操作，小组交流等活动，能用简洁的语言描述操作过程，解释求不规则物体的计算过程，培养创新意识和实践能力。

（4）情感态度：让学生在合作探究的过程中体会学习的乐趣，在生生互动及师生互动的过程中增强自信心。

该课的教学重难点确定为 ：验证并运用“排水法”，在理解“上升部分水的体积就是完全浸入水中物体的体积”的基础上，感悟“转化”的数学思想。

二、问题驱动，在理性思考中深度学习

问题设计立意要高，要有坡度，指向要明。本课的问题设计具备了立意高、层次分明、驱动性强的特点。课始抛出“如何计算不规则物体的体积”这一核心问题，以核心问题为主线，设计了一系列的问题串：（1）如何用带刻度的容器测量石头的体积；（2）如何用没有刻度的容器测量石头的体积；（3）如何测量冰墩墩的体积。这三个支架问题层层深入，逐级爬升，引导学生在理性思考中深度学习。计算

规则物体的体积，对于学生来说容易，难度低。而不规则物体的体积不能直接用长方体、正方体的体积公式来计算，这样的设计激发了学生的学习需求，指向明确。

从有刻度到没有刻度，从比水密度大的物体到比水密度小的物体，实验的要求不断提高，思考难度逐步加深，学生经历充分的自主探究与协同学习后，对“等积变形”有了较为深刻的认识，逐步建立求不规则物体体积的数学模型：把不规则物体转化为规则物体。问题解决的过程引领学生自主探索、操作实验、积极思辨、建立模型，经历“发现问题——提出问题——分析问题——解决问题”的探究过程，培养了良好的数学思维品质。

三、练习进阶，在问题解决中发展高阶思维

问题解决能力是数学学科的关键能力，也是四维教学目标之一。本课特别注重学生的问题解决能力培养，运用数学模型来解决数学问题或生活问题，在本课得以充分体现。一是在新课环节围绕关键问题分解了三个问题串，着重让学生在问题解中体验“等积变形”的精神内核，上面已有详述，此处不再赘述。二是练习环节的设计重心依然是问题解决。从“上升了”到“下降了”，从“不可融化物”到“可融化物”，练习设计注重问题的趣味性、层次性、综合性，关注变式问题的解决。这一过程培养了学生的迁移能力、应用能力，促进了学生的“分析、评价、创新”等高阶思维发展。

课例7

“三导”课堂，搭建深度学习的支架①

——以“24时计时法”一课为例

教学内容 义务教育人教版小学数学教材三年级下册82～83页的内容。

课前思考

“24时计时法”是小学数学“量的计量”领域的内容，是时间计量单位知识的最后一个内容。与学生课前交谈、总结过往教学经验发现，学生在“24时计时法”的学习中主要有两难：一是不理解知识背后的合理性；二是缺少对“24时”的精准生活积累。

①本文作者为广东省江门市蓬江区教师发展中心黄肖慧老师、广东省江门市蓬江区实验小学廖健珍老师。

皮亚杰认为，时间概念并不是儿童先天具备的概念，而是随着儿童认知结构的不断重组，逐渐被建构的。因此，充分感受“日”的周期性、连续性、规律性，对表盘刻度进行直观形象的再解读，沟通“时”与“日”单位之间的关系，是教学需要重点突破的着力点。梳理知识脉络，本课要解决三个关键问题：“一日”是怎么来的？“一日”是什么样的？如何表示“一日”？本课的教学目标定位如下：

经历探究具体的情境了解24时计时法，会用24时计时法表示一天中的某一时刻，能进行12时计时法与24时计时法之间的相互转换。在认识24时计时法及体会其在生活中的应用中，发展时间量感，培养时间概念。在解决问题的过程中，培养合作、探究的能力。使学生养成珍惜时间的良好习惯。

教学过程

一、谈话引入，突出学习任务

师：同学们，你知道哪些时间单位呢？

生1：年、月、日！

生2：时、分、秒！

师：一年有多长？

生3：365天或366天！

师：一月有多长？

生4：大月31天，小月30天，特殊月29天或28天！

师：知道得真多，那一天有多长？一天能做些什么事呢？我们一起来看看小红一天做了些什么，认真倾听，仔细观察，从视频中你知道了什么？

（课件播放小视频《小红的一天》）

师：谁来说说，关于一天的时间你知道了什么？（定格4幅画面）

生1：我知道了一天是24小时。

生5：我知道午夜12时也是0时，是一天的开始！

生3：我发现一天的时间里，时针转了两圈。

师：你能具体说说时针是怎么转的吗？

生1：时针从午夜的12时转到中午的12时，经过了12小时。再从中午12时转到了午夜的12时，又经过了12小时，共24小时！

师：真了不起，发现了这么重要的信息。关于一天有24小时，你有问题要提出来吗？

生：为什么一天有24小时？

师：这是个很有价值的问题！

生：为什么下午3时30分是15时30分？

师：你对为什么有两种计时法产生了疑惑！“24时计时法”正是这节课要探究的问题。

教学评析：《小红的一天》视频打开了学生的生活资源库，唤醒了生活经验，启发学生从生活情境中挖掘时间概念，由自已熟悉的知识起步，提出疑问。这些疑问也成为本课学习的新起点。

二、自主探究，获取新知

（一）一天为什么是24小时

师：刚才有同学问为什么一天的时间是24小时。想知道吗？我们一起看科普视频吧。（播放视频）

师：你看懂了什么？

生1：地球自转一圈就是一天，大概就是24小时，所以一天就是24小时。

生2：对的，而且时针就会转两圈。

师：是的，当地球自转到面向太阳的一面，就形成了白天，大约是12小时；当地球自转到背向太阳的一面就是黑夜，也大约是12小时。一个白天、一个黑夜合起来刚好是一天，大约是24小时。这是通过科学方法测算出来的！

（二）认识两种计时法

师：我们日常生活的钟面上只有12个数字。你们能不能大胆设计一个新的钟面，把一天24小时表示出来呢？我们以小组为单位合作设计一下吧。

展示汇报：

预设1：

生1：我们组是这样设计的，因为钟表的时针一天转了两圈，所以我们做了内外圈，加起来就有了24小时。

师：同学们有提问吗？

生2：第一圈表示什么时候？第2圈呢？

生1：第一圈表示午夜12时到正午12时，第2圈表示正午12时到午夜12时。

生3：内圈外圈的数字一样，怎么区分他们呢？

生1：内圈的1表示凌晨的1时，外圈的1表示下午的1时。

师：你的意思是在相同的数字前要加上不同的时间词来区分。例如加上凌晨、上午、下午、晚上等时间词。其实在数字前面加上时间词的这种计时法，也就是我们认识的普通计时法，通常也说12时计时法。

预设2：

生1：我们组是这样设计的，第一圈就是0时到中午的12时，共12个小时；下午就接着写下去，就是13时、14时，一直到24时。

师：同学们有问题要问吗？

生2：钟面上没有0时。

生1：因为午夜12时就是0时。

生3：13时是怎么来的？

生1：12时再过1小时就是13时！

生4：13时再过1小时就是14时，以此类推。

师：回答得非常精彩。他们组这个设计好在什么地方？

生3：数字不会重复出现，一看就知道具体时刻，不用加时间词。

师：像这样，采用从0时到24时的计时方法就称为24时计时法。

（三）沟通联系及转化

师：同学们都是了不起的小小设计师，老师也做了两个这样的钟面，其实这两种计时法有一定的联系，为了方便我们研究，老师要使出魔法，把第一圈的时间拿出来，然后展开，再拉直，（拉、贴）它像一把什么？

生：直尺。

师：对呀，我们把这把尺子叫作“时间尺”。现在我用同样的魔法把第二圈的时间展开拉直。一天的24小时就在这把时间尺上表示了。请仔细观察两种计时法，你们有什么新发现？小组内可以围绕下面两个问题进行探讨一下！

（1）两种计时法有什么相同和不同的地方？

（2）两种计时法有什么联系？

（组内交流）

生1：我发现两种计时法相同的地方是12时前面的数字是一样的。不同的地方是12时之后12时计时法数字又重复出现了，而24时计时法是一直排下去的，数字不重复。

师：12时计时法中数字重复出现了，怎么区分它们的时间呢？

生2：加上时间词吧！

生3：这里的8时表示的是上午的8时，这里的8时表示晚上8时，这里的3时表示下午的3时。

师：24时计时法要加上时间词吗？

生（齐）：不用。

生2：24时计时法数字没有重复出现，不会混淆，所以不用加时间词。

师：你能找到今天和昨天的分界点在哪里吗？

生：（指0时）昨天的24时也是今天的0时，昨天的结束是今天的开始。

师：今天和明天的分界点呢？

生：今天的24时也就是明天的0时！今天的结束是明天的开始。

师：说得真好！是的，昨天的结束就是今天的开始，今天的结束是明天的开始，时间就这样日复一日，周而复始。

师：观察这两种计时法，它们之间有什么联系呢？

生4：我发现下午1时就是13时。

生5：下午1时+12=13时。

师：为什么+12？

生6：因为过了12时所以加12。

师：谁还能举例子？

生7：下午2时+12=14时，下午2时就是14时。

生8：……

师：真棒！12时计时法中所有的时间转化为24时计时法都要＋12吗？

生7：不是。

师：请举个例子说！

生7：上午9时就是9时。

生9：中午12时就是12时。

师：也就是说下午1时前的时刻不需要加12，直接去掉时间词，下午1时之后的时刻要加12，并去掉时间词，这样就能转化为24时计时法。

生8：反过来，13时前的时间只要加上时间词，13时后面的时间减12并加时间词就可以了。

师：你太厉害了！谁能再举个例子？

生10：23时减12就是晚上11时。

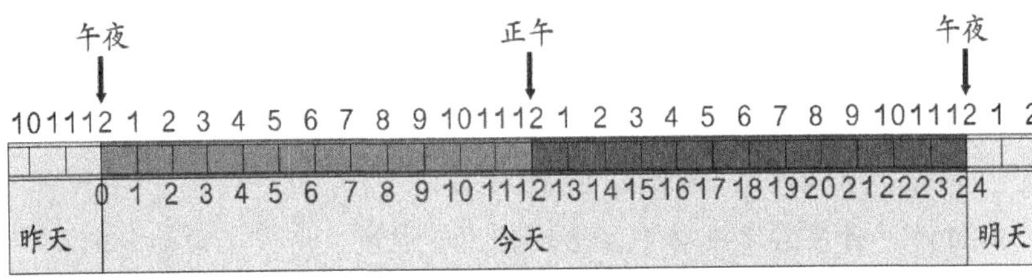

教学评析：以“一天为什么是24小时”“认识两种计时法”“两种计时法的联系与区别”为主线，让学生动手建构时钟。结合生活经验，学生在动手操作中逐步明确了24时的表示方法，理解了时钟的构造，并以联系的思维学习。值得肯定的是，教师引导学生结合生活经验找到了学习起点，体现了自主探索的教学理念。

四、巩固强化

1. 判断对错。（对的打√，错的打×）

（1）15时就是下午3时。（　　）

（2）晚上9时就是22时。（　　）

（3）18时就是早上6时。（　　）

（4）0时就是午夜12时。（　　）

2. 爸爸下午5时经过这条公交车道，收到了交警的罚单，你知道为什么吗？

从图中你读懂了什么？爸爸为什么会收到罚单？

五、课堂总结

师：同学们课上到这里，课前提出的问题都弄懂了吗？请说说你的收获。

生1：我知道了一天是24小时，和地球的自转有关。

生2：我知道了两种计时法，还知道了它们相互转化的方法。

生3：……

师：在研究两种计时法时，我们把弯曲的钟面展开为直的时间尺，采用了化曲为直的思想方法。结合时间尺（指着）我们找到了二者转化的方法，利用了数形结合的方法。这些重要的方法，都是学习数学的好帮手！

六、课外延伸

师：今天，我们用两种计时法来表示一天时间，那么古人是怎样计时的？我们一起穿越时空了解一下吧！

（观看视频）

师：从古至今，人类对时间的计算越来越精准了，可见每一分每一秒都很珍贵，我们要珍惜时间，好好学习！

教学评析：小学生对时间概念的建立，是一个漫长的过程。融入古代计时法的课外知识，让学生体会古今计时方法的异同。从计时工具、生活习惯的变迁，让学生感悟时间度量的变化，从而萌发珍惜时间、科学利用时间的感想。

全课总评

教过“24时计时法”的老师想必都有相似的感觉，这一内容乍一看不难，知识链相对清晰，无非就是“加12”或“减12”的事。然而，进入课堂才发现现实并没有这么好办。转换时的诸多规则、学生的生活经验干扰，让知识结构变得纠缠混沌。廖老师以“三导”搭建了深度学习的支架，赋予了老课新的设计理念与实践，总体上呈现如下三大亮点：

1. 导问：让思维看得见

提出问题作为一种重要的学习能力，可以用来评判学生思考的深度以及对数学的理解程度。本课中，教师通过搭建平台，多次引导学生提出数学问题、表达数学观念，如“关于一天有24小时，你有问题要提出来吗”“同学们有提问吗”。在本课中，教师没有把大量的精力集中到“解答问题”，而是关注“数学问题的来历、表述和提炼”。教师遵循学习数学的规律，让学生经历由问题提出与问题解决不断循环往复的过程，促进了学生数学思维能力的发展，也提高了他们对数学本质的认识。

2. 导研：经历知识形成的过程

过去教学“24时计时法”存在让学生单调刻板记忆的问题，生吞活剥几个重要结论，背诵两种计时法的转换方法，忽略了知识的思维价值往往是隐含在形成结论的过程之中。“导研互动”课堂努力开拓数学文本、教师、学生之间的互动对话空间，实现“开放性对话”“知识建构对话”，让学生用数学的形式表达知识、表达思维，经历思路历程外显的过程，这是知识形成的重要突破口。本课中，“做一个时钟，表示出24小时”“建构时间尺”等环节，均让学生呈现了最真实的、原生态的知识形成过程，在多向对话交流中，引导学生理解时钟构造的进化，由“双圈”到“单圈”，明晰时钟构造的简易性，同时对“一天的开端是几时”“一天有24小时”有了更深入的认识。

3. 导思：让数学文化落地生根

数学课堂教学不仅是传授数学基础知识和基本技能的阵地，也承载着传承数学文化、弘扬探索精神的重要使命。本课在学生深入了解24时计时法后，适时补充了古人的计时方法，介绍了“立竿测日影”“水钟”“沙漏”等古代计时工具和方法，也介绍了现代精度最高的计时工具原子钟，立体呈现了计时法发展变化的文化历史脉络，巧妙地融入了时间观念、时间价值等教育思想渗透，也引导学生自然感受到每一次历史的进步与飞跃都不是偶然，这当中蕴涵了古代劳动人民坚韧不拔的探索精神，执着而独特的生存智慧，拓展了数学的文化视野，也深切感受到“日”这一时间单位在度量层面的价值与意义。

课例8

“导研互动”课堂，让“互学”真正发生

——“除数是整数的小数除法”教学实践与评析①

教学内容 人教版小学数学教材五年级上册第24页例1、例2。

课前思考

“以生为本，让学习真正发生”是“导研互动”课堂倡导的理念。如何让学习真实而自然地发生？课前，我们进行了深度思考：（1）学生学习小数除法的生活经验是什么？数学知识基础是什么？困惑是什么？（2）小数除法的本质是什么？如何整体把握教材，系统设计教学过程？如何把握数学本质，培育学生的运算能力？

通过研读教材、教参、课标以及几次试教探索，我们决定对教材进行调整和组合，改变本单元教材原有的例题呈现顺序，以例题2“整数除以整数，商是小数”叩开小数除法的第一扇门。从学生经验出发，找准新旧知识的联结点，创设认知冲突，设计合适的问题情境，使学生产生真问题，进而发现和提出问题、分析和解决问题，让学习真实而自然地发生。

结合以上分析，确定本课教学目标为：

（1）使学生联系已有的知识和经验探索除数是整数的小数除法的计算方法，能用竖式正确计算除数是整数的小数除法。

（2）使学生经历探究、发现除数是整数的小数除法计算方法的过程，进一步体会数学知识之间的内在联系，培养分析、综合、推理等思维能力。

（3）使学生主动参与探究活动，感受数学学习的乐趣，体会数学的应用价值，发展数学思考，提高解决实际问题的能力。

教学重点、难点：借助多元表征，掌握除数是整数的小数除法的计算方法。

教学过程

一、创设情境，引发冲突

1. 制造冲突，提出问题

（播放视频《一路走来》，与学生一起感受中国速度）

①本文作者为广东省江门市蓬江区教师发展中心黄肖慧老师、广东省江门市蓬江区紫茶小学林翠薇老师。

师：同学们，这节课就让我们追随中国飞速发展的步伐，一起登上“复兴号”去参观和旅游吧！

师：请看，这是高铁上的商品销售点。4个小朋友买了一大包薯片，共用19元，平均每人应付多少钱？可以怎么解决？

生1：19÷4=？，可以列竖式。

师：结果等于多少？

生1：19÷4=4（元）……3（元），每人应付4元，还剩3元。

师：那剩下这3元怎么办？

生2：把3元再平均分。

生3：分完之后，准确结果是每人付4元至5元之间。

教学评析：通过播放《一路走来》视频，让学生借助数据描述了解祖国的飞速发展与变化，感受数学的无处不在及其应用价值。“复兴号”上的生活情境，有效唤醒了学生的认知冲突，为新知的探索做铺垫。

2. 动手操作，初步感知

师：下面我们进行小组活动，合作动手分一分，讨论如何将3元继续分下去。

（小组活动，全班反馈）

生1：把3元平均分成10份，每份表示30角。30角÷4=7角……2角，每人付7角，还剩2角；再把剩下的2角平均分成20份，20÷4=5，每人再付5分。合起来就是7角5分，也就是再付0.75元。

师：同学们真棒，想到了用“转化”的数学思想来解决新问题。

3. 结合竖式，感知算理

师：刚才我们通过分一分，得出剩下的3元，每人还需付0.75元。那在竖式中，该如何表示刚才分的过程呢？

（学生试写竖式）

讨论交流：竖式中每一部分的含义是什么？为什么要在商里点上小数点？

师：除到被除数末尾还有余数3，你是怎么继续做的？

生1：在3的后面添0继续除，出现余数2，也在后面添0继续除，即把3元转化成30角、2角转化成20分。

19÷4=4.75

```
     4.75
  ┌──────
4 │19.00
   16
   ────
    30
    28
   ────
     20
     20
   ────
      0
```

师：能联系小数的性质说说这么做的合理性吗？

生2：在小数的末尾添上0，小数的大小不变。

师：为什么在商4的后面添上小数点？

生2：把19元先除以4，商4余3，3后面添0就表示30角，30角平均分成4份，商7余2，7表示7角，即0.7元，2后面再添0表示20分，20分平均分成4份，商5，表示5分，即0.05元，结果就是4.75元，所以在商4的后面添上小数点。

教学评析：学生普遍有着较为丰富的计算整数除法的经验。教师放手让他们独立尝试列竖式，是唤醒除法计算的好策略，也是促进学生“预学”的良机。学生用竖式计算的过程，实质上是模仿多于创造，因为缺少算理的支撑，难免有错漏。教师特别引导学生互动交流，借助实例表征竖式计算的过程，是让学生在这样的交流与辨析中互学促学，逐步理解小数除法竖式计算的算理。

4. 深入研究，完善算法

师：12位小朋友买完薯片和水果后，回到座位。坐在旁边的一位老爷爷感叹道：祖国变化真是太大了！（观看视频）

老爷爷（配音）：1980年，到距离我们22.8千米的梁启超故居，骑自行车大约需要3小时；到了2000年，坐公共汽车3小时可以去到距离我们93.6千米的广州黄埔军校旧址纪念馆；再到2020年，乘坐高铁3小时已经可以去到距离我们756.54千米的湖南长沙了！

师：同学们，根据这些信息，你会提出数学问题吗？

生1：不同年份中相应的交通工具的速度是多少？

生：22.8 ÷ 3；93.6 ÷ 3；756.54 ÷ 3。

师：上面三个除法算式，我们先来研究第一个除法算式，请同学们利用刚学的知识，在堂上练习本尝试计算。

（学生尝试列竖式，教师巡视，选择有代表性的学生作品进行展示）

预设1：竖式的计算过程中有小数点。

预设2：竖式的计算过程中没有小数点。

师：我们来看看，这两位同学算出来的结果都是7.6。同学们有问题想问吗？

生1：整数部分除完后，为什么余数能跟8合在一起接着除？

师：谁能解答？

生2：22 ÷ 3余数是1，把1换成10个0.1，跟十分位的8合起来，就是18个0.1，18 ÷ 3就是18个0.1除以3，得6个0.1。

师：说得真好！同学们还有问题想问吗？

生3：竖式下面的过程中，为什么一个是1.8，一个是18？

师：那这里到底该写1.8还是18呢？谁能说说理由？

生4：竖式第二步是表示把18个十分之一平均分成3份，所以应该写18，而不是1.8。

师：18不用写小数点，那为什么商的6前面要添上小数点呢？

生5：因为这里的6是表示把18个十分之一平均分成3份，每份是6个十分之一，所以这里的6是表示6个十分之一，添上小数点表示它在十分位。

师：同学们真棒！一下子就解决了这个问题，那接下来请同学们继续算一算剩下的两道题。

（学生自主计算并汇报算法）

5. 揭题比较，沟通整合

师：观察刚才的除法算式，你是怎么计算的？

（同桌互相说一说）

生1：出现余数不够分时，可以把余数转换成下一级计数单位的数，与下一级的数合并再继续往下除。

生2：除到哪位商就写在哪位，商的小数点始终与被除数的小数点对齐。

生3：还可以这样想，计算的时候把小数部分转化成整数来计算，最后点上小数点。

师：那在计算除数是整数的小数除法时，该注意什么？

小结：在竖式计算时，过程中不需要点小数点，但是商一定要点上小数点，而且商的小数点要对齐被除数的小数点。

师：这是我们以前学过的整数除法，和今天研究的除数是整数的小数除法相比，它们之间有相通的地方吗？

228÷3=76

```
    76
3)228
  21
  ---
   18
   18
  ---
    0
```

22.8÷3=7.6

```
    7.6
3)22.8
  21
  ----
   1 8
   1 8
  ----
     0
```

生1：都是一位一位地往下除的。

生2：除到哪一位，商就写在那一位的上面。

生3：整数除法没有小数点，除数是整数的小数除法，要对齐被除数的小数点，在商中点上小数点。

师：（指算式）想一想，其实整数除法中也是有小数点的，只是——

生4：不需要写出来，其实也是“商的小数点和被除数的小数点对齐”。

师：看来除数是整数的小数除法就是按整数除法的计算方法来算的。只是从整数拓展到小数时，需要考虑每一步除得的商可能是几个十分之一、百分之一……

教学评析：“在余数末尾添0继续除”是本节课学习的难点与重点。通过对整数除法与小数除法、小数除法多类型题的对比观察，找到异同，学生在对比、互学中达成“还可以继续除”的共识，打破过往“余数无法继续除”的困境。

6. 巩固提升，加深理解

（1）点石成金（给下面的商补上小数点）。

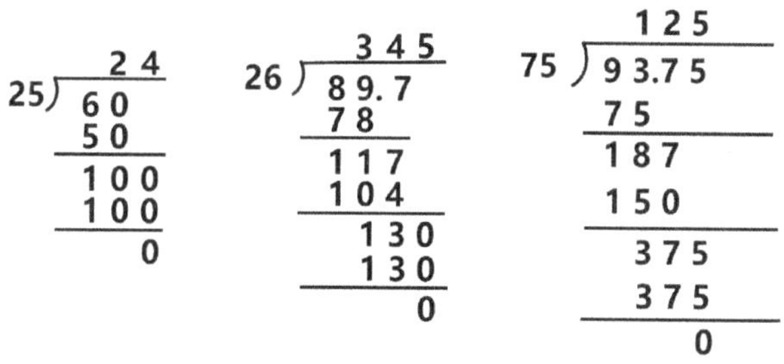

（2）在游玩过程中，孩子们用13.2元购买了6张明信片。对于竖式中箭头所指的“12”，下面说法正确的是（　　）。

A. 12个一

B. 12个十

C. 12个十分之一

D. 12个百分之一

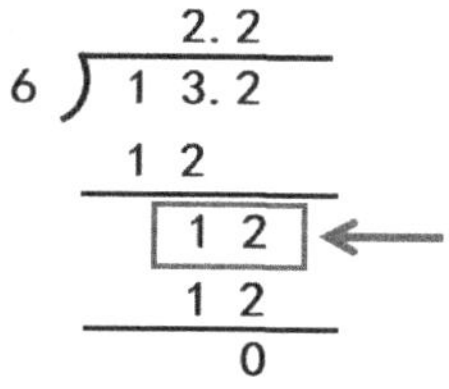

7. 全课总结，拓展延伸

（介绍磁悬浮列车相关信息）

师：今天这节课，我们通过算一算从生活中的细节感受到祖国的变化。在这个过程中，你们不仅学会了除数是整数的小数除法，还学会了面对新问题、新情况勇于尝试，联系旧知，不断修正。带着这样的感觉学习数学，你们会越来越棒。

教学评析： 科学的练习能提高课堂教学的效果，夯实基础、拓宽视野。在这里，教师设计了题组练习，着重针对小数点的位置进行对症下药的练习，让学生在练习中深化比较；辨析竖式中的数表示什么意义，让学生在情境中建立运算意义；磁悬浮列车的介绍，充分激发学生的爱国情感，建立民族自信，诱发学习的主动性和创造性。

全课总评

《义务教育数学课程标准（2022年版）》明确提出了小学数学的11个核心素养表现，作为小学数学知识技能的主要内容，数的运算一直稳占“基础”的宝座。在培养学生的运算能力方面，该课为老师们提供了良好的经验借鉴。运算能力主要是能够根据法则和运算律正确进行运算的能力，培养运算能力有助于学生理解运算的算理，寻求合理简洁的运算途径解决问题。解读这段文字，我们可以得到如下三个层次的信息：正确运算；理解算理；寻求途径解决问题。它给我们传递的关键词是：正确、理解、灵活，这是一种全面的、综合性的能力体现。换言之，运算能力不仅是一种数学操作能力，更是一种数学思维能力，是运算技能与逻辑思维的有机整合。

那么，在“核心素养”的背景和要求下，在传承优秀教学传统的基础上，如何科学地培养学生的运算能力呢？

1. 情境驱动，以“理法相融”提高运算能力

目前在我们的运算教学中，仍然存在这样的做法：背诵计算法则、反复练习以达到又快又准。有些教师认为，没有必要花时间研究法则背后的算理。针对这些现象，我们首先要明确的是，法则是四则运算的方法和程序，而算理是四则运算的理论依据。学生在没有算理支撑的前提下实施的是无魂的运算，学生只能充当运算机械工，这显然与新时代人才培养的目标是背道而驰的。在理解算理的基础上掌握运算法则，就是让学生不仅知其然，还要知其所以然。本课根据学生的认知规律和年龄特点，创设“中国速度”的问题情境，鼓励学生借助直观模型自主探索运算方法，借助直观模型“平分人民币”，帮助学生理解算理。在探索的过程中，学生会运用整数除法、小数的意义等旧知尝试解决问题，这种探索往往体现了学生对算理的初步理解。在比较、交流的基础上对算法再加以总结归纳，学生对算理的理解就水到渠成了。

2. 有机整合教学内容，充分发挥教师之“导”

教师是课堂教学之主导，本课的教师之“导”在教学内容的选取与优化中得到充分的体现。首先，纵观各大版本教材，人教版教材创设了与“千米、米”相关的情境，而北师大版教材选取了与“元角分”有关的情境。同是生活情境，“元角分”是十进制的计量单位，该情境与小数意义、十进制计数法的联通更为密切。因此本课首选“元角分”作为情境驱动，使之为突破运算意义服务。其次，选取“整数 ÷ 整数”切入新课学习，让学生直面“整数部分除到有剩余该怎么办”这一难题。

3. 互动交流，让“互学”真正发生

除数是整数的小数除法与整数除法有密切的联系，但也有“小数点”“余数”“单位细分”等固有的难点。课中，教师创设了合作交流的平台，引导学生互动合作、全面交流，在合作中解决问题，在交流中发现新问题，让学习真正发生。具体表现在如下几个环节：一是交流操作过程，“19 ÷ 4=4……3，如何将3元继续分下去”，让学生动手画一画、算一算、分一分，再讨论交流，充分暴露学生在计算过程中的思维原生态，让教师的引导踩到点上；二是交流算法，“通过分一分，得出剩下的3元，每人还需付0.75元。那在竖式中，该如何表示刚才分的过程呢”，让学生尝试将直观的操作呈现在竖式中，展示竖式的表征，让学生在比较不同的竖式过程中，弄清“小数点”“单位细分”等问题的处理，引导学生理解算理；三是交流对比，对比不同类型的小数除法的异同，对比小数除法与整数除法的异同，让学生在交流中明白运算规则、把握运算细节，避免常见错误。

课例9

情境导学赋能量，多元表征寻规律

——“搭配的学问”教学设计与反思

教学内容 人教版数学教材三年级下册第104页。

教学思考

人教版教材在二年级上册的第八单元“数学广角”安排了“简单的排列组合”与“简单的推理”。本册教材则要求从学生生活中数学的实物图，感知事物搭配方法的多样性、渗透有序、全面的数学思想。排列与组合这一数学思想将贯穿学生的后续学习。学好本课，将为三年级下册学习“简单的重叠问题”“等量代换”，以及四年级的“烙饼问题”“合理安排时间”“植树问题”等知识打下良好的基础。

三年级的学生已经具备一定的知识储备和生活经验，能够把物体进行简单的组合，通过观察、猜测已经试验的方法基本可以找出简单的事物的排列数和组合数，但其知识水平仍停留在感性层面。数学课程标准提出：“在解决问题的过程中，使学生能够进行简单的、有条理的思考。”因此本册教材在学生已有相关知识经验的基础上，继续让学生进一步系统、深入地学习排列组合的数学思想及更为复杂的排列组合问题，并初步培养学生有顺序、全面地思考问题的意识。

基于以上分析，确定本课教学目标为：（1）知识与技能，通过观察、操作、实验等活动使学生初步掌握有序搭配的方法与策略；（2）过程与方法，让学生经历从众多表示组合的方法中体验数学方法的多样化和最优化，具有初步的符号感和数学思考；（3）情感态度和价值观，让学生体验到生活中处处有数学知识，培养学数学、用数学的兴趣。教学重点是使学生掌握找出简单事物的搭配方法。教学难点是使学生学会有序地思考问题。

教学过程

一、操作探索，激发学生学习兴趣

1. 创设情境，引出问题

师：今天，老师特意带来几张照片让大家欣赏。（出示禾雀花的照片）

生：禾雀花。

师：对！这些是禾雀花。这些照片是一位叫小红的女同学拍下来的。这些照片漂亮吗？小红打算告诉我们她拍照的经过。

设计意图

以美丽可爱的禾雀花照片引出“小红拍照的一天”，为后面探索搭配的问题埋下伏笔，既自然又能唤起孩子们学习的兴趣。

师：同学们看，小红美妙的一天开始了！

（多媒体边播放课件：小红出门前打开衣柜选着装）

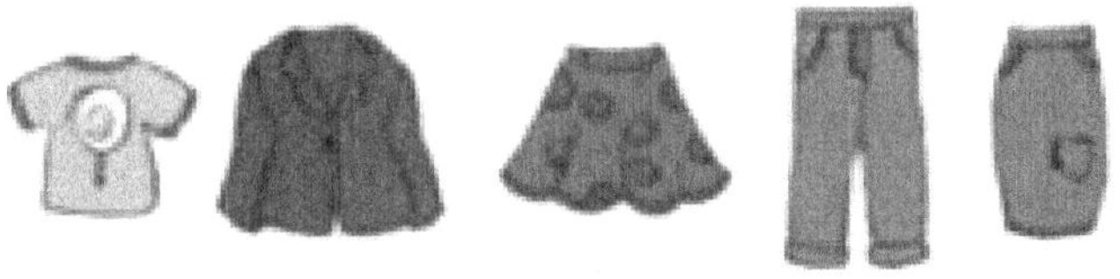

师：猜一猜，小红可以怎样搭配这些衣服？为什么？

生1：用一件长袖衣配一条长裤，我觉得这样穿很舒服。

生2：用一件短袖衣配一条短裤，我觉得这样穿帅气。

生3：用一件长袖衣配一条长裙，我觉得这样穿漂亮。

师：这三位小朋友真爱动脑筋，想出了3种不同的搭配方法。

设计意图

提取本课的教学素材，找到贴近学生生活的情境——衣服搭配的问题，有利于唤醒学生的生活经验，激发学生的学习兴趣，调动学生积极探索新知的积极性。同时，以无序的衣服搭配切入，为学生进一步研究有序、不重复的搭配提供了良好的铺垫。

2. 小组合作，解决问题

师：是不是只有这3种搭配方法呢？

生：不是。

师：我们分小组合作，利用平板电脑的图片摆一摆，也可以利用画板软件画一画、连一连，把你们想到的搭配方案呈现出来。比一比，哪个小组能既不重复又不遗漏把所有方案都找出来。

（小组开始活动，集体评议）

师：请介绍你们组是怎样想的？

生1：我们是用图片摆的。

师：其他同学有问题向他们提出来吗？

生2：是怎么搭出来的？

生1：我们先选上衣再搭下装的：一件短袖配一条花裙；一件短袖配一条长裤；一件短袖配一条半裙；……得到6种不同的搭配方法。（边说边利用课件，通过拖动、配套呈现结果）

师：有不同的方法吗？

生3：我们也是用图片摆的。

我们先选下装再搭上衣的：一条花裙配一件短袖；一条花裙配一件西装；……得到6种不同的搭配方法。

生4：我们用的是画图、连线的方法。我们用△表示上衣，用□表示下装。一件上衣可以连3条下装，第二件上衣也可以连3条下装，一共有6种不同的搭配方法。（图1）

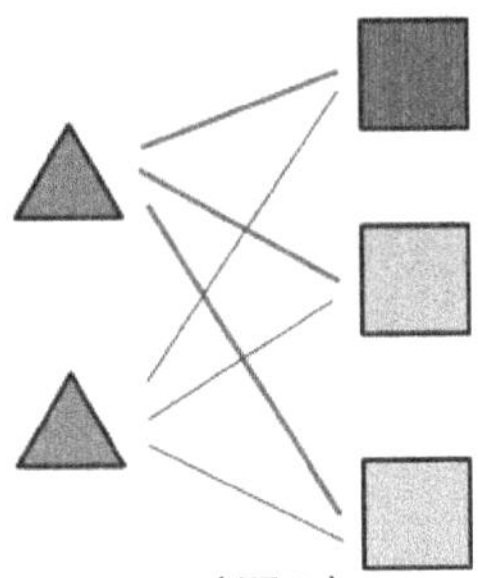

（图1）

生5：我们用的是字母连线的方法。我们用A表示上衣，用B表示下装。一件上衣可以连3条下装，第二件上衣也可以连3条下装，一共有6种不同的搭配方法。（图2）

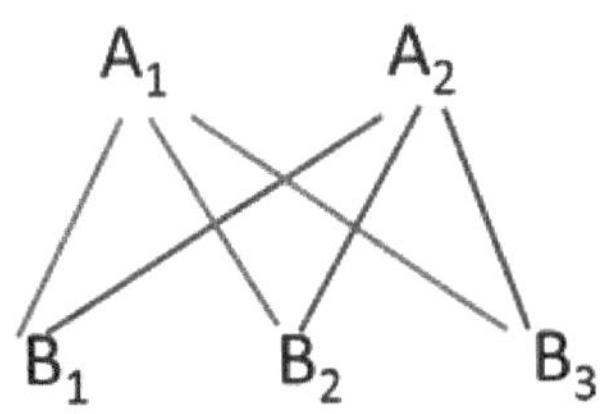

（图2）

师：刚才各小组通过讨论，用自己喜欢的方式寻找搭配的方案。不管是哪种形式，一件上衣有3种不同的搭配方法，2件上衣就有6种不同的搭配方法。值得我们欣赏的是，有不少小组能按照一定的顺序去思考，解决有关搭配的问题。

设计意图

在平板软件的帮助下，孩子们经历了"猜想——操作——观察——验证——发现规律"等一系列的过程。这样设计既展示了知识的形成过程，又让学生在活动中亲历了一个感悟、体验、提升的数学化过程。学生开始的回答可能是凌乱的，但老师向学生提供了充分从事活动的机会，帮助他们从无序到有序，从凌乱到有条理，并有理有据地表达数学活动的过程和结果。学生在摆中感悟、连中体验、猜想中推理，交流中总结，经历了一个数学化的过程，感受到成功的喜悦。

三、实际运用，深入学习

1. 合理搭配早餐

（多媒体边出示餐单边播出录音）

师：这张餐单是什么意思？

生：A类是饮品，B类是点心。在选择早餐时，客人可以在饮品和点心中各选一款组成一份8元的早餐。

师：小红可以怎样选择早餐呢？老师把小食店的餐单复印给每个小组，现在请以小组为单位进行讨论，组长把结果记录在这张餐单上。

（学生合作完成，组内交流）

师：你们认为哪种搭配最受欢迎？为什么？

2. 选择路线

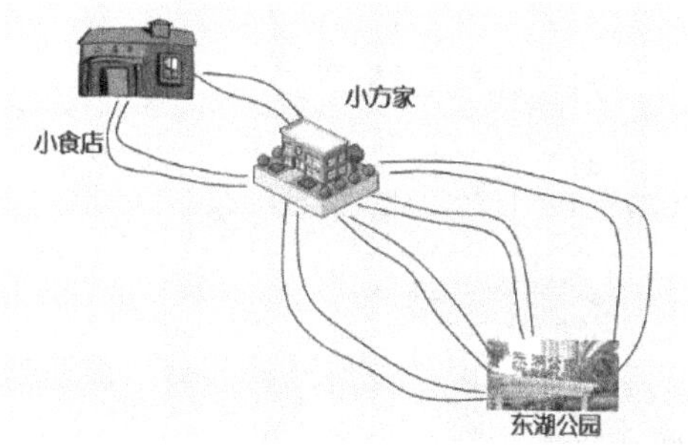

师：你们会看这个线路图吗？

生：从小食店到小方家有2条路。从小方家到中旅社有3条路。

师：从小食店先到小方家再到中旅社一共有几种不同的走法？

（先分组讨论再汇报）

3. 猜树龄

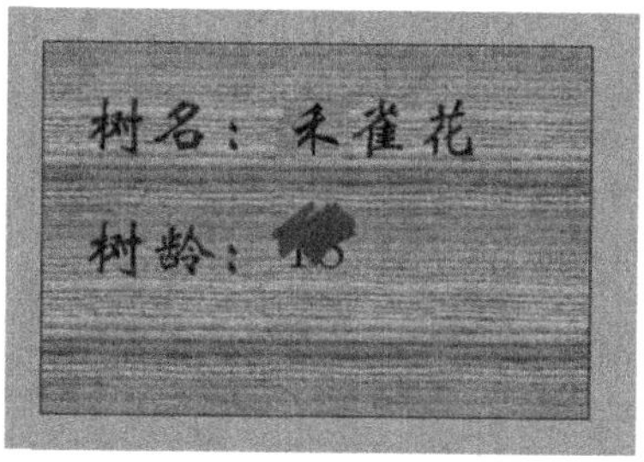

（多媒体边出示禾雀花树，边播放录音）

师：这块木板上写的“树龄”就是指树的年龄。知道这棵树的树龄是个几位数吗？

十位上可能是几？（板书：1、7、9）

个位上可能是几？（板书：5、6、8、3）

这个两位数可能是哪几个？

设计意图

通过有层次、有梯度和富有现实性、开放性、挑战性的练习内容，让学生充分经历搭配活动。此环节把巩固知识和解决问题融为一体，此环节让学生在解决问题中感受、体验到数学知识的价值。

四、揭示课题

师：原来，不但选衣服、选早餐、选路线等可以进行搭配，连多位数的组合也能运用搭配的知识来解决。看来，搭配是一门有趣的学问。

五、知识提升

师：在解决衣服的搭配问题中，每件上衣和3件下装配一次可以得到3种方法，2件上衣就搭配2次，一共是2个3，一共是6种。

在解决早餐的搭配问题中，每款饮料和3款点心配一次可以得到3种方法，3款饮料就搭配3次，一共是3个3，一共是9种。

在解决路线问题中，一共是2个4种，一共是8种。

在解决树龄问题中，一共是3个4种，一共是12种。

设计意图

教师引导学生通过观察、思考、归纳，让学生学会从中发现规律，找出用计算的方法来解决搭配的问题，从而渗透数学建模的思想，既激发学生的学习兴趣和解决问题的欲望，又渗透了人文关怀。

六、课后总结

问：通过这节课的学习，你学会了什么知识？

师：小朋友们说得真好！

设计意图

让学生说一说自己的收获，既巩固了新知，又培养了学生的总结、概括能力，将课本知识转化为个人能力。

课后有感

数学课程标准指出，数学教学要紧密联系学生的生活环境，从学生的经验和已有的知识出发，创设有助于学生自主学习、合作交流的情境，激发学生的学习兴趣，增强学生学习数学的信心。

人教版三年级下册“数学广角”这一知识是学生在二年级的基础上学习的，三年级难度又有所提高，组合知识在生活生产中应用很广泛，其思维方法遵循“不重复，不遗漏”的原则，是培养学生思维能力的不可多得的好素材。本节课的活动性和操作性比较强，并且在一系列活动中有机渗透数学思想。围绕这一目标，创设了“小红的一天”这一活动主线，在实际情境中解决搭配的问题，引导学生进行有序的思考，寻找规律，使学生的观察能力、语言表达能力、逻辑思维等能力都得到相应提高。

1. 创设情境，贴近学生生活实际

“数学广角”属于“综合与实践活动”范畴，非常注重生活中的数学与书本上数学之间的联系，强调数学知识在现实生活中的应用。教师以“小红的一天”为主线巧妙地将选择衣服——吃早餐——到小方家——到东湖公园等环节。这些生活素材串联起来，用学生经常接触的生活问题作为教学内容的载体，让学生在生活问题和实际情境中学习组合和排列，让学生从穿衣、吃饭这些生活事情中寻找出简单事物的排列方法，使他们充分体会到数学知识存在于生活中，数学无处不在。

2. 引导多元表征，帮助学生理解和掌握知识

信息技术的辅助，承载着不同的教学意义。在“衣服搭配”这一环节中，重点是培养学生有序思考的数学思想，使学生掌握既不重复又不遗漏的搭配方法。教师根据三年级学生的思维特点，在探索解决问题的方法时，让学生借助平板电脑进行探索，用移一移、画一画、连一连等方法，逐步抽象出有序的搭配方法，使学生的思维由具体过渡到抽象。同时，在有序思考的基础上让学生体验个性化、简洁化的表示方法，使学生明白数字、字母、符号等多元表征的策略，使学生产生了浓厚的学习兴趣。在全课总结环节，教师结合数字、字母、符号等直观表征的相同点，进一步归纳计算法。

3. 以学生为主体，注重自主探究与交流

学生主动参与数学过程、自主探究是学好数学的关键。排列组合知识比较抽象，让学生通过平板电脑移一移、连一连、说一说等一系列活动，开展独立思考和小组合作相结合，为学生提供积极思考与合作交流的空间。学生通过分析、比较发现其中的规律。在展示环节中，教师引导学生进行讨论，通过思维的碰撞，达到方法的最优化，找到不重复又不遗漏的科学搭配方法，让学生体验到成功的喜悦。

4. 注重人文关怀，培养发散性数学思维

在教学例2时，教师引导学生发散思考，不仅可以先确定上衣，也可以先确定下装。在变式练习时，教师没有机械重复例题的模型，而是在例题的基础上增加拓展练习，进一步加深学生对“排列和组合”意义的理解。整堂课教师对学生提出的方法只要是按一定顺序的，都给予充分的肯定，给学生以人文关怀，着力培养学生的多角度思维。

附录

基于“导研互动”教学的小学生数学自学能力调研报告[1]

第一部分：概况

新课标倡导自学，就是要让学生真正成为学习的主人。数学自学能力是以数学思维能力为核心的综合能力，主要包括学生独立获取知识，科学地运用所学的数学知识解决实际问题的能力。为落实“育人”的目标，提高我区（蓬江区）小学生数学自学能力，我们从2019年7月至今，开展了“基于支架式理论的小学数学‘导研互动’教学策略研究”的课题研究，分别在2019年和2021年，对全区50所小学进行了抽样式问卷调查以及焦点访谈。

第二部分：结果与分析

对区内教师在2019年12月以及2021年7月分别进行两次抽查，具体数据如下：

具体问题	内容	2019.12	2021.07
1. 您认为在教学中有必要重视学生自学能力的培养吗?	A.有必要； B.没必要； C.无所谓。	A（70.8%）; B（4.3%）; C（24.9%）。	A（81.4%）; B（2.1%）; C（16.5%）。
2. 您在什么情况下注重对学生数学自学方法的指导？	A.平时备课上课； B.上公开课时； C.优质课比赛时。	A（65.8%）; B（16.5%）; C（17.7%）。	A（79.4%）; B（10.1%）; C（10.5%）。
3. 您基于什么原因培养学生自学能力和自学方法?	A.课改需要； B.学校教学要求； C.教学需要； D.学生发展需要。	A（55.2%）; B（23.5%）; C（6.1%）; D（15.2%）。	A（48.4%）; B（3.9%）; C（5.7%）; D（42.0%）。

①该文作者是广东省江门市蓬江区教师发展中心黄肖慧老师、广东省江门市蓬江区农林双朗小学黄健仪老师。

续表

具体问题	内容	2019.12	2021.07
4．您如何激发学生自主学习？	A.激发学生学习兴趣； B.加强学生自学方法的指导； C.创设自学的情境； D.培养学生自学的习惯。	A（45.9%）； B（7.5%）； C（26.1%）； D（20.5%）。	A（44.4%）； B（13.6%）； C（15.1%）； D（26.9%）。
5．在学生自学的处理与达成上，您认为最困难的是什么？	A.方法的指导； B.兴趣的激发； C.学生的自学意识； D.三者有机结合。	A（20.9%）； B（7.3%）； C（31.1%）； D（40.7%）。	A（24.5%）； B（3.6%）； C（42.9%）； D（29.0%）。
6．您通常采用什么教学方法落实学生自学的？	A.讲授法； B.多种教学方法结合； C.探究法； D.引导自学法。	A（50.9%）； B（8.3%）； C（11.6%）； D（29.2%）。	A（34.2%）； B（23.6%）； C（22.8%）； D（19.4%）。

对同一批学生在2019年10月以及2021年7月也分别进行两次抽查，具体数据如下：

具体问题	内容	2019.10	2021.07
1．上数学课前，你有提前预习的习惯吗？	A.经常； B.偶尔； C.从不。	A（30.8%）； B（14.7%）； C（54.5%）。	A（51.4%）； B（20.4%）； C（28.2%）。
2．当你遇到看不懂或不理解的内容时，你会（　　）查资料解决。	A.经常； B.偶尔； C.从不。	A（24.80%）； B（24.0%）； C（51.2%）。	A（41.5%）； B（35.4%）； C（23.1%）。
3．你在数学课上常常处于什么状态？	A.以听老师讲为主； B.积极思考并参与到活动中； C.内容有意思就认真听； D.与内容无关，长时间处于自我的世界。	A（65.2%）； B（23.5%）； C（5.1%）； D（6.2%）。	A（58.5%）； B（33.7%）； C（6.7%）； D（1.1%）。
4．听课时是否有自己的学习目标？	A.有了自己的目标； B.老师讲什么，就学习什么； C.没有自己的学习目标。	A（14.8%）； B（20.3%）； C（64.9%）。	A（31.9%）； B（20.4%）； C（47.7%）。

续表

具体问题	内容	2019.10	2021.07
5. 你进行数学自学是（　　）。	A.根据老师的要求； B.自己主动学习； C.以上两种都有； D.老师没有要求自学。	A（48.2%）； B（22.7%）； C（10.7%）； D（18.4%）。	A（26.3%）； B（42.0%）； C（25.8%）； D（5.9%）。
6. 你觉得下列哪种自学方式的效果较好。	A.看看书； B.预习、做例题； C.读读背背； D.与同学合作交流。	A（38.4%）； B（50.7%）； C（5.7%）； D（5.2%）。	A（26.6%）； B（55.0%）； C（8.8%）； D（9.6%）。

从数据反馈的信息看来，我们的数学教师的观念以及教学方式发生了很大变化。随着课改的深化，教师逐步从教书向育人方向发展；参与实验班级的学生在自学的意识与能力方面也有了明显的提升。下面对这些转变作简要分析。

一、学生自学习惯的培养更受重视了

我国当代教育家叶圣陶曾明确提出：“什么是教育？一句话，就是要养成良好的学习习惯。”而良好的自学习惯也不是一朝一夕养成，它是一个由简单到复杂的逐渐形成的过程。

调查中看出，教师对培养学生自学能力和自学方法有了新的认识：认为是课改需要从55.20%减至48.40%；认为是学生发展需要从15.20%增加到42.20%；认为是学校教学要求从23.50%下降到只有3.90%。

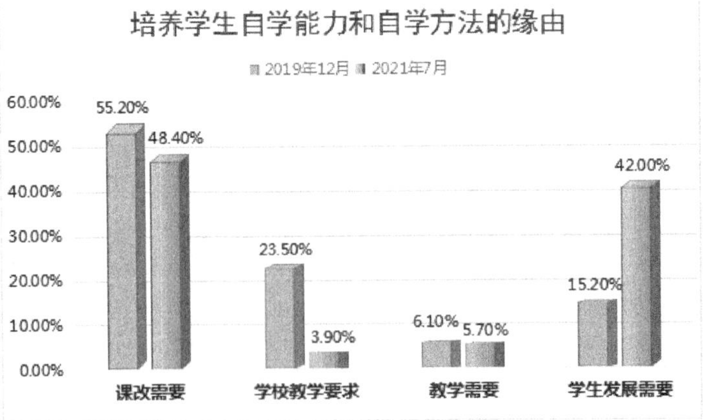

认为课堂中“有必要”培养学生自学能力从70.80%增加到81.40%；“没必要”从4.30%下降到只有2.10%。在常态课堂中对学生的引导从65.80%上升到79.40%；只在公开课上进行自学方法指导从16.50%下降到10.10%；只在优质课上才进行自学方法指导从17.70%下降至仅10.50%。

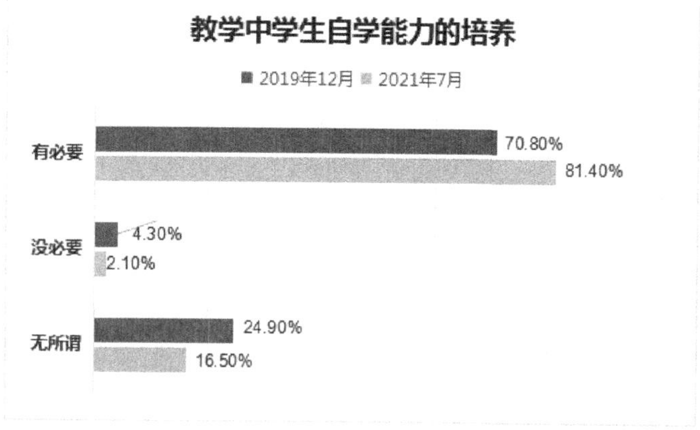

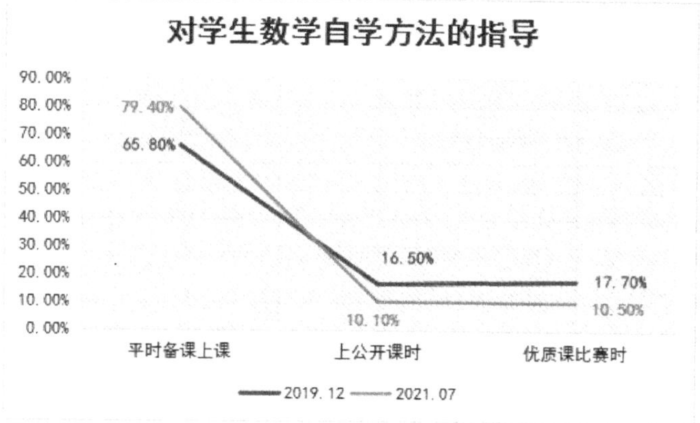

由于教师观念的改变，对学生自学能力培养和学法指导的认识和重视程度在不断提高，学生自学的意识和习惯也产生了微妙的变化。经常自学的学生从30.80%增加到51.40%；从不自学的学生从54.50%下降至28.20%。

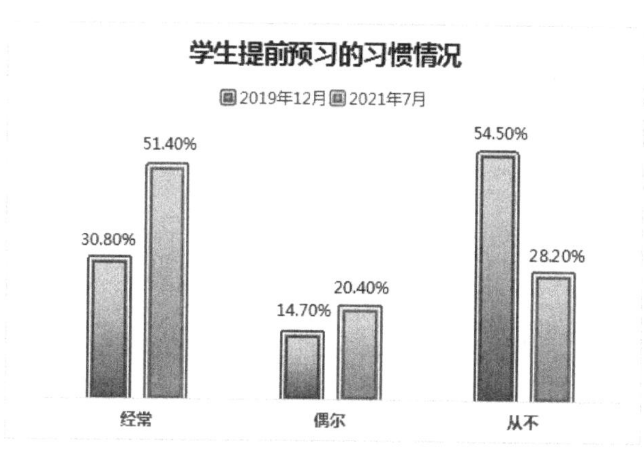

从这个比例看来，教师在常态课中更加注重学生自学能力的培养，学法指导不是作秀，也不是形式，而是实实在在有利学生的发展。学生的自学习惯也在不断提升。

二、学生自学的意识增强了

“授人以鱼只供一餐所学，授人以渔，终身受用不尽”，教师不仅要使学生“学会”，而且要“会学”。调查显示，教师注重激发学生自学的方法从7.50%增加到13.60%；培养学生自学习惯从20.5%提升到26.90%。

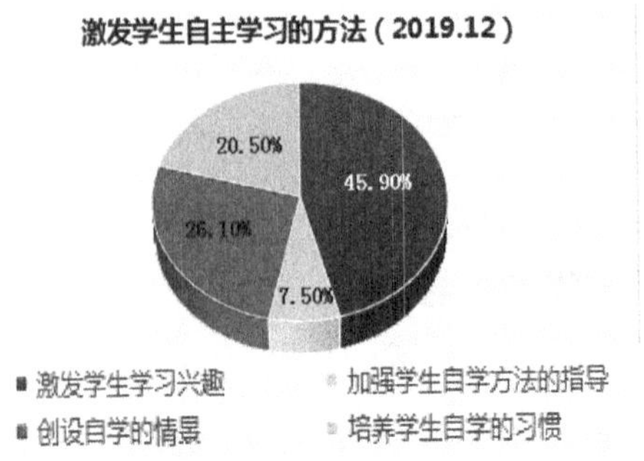

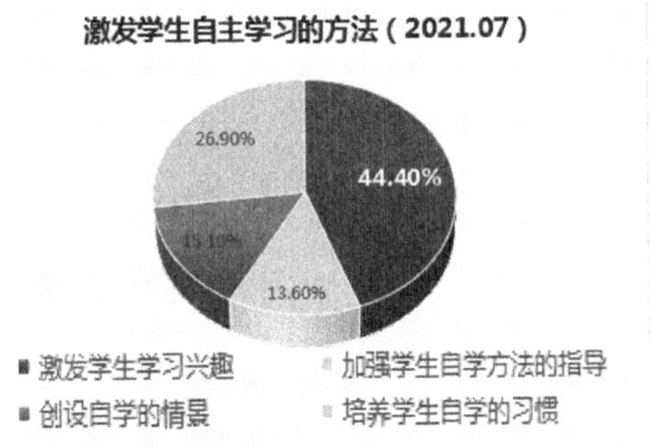

学生自学的行为也从被动变为自发而为，学习的主动性加强了。经常自主查找资料解决学习困惑的从24.80%增加到41.50%；过去从不自主查找资料的从51.20%下降到23.10%；根据老师要求才去自学的从48.20%下降到26.30%，自己主动学习的从22.70%增加到42.00%。

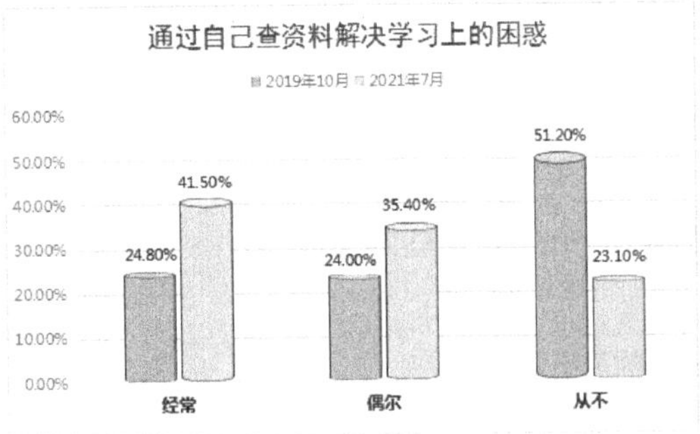

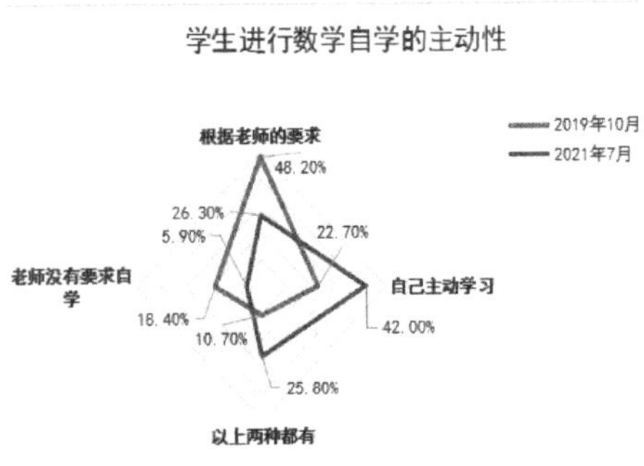

从以上两个图表中可以看出，学生自学的行为从被动逐步向主动发展，自主学习的意识在不断增强。

三、学生自学的能力得到了提升

教师激发学生自主学习的方法也有了变化。激发学生学习兴趣仍占比最大，其次培养学生的自学习惯从20.50%上升到26.90%，自学方法的指导也从7.50%增加到13.60%。

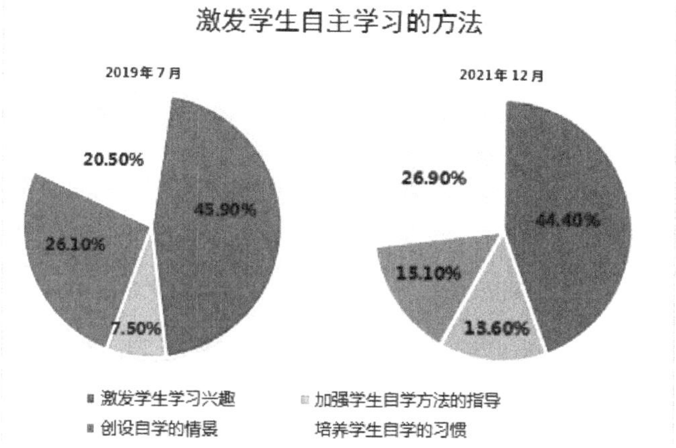

学生自学的能力随之而提高，从他们在自学的方式上不难发现，看看书38.40%减少到26.60%；而选择多预习、多做例题的则从50.70%增加到55.00%，通过自觉读背或者与同学合作交流进行自主学习的学生也不同程度地增加了。

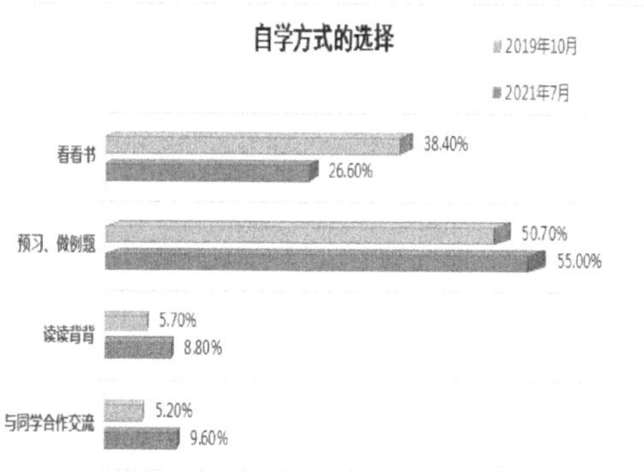

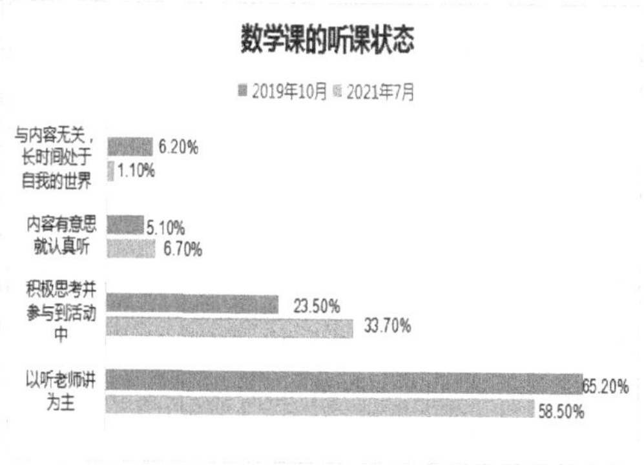

学生学习方法的优化，也影响着他们听课的状态和质量。长时间处于自我世界的学生从6.20%下降到只有1.10%；积极思考并参与到活动中的学生从23.50%上升到33.70%；以听老师讲为主的从65.20%减少到58.50%。

通过预习，学生对知识有了浅层次的初步认知，对于课堂上学什么有了明确的目标，在正式学习中理解预习中存疑的问题，大大提高了课堂学习的质量。

第三部分：总结

本课题组通过实施“导研互动”教学，有效提高本区数学教师以学生发展为根本的大局意识：注重学生自学习惯的引导，引导学生自主学习，加强学习方法的指导，让学生爱上学习；另一方面，有效提高本区学生自主学习的习惯、自主学习的能力、自主思考的意识。

参考文献

[1] 刘艳平. 小学数学个性化单元教学改革的个案研究[D]. 长春：东北师范大学，2016.

[2] 邵朝友，崔允漷. 指向核心素养的教学方案设计：大观念的视角[J]. 全球教育展望，2017（6）：11-19.

[3] Scott G. paris Linda R. ayres. 培养反思力[M]. 北京：中国轻工业出版社，2001.

[4] Ellen Weber. 有效的学生评价[M]. 北京：中国轻工业出版社，2003.

[5] 陈惠芳，刘晓萍. 聚焦核心素养，改造数学课堂[J]. 小学数学教育，2016（12）：10-12.

[6] 黄友初. 数学素养的内涵、测评与发展研究[M]. 北京：科学出版社，2016.

[7] 凌宗伟. "21 世纪核心素养"需要在实践探索中完善[J]. 教师教育论坛，2016（10）：88-89.

[8] 曹一鸣，冯启磊，等. 基于学生核心素养的数学学科能力研究[M]. 北京：北京师范大学出版社，2017.

[9] 修影. 小学高年级学生数学成绩评价方法改革研究[D]. 长春：东北师范大学学位评定委员会，2008.

[10] 田佩章. 基础教育阶段学生数学素养的四维一体模型[J]. 教育与教学研究，2012（10）：93-95.

[11] 教育部基础教育司. 走进新课程：与课程实施者的对话[M]. 北京：北京师范大学出版社，2002.

[12] 严育洪. 让学习真正发生：小学数学任务驱动式教学解读与实施[M]. 济南：山东文艺出版社，2017.

[13] 顾志能. 问题点燃课堂：小学数学"生问课堂"教学模式的实践研究[M]. 上海：上海教育出版社，2021.

[14] 于珺. 皮亚杰发生认识论述评[D]. 长春：吉林大学，2014.